普通高等院校工程实践系列规划教材

工程训练通识教程

周卫民　编著

科学出版社

北京

内 容 简 介

　　本书是以不同学科背景学生的机械通识教育为基础,以现代工程实践教学理念为导向,结合浙江科技学院工程实践教学的特点而编写的。

　　本书叙述简练、直观形象、图文并茂、通俗易通,以了解机械制造为重点,阐述工业生产的相关知识、机械制造的基本方法、现代制造技术等,贴近实际、体现应用,突出科学性、系统性、先进性、实用性和可操作性。全书名词术语和计量单位采用最新国家标准及其他有关标准,并且重要术语都附有英文名称,以方便双语教学。

　　本书可作为高等院校本、专科各专业学生进行工程训练的通用指导教材,也可供相关工程技术人员参考。

图书在版编目(CIP)数据

工程训练通识教程/周卫民编著. —北京:科学出版社,2013.8
普通高等院校工程实践系列规划教材
ISBN 978-7-03-038260-3

Ⅰ.①工… Ⅱ.①周… Ⅲ.①机械制造工艺-高等学校-教材 Ⅳ.①TH16

中国版本图书馆 CIP 数据核字(2013)第 178925 号

责任编辑:毛　莹　张丽花 / 责任校对:张怡君
责任印制:闫　磊 / 封面设计:迷底书装

科 学 出 版 社出版
北京东黄城根北街 16 号
邮政编码:100717
http://www.sciencep.com

新科印刷有限公司 印刷
科学出版社发行　各地新华书店经销

*

2013 年 8 月第 一 版　　开本:787×1092 1/16
2020 年 1 月第九次印刷　　印张:16 1/2
字数:430 000

定价:42.00元
(如有印装质量问题,我社负责调换)

前　言

工程训练是一门实践性的技术基础课,是其他工程类课程的先导。其主要任务是培养学生基本的工程意识和工程素质,并为学习其他相关课程及培养复合型人才奠定必要的基础。

现代工程实践教学将原有的工艺实习转变为在大工程背景下(包括机械、电子、计算机、控制、环境和管理等)的综合性教学,将以单机为主体的常规技术训练转变为拥有先进制造技术的集成技术训练,将面向低年级学生的工程训练转变为本科 4 年不断线的工程训练和研究训练。

1997 年开始建设的国家级工程训练示范中心、新世纪初开始引入的 CDIO 工程教育模式,以及近几年开展的"卓越工程师教育培养计划"(简称"卓越计划"),都表明工程教育在当前和今后相当一段时期都是中国高等教育的重头戏,是促进我国由工程教育大国迈向工程教育强国的重大举措。

本书是以《国家中长期教育改革和发展规划纲要(2010~2020 年)》和《国家中长期人才发展规划纲要(2010~2020 年)》为指导,根据教育部制定并实施的《高等教育面向 21 世纪教学内容和课程体系改革计划》的精神,以及《教育部、财政部关于实施高等学校本科教学质量与教学改革工程的意见》(即质量工程),结合浙江科技学院的办学理念与特色及近年来浙江科技学院工程实践中心在"卓越计划"等课程改革和实验教学示范中心建设取得的成果编写而成的。

本书是一本面向不同学科背景学生进行机械通识教育的工程实践教材。本书编写比较简明、通俗,以期在较短时间的实习过程中,达到"学习工艺知识,增强工程实践能力,提高综合素质,培养创新精神和创新能力"的课程教学目标。本书主要有如下特点:

(1) 本书篇幅适中、叙述简练、直观形象、图文并茂、通俗易通,简洁直观地阐述了工业生产基本知识和机械制造相关知识,使非机类学生在掌握本学科专业知识的基础上,了解机械制造基础知识。

(2) 本书以浙江科技学院现有的教学条件为基础,强调"贴近实际、体现应用"这一原则,注重科学性、系统性、先进性、实用性和可操作性。在编写中,增加了工业生产、机械识图和测量等方面的专题内容。

(3) 全书名词术语和计量单位采用最新国家标准及其他有关标准。书中的重要术语都附有英文名称,方便双语教学。

本书由周卫民编著。浙江科技学院姜文彪高级工程师对书稿进行了认真审阅,并提出许多宝贵的意见。

在本书编写过程中参考了国内外大量相关领域的研究成果和书籍,并征求了有关领导与相关人士的意见,在此谨向本书所引用参考文献的原作者表示敬意和感谢。

由于编者理论水平及实践教学经验所限,本书难免有谬误或欠妥之处,恳请广大读者批评指正。

编　者

2013 年 3 月

目　　录

前言
绪论 ……………………………………… 1

第一篇　工业生产概论

第1章　工业生产过程 …………………… 3
1.1　工业系统概述 ……………………… 3
  1.1.1　工业的形成与发展 ………… 3
  1.1.2　工业系统的基本概念 ……… 4
  1.1.3　关于工程的概述 …………… 5
1.2　生产过程 …………………………… 6
  1.2.1　生产过程的定义 …………… 6
  1.2.2　生产过程的分类 …………… 6
  1.2.3　生产过程的合理组织 ……… 6
  1.2.4　安全生产的重要性 ………… 7
1.3　现代生产模式 ……………………… 8
  1.3.1　现代工业生产模式 ………… 8
  1.3.2　先进生产技术的主要发展
　　　　趋势 …………………………… 8
  1.3.3　我国制造业的生产现状 …… 8
1.4　生产类型的划分 …………………… 9
参考文献 ………………………………… 10

第2章　全面质量管理和ISO9000族
标准 ……………………………………… 11
2.1　全面质量管理 ……………………… 11
  2.1.1　质量管理的由来与发展 …… 11
  2.1.2　全面质量管理简介 ………… 12
2.2　ISO9000族标准 …………………… 13
  2.2.1　ISO9000简介 ……………… 13
  2.2.2　ISO9000族标准的组成及
　　　　特点 …………………………… 13
2.3　ISO9000族标准的核心理论 …… 14
  2.3.1　八项质量管理原则 ………… 14
  2.3.2　PDCA循环 ………………… 14
  2.3.3　过程方法 …………………… 15
  2.3.4　全面质量管理与ISO9000的
　　　　对比 …………………………… 15
参考文献 ………………………………… 15

第3章　安全生产与环境保护 ………… 16
3.1　安全生产概述 ……………………… 16
  3.1.1　基本介绍 …………………… 16
  3.1.2　危害人身安全的主要因素 … 16
  3.1.3　常用机械的危险因素 ……… 16
  3.1.4　预防对策 …………………… 17
3.2　生产场地的安全技术要求 …… 17
3.3　劳动保护 …………………………… 19
  3.3.1　劳动保护的目的 …………… 19
  3.3.2　劳动保护的内容 …………… 19
  3.3.3　OHSMS18000职业健康安全
　　　　管理体系 ……………………… 20
  3.3.4　机械行业劳动保护的内容 … 21
3.4　环境保护 …………………………… 22
  3.4.1　影响环境污染的主要因素 … 22
  3.4.2　环境污染的防治 …………… 22
  3.4.3　ISO14000系列环境管理国际
　　　　标准 …………………………… 22
  3.4.4　ISO14000与ISO9000的关系 … 23
参考文献 ………………………………… 23

第二篇　机械制造相关知识

第4章　机械制造基本知识 …………… 25
4.1　机械概述 …………………………… 25
  4.1.1　机械的基本概念 …………… 25
  4.1.2　机械的种类 ………………… 25
  4.1.3　机械工程 …………………… 25
  4.1.4　机械工业 …………………… 26
4.2　机械工程简史及其发展概况 … 27
  4.2.1　机械工程的发展历程 ……… 27
  4.2.2　中国机械发展史 …………… 28
  4.2.3　中国机械工业的发展目标 … 30
4.3　机械制造 …………………………… 31
  4.3.1　机械制造概述 ……………… 31
  4.3.2　机械制造过程 ……………… 31
  4.3.3　先进制造技术与机械制造
　　　　发展方向 ……………………… 33

参考文献 ······ 35
第5章　机械识图 ······ 36
5.1　认识机械图样 ······ 36
5.1.1　机械零件及零件图样 ······ 36
5.1.2　机械部件及部件图样 ······ 37
5.1.3　零件图与装配图的异同 ······ 37
5.1.4　阅读机械图样应具备的
基本知识 ······ 37
5.2　识读机械图的基本知识 ······ 37
5.2.1　识读图样的基本知识——国标
的有关规定 ······ 37
5.2.2　识读图样的基本知识——常见
视图的表达方法 ······ 39
5.2.3　机件的识读方法——三步法 ··· 40
5.3　零件图的识读 ······ 42
5.3.1　识读零件图的基本方法 ······ 42
5.3.2　识读零件图中的各种符号 ······ 42
5.3.3　绘制零件图的方法 ······ 44
5.3.4　零件图的识读示例 ······ 45
5.3.5　其他零件图的识读 ······ 46
5.3.6　零件图上其他常用表示法的
识读 ······ 49
5.4　装配图的识读 ······ 50
5.4.1　装配图的主要内容 ······ 50
5.4.2　装配图识读的基本知识 ······ 50
5.5　机械零部件测绘 ······ 52
5.5.1　零件测绘概述 ······ 52
5.5.2　机械零部件测绘的步骤及
方法 ······ 52
5.5.3　绘制零件草图 ······ 53
5.5.4　绘制零件工作图 ······ 54
5.5.5　绘制测绘部件装配图 ······ 55
参考文献 ······ 56
第6章　技术测量 ······ 57
6.1　测量基础知识 ······ 57
6.1.1　测量概述 ······ 57
6.1.2　测量常用知识 ······ 57
6.1.3　误差和公差 ······ 58
6.1.4　测量误差 ······ 58
6.1.5　测量误差与测量数据处理 ······ 59
6.2　常用计量器具 ······ 60
6.2.1　计量器具的选择 ······ 60

6.2.2　计量器具基本知识 ······ 60
6.3　公差与配合基础 ······ 63
6.3.1　互换性 ······ 63
6.3.2　光滑孔、轴尺寸公差与配合基本
术语及定义 ······ 63
6.3.3　公差与配合的国家标准 ······ 66
6.3.4　公差与配合的应用 ······ 72
6.4　形位误差与表面粗糙度简介 ··· 74
6.4.1　几何公差 ······ 74
6.4.2　公差原则 ······ 75
6.4.3　形状误差的测量 ······ 76
6.4.4　位置误差的测量 ······ 76
6.4.5　表面粗糙度简介 ······ 76
6.5　长度尺寸测量工具 ······ 78
6.5.1　简易量具 ······ 78
6.5.2　游标卡尺 ······ 79
6.5.3　千分尺 ······ 82
6.5.4　百分表 ······ 85
6.6　角度尺寸测量工具 ······ 86
6.6.1　直角尺 ······ 86
6.6.2　万能角度尺 ······ 87
6.6.3　其他角度量具 ······ 88
6.7　专用量具 ······ 89
6.7.1　专用量具简介 ······ 89
6.7.2　光滑极限量规 ······ 90
6.7.3　螺纹规和螺纹样板 ······ 90
6.7.4　半径样板(R规) ······ 91
6.7.5　塞尺 ······ 91
参考文献 ······ 91

第三篇　金属材料及热加工

第7章　金属材料及热处理 ······ 92
7.1　金属材料 ······ 92
7.1.1　材料概述 ······ 92
7.1.2　钢铁 ······ 92
7.1.3　有色金属 ······ 96
7.2　金属材料的性能 ······ 98
7.2.1　金属材料的力学性能 ······ 98
7.2.2　金属材料的物理、化学性能 ··· 99
7.3　金属热处理 ······ 99
7.3.1　热处理的概念 ······ 99
7.3.2　常用热处理方法 ······ 99

7.3.3 化学热处理 ……………… 100
7.3.4 其他热处理 ……………… 101
7.4 金属材料的选用 …………… 102
7.4.1 选材的一般原则 ………… 102
7.4.2 常用零件的选材举例 …… 102
参考文献 …………………………… 103

第8章 铸造 …………………… 104
8.1 铸造概述 ……………………… 104
8.2 砂型铸造 ……………………… 104
8.2.1 砂型铸造概述 …………… 104
8.2.2 砂型制作过程 …………… 105
8.2.3 砂型浇注过程 …………… 111
8.2.4 铸件的清理与检验 ……… 112
8.3 特种铸造 ……………………… 113
8.3.1 熔模铸造 ………………… 113
8.3.2 金属型铸造 ……………… 113
8.3.3 压力铸造 ………………… 113
8.3.4 离心铸造 ………………… 114
8.3.5 其他特种铸造方法及铸造
技术的发展趋势 ………… 115
8.4 铸造过程的安全及环境保护 … 115
8.4.1 铸造过程中的安全技术 … 115
8.4.2 与铸造生产过程相关的环境
保护技术 ………………… 116
参考文献 …………………………… 116

第9章 压力加工 ……………… 117
9.1 压力加工概述 ………………… 117
9.2 锻造 …………………………… 117
9.2.1 锻造生产过程简介 ……… 117
9.2.2 自由锻 …………………… 118
9.2.3 模锻 ……………………… 118
9.2.4 胎模锻 …………………… 118
9.3 冲压 …………………………… 119
9.3.1 冲压概述 ………………… 119
9.3.2 冲压设备 ………………… 119
9.3.3 冲模 ……………………… 121
9.3.4 冲压基本工序 …………… 122
9.3.5 数控冲压简介 …………… 123
9.4 压力加工新工艺简介 ………… 123
9.4.1 精密模锻 ………………… 123
9.4.2 粉末锻压 ………………… 123
9.4.3 超塑性成形 ……………… 124

9.4.4 高速锻造 ………………… 124
9.4.5 爆炸成形 ………………… 124
9.4.6 摆动碾压 ………………… 124
9.5 锻压过程的安全及环境
保护 …………………………… 124
9.5.1 锻造过程中的安全技术及
环境保护 ………………… 124
9.5.2 冲压过程中的安全技术及
环境保护 ………………… 124
参考文献 …………………………… 124

第10章 焊接 …………………… 125
10.1 焊接概述 …………………… 125
10.2 焊条电弧焊 ………………… 125
10.2.1 焊条电弧焊简介 ……… 125
10.2.2 焊接设备 ……………… 126
10.2.3 焊条电弧焊工具 ……… 127
10.2.4 焊条 …………………… 127
10.2.5 焊接工艺 ……………… 128
10.2.6 基本操作 ……………… 130
10.2.7 焊接缺陷及质量检测 … 131
10.2.8 焊条电弧焊安全技术 … 132
10.3 气焊与气割 ………………… 133
10.3.1 气焊概述 ……………… 133
10.3.2 气焊设备 ……………… 133
10.3.3 气焊操作 ……………… 134
10.3.4 气焊安全常识 ………… 134
10.3.5 气焊特点及应用 ……… 135
10.3.6 气割 …………………… 135
10.4 其他焊接方法 ……………… 136
10.4.1 埋弧自动焊 …………… 136
10.4.2 气体保护焊 …………… 136
10.4.3 电阻焊 ………………… 137
10.4.4 钎焊 …………………… 139
参考文献 …………………………… 139

第四篇 金属切削加工

第11章 切削加工基础知识 …… 140
11.1 切削运动和切削用量 ……… 140
11.1.1 切削运动 ……………… 140
11.1.2 切削用量 ……………… 141
11.2 切削刀具的基本知识 ……… 142
11.2.1 刀具材料的基本要求 … 142

11.2.2　常用的刀具材料 ⋯⋯⋯ 143

11.2.3　刀具角度 ⋯⋯⋯⋯⋯⋯ 144

11.3　机床与夹具 ⋯⋯⋯⋯⋯ 146

11.3.1　金属切削机床的分类 ⋯⋯ 146

11.3.2　金属切削机床型号编制 ⋯ 146

11.3.3　机床附件 ⋯⋯⋯⋯⋯⋯ 147

11.3.4　夹具 ⋯⋯⋯⋯⋯⋯⋯⋯ 147

11.3.5　定位与基准 ⋯⋯⋯⋯⋯ 147

11.4　零件加工工艺 ⋯⋯⋯⋯ 148

11.4.1　零件的生产和工艺过程 ⋯ 148

11.4.2　工艺过程的组成 ⋯⋯⋯⋯ 148

11.4.3　零件切削加工过程 ⋯⋯⋯ 149

参考文献 ⋯⋯⋯⋯⋯⋯⋯ 150

第12章　车削加工 ⋯⋯⋯⋯⋯⋯ 151

12.1　车削加工概述 ⋯⋯⋯⋯ 151

12.1.1　车削加工简介 ⋯⋯⋯⋯⋯ 151

12.1.2　车削加工特点 ⋯⋯⋯⋯⋯ 151

12.2　车床 ⋯⋯⋯⋯⋯⋯⋯ 152

12.2.1　车床分类与型号 ⋯⋯⋯⋯ 152

12.2.2　车床的主要组成部分及

功能 ⋯⋯⋯⋯⋯⋯⋯⋯ 152

12.2.3　车床的传动路线 ⋯⋯⋯⋯ 153

12.2.4　车床的基本操作 ⋯⋯⋯⋯ 154

12.3　车刀与工件的安装 ⋯⋯ 154

12.3.1　车刀及其安装 ⋯⋯⋯⋯⋯ 154

12.3.2　车削加工件的安装 ⋯⋯⋯ 155

12.4　车削的基本工作 ⋯⋯⋯ 158

12.4.1　车端面、外圆及台阶 ⋯⋯ 158

12.4.2　车圆锥 ⋯⋯⋯⋯⋯⋯⋯ 159

12.4.3　车成形面 ⋯⋯⋯⋯⋯⋯ 160

12.4.4　车槽与切断 ⋯⋯⋯⋯⋯ 160

12.4.5　车螺纹 ⋯⋯⋯⋯⋯⋯⋯ 161

12.4.6　滚花 ⋯⋯⋯⋯⋯⋯⋯⋯ 162

12.4.7　车削加工工艺守则 ⋯⋯⋯ 162

参考文献 ⋯⋯⋯⋯⋯⋯⋯ 163

第13章　铣削加工 ⋯⋯⋯⋯⋯⋯ 164

13.1　铣削加工概述 ⋯⋯⋯⋯ 164

13.1.1　铣削加工简介 ⋯⋯⋯⋯⋯ 164

13.1.2　铣削加工特点 ⋯⋯⋯⋯⋯ 164

13.2　铣床 ⋯⋯⋯⋯⋯⋯⋯ 165

13.2.1　铣床分类与型号 ⋯⋯⋯⋯ 165

13.2.2　立式铣床与卧式铣床的

区别 ⋯⋯⋯⋯⋯⋯⋯⋯ 165

13.2.3　升降台铣床的主要组成部分及

功能 ⋯⋯⋯⋯⋯⋯⋯⋯ 166

13.2.4　铣床的基本操作 ⋯⋯⋯⋯ 166

13.3　铣刀与工件的安装 ⋯⋯ 166

13.3.1　铣刀及其安装 ⋯⋯⋯⋯⋯ 166

13.3.2　铣削加工件的安装 ⋯⋯⋯ 167

13.4　铣削的基本工作 ⋯⋯⋯ 170

13.4.1　铣削方式 ⋯⋯⋯⋯⋯⋯⋯ 170

13.4.2　铣平面 ⋯⋯⋯⋯⋯⋯⋯ 171

13.4.3　铣沟槽 ⋯⋯⋯⋯⋯⋯⋯ 172

13.4.4　铣分度件 ⋯⋯⋯⋯⋯⋯ 173

13.4.5　切断 ⋯⋯⋯⋯⋯⋯⋯⋯ 173

13.4.6　铣削加工工艺守则 ⋯⋯⋯ 173

参考文献 ⋯⋯⋯⋯⋯⋯⋯ 173

第14章　刨削加工 ⋯⋯⋯⋯⋯⋯ 174

14.1　刨削加工概述 ⋯⋯⋯⋯ 174

14.1.1　刨削加工简介 ⋯⋯⋯⋯⋯ 174

14.1.2　刨削加工特点 ⋯⋯⋯⋯⋯ 174

14.2　刨床 ⋯⋯⋯⋯⋯⋯⋯ 174

14.2.1　刨床分类与型号 ⋯⋯⋯⋯ 174

14.2.2　牛头刨床的主要组成部分及

功能 ⋯⋯⋯⋯⋯⋯⋯⋯ 174

14.2.3　牛头刨床的传动机构 ⋯⋯ 175

14.2.4　牛头刨床的基本操作 ⋯⋯ 176

14.3　刨刀与工件的安装 ⋯⋯ 177

14.3.1　刨刀及其安装 ⋯⋯⋯⋯⋯ 177

14.3.2　刨削加工件的安装 ⋯⋯⋯ 177

14.4　刨削的基本工作 ⋯⋯⋯ 178

14.4.1　刨平面 ⋯⋯⋯⋯⋯⋯⋯ 178

14.4.2　刨沟槽 ⋯⋯⋯⋯⋯⋯⋯ 179

14.4.3　刨成形面 ⋯⋯⋯⋯⋯⋯ 179

14.4.4　刨削加工工艺守则 ⋯⋯⋯ 179

14.5　其他刨削加工简介 ⋯⋯ 179

14.5.1　龙门刨床与刨削加工 ⋯⋯ 179

14.5.2　插床与插削加工 ⋯⋯⋯⋯ 180

14.5.3　拉床与拉削加工 ⋯⋯⋯⋯ 180

参考文献 ⋯⋯⋯⋯⋯⋯⋯ 181

第15章　磨削加工 ⋯⋯⋯⋯⋯⋯ 182

15.1　磨削加工概述 ⋯⋯⋯⋯ 182

15.1.1 磨削加工简介 …………… 182
15.1.2 磨削加工特点 …………… 182
15.2 磨床 ………………………… 182
15.2.1 磨床分类与型号 ………… 182
15.2.2 平面磨床的主要组成部分及
功能 ……………………… 183
15.2.3 平面磨床的传动系统 …… 183
15.2.4 平面磨床的基本操作 …… 184
15.3 砂轮 ………………………… 184
15.4 磨削的基本工作 …………… 186
15.4.1 外圆磨削 ………………… 186
15.4.2 内圆磨削 ………………… 187
15.4.3 平面磨削 ………………… 187
15.4.4 锥面磨削 ………………… 187
15.4.5 磨削加工工艺守则 ……… 187
15.5 精整和光整加工简介 ……… 187
参考文献 …………………………… 188
第16章 钳工 …………………………… 189
16.1 钳工概述 …………………… 189
16.1.1 钳工简介 ………………… 189
16.1.2 钳工常用的工、量具 …… 189
16.1.3 钳工常用的工夹具及设备 … 189
16.1.4 钳工工艺守则 …………… 191
16.2 划线、锯削和锉削 ………… 191
16.2.1 划线 ……………………… 191
16.2.2 锯削 ……………………… 193
16.2.3 锉削 ……………………… 194
16.3 钻孔、扩孔和铰孔 ………… 197
16.3.1 钻削与钻床 ……………… 197
16.3.2 钻孔 ……………………… 199
16.3.3 扩孔 ……………………… 201
16.3.4 铰孔 ……………………… 201
16.4 攻螺纹和套螺纹 …………… 202
16.4.1 攻螺纹 …………………… 202
16.4.2 套螺纹 …………………… 203
16.5 装配 ………………………… 205
16.5.1 装配常识 ………………… 205
16.5.2 装配工艺过程 …………… 206
16.5.3 拆卸的基本要求 ………… 206
16.5.4 装配新工艺 ……………… 207
参考文献 …………………………… 207

第五篇 现代制造技术

第17章 数控加工 …………………… 208
17.1 数控机床 …………………… 208
17.1.1 数控机床概述 …………… 208
17.1.2 数控机床的分类 ………… 211
17.2 数控编程 …………………… 212
17.2.1 数控编程简述 …………… 212
17.2.2 数控加工坐标系 ………… 214
17.2.3 数控程序的结构与格式 … 215
17.2.4 数控程序指令 …………… 216
17.3 数控车削基础 ……………… 218
17.3.1 数控车床 ………………… 218
17.3.2 数控车床一般操作步骤 … 219
17.3.3 数控车削加工工艺 ……… 219
17.3.4 数控车削加工编程基础 … 223
17.4 数控铣削基础 ……………… 225
17.4.1 数控铣床与加工中心 …… 225
17.4.2 数控铣削加工工艺 ……… 226
17.4.3 数控铣削加工编程举例 … 229
参考文献 …………………………… 232
第18章 特种加工 …………………… 233
18.1 特种加工基础知识 ………… 233
18.1.1 特种加工的产生与发展 … 233
18.1.2 特种加工的特点 ………… 233
18.1.3 特种加工的分类与应用 … 234
18.2 电火花加工 ………………… 234
18.2.1 电火花加工概述 ………… 234
18.2.2 电火花成形加工 ………… 236
18.3 线切割加工 ………………… 238
18.3.1 线切割加工概述 ………… 238
18.3.2 线切割机床 ……………… 240
18.3.3 线切割加工工艺 ………… 242
18.3.4 线切割编程基础 ………… 244
18.3.5 线切割加工操作流程 …… 250
18.4 其他特种加工简介 ………… 251
18.4.1 电解加工 ………………… 251
18.4.2 超声波加工 ……………… 252
18.4.3 激光加工 ………………… 253
参考文献 …………………………… 254

绪　　论

一、工程训练在教学中的地位和作用

工程训练是一门具有很强实践性质的技术基础课,它主要介绍现代机械和电气工业的生产方式和工艺过程等与工业生产相关的专业知识。通过理论和实践教学,将理论知识与工程实际紧密结合,从而指导学生理论联系实际,充分吸收和掌握相关专业知识。

现代工程训练教学将原有的工艺实习转变为在大工程背景下(包括机械、电子、计算机、控制、环境和管理等)的综合性教学。将以单机为主体的常规技术训练转变为拥有先进制造技术的集成技术训练,并逐步面向全体的学生。将面向低年级学生的工程训练转变为本科 4 年不断线的工程训练和研究训练。在教学理念与目标上,将金工实习阶段的课程教学目标"学习工艺知识,提高动手能力,转变思想作风"转变为"学习工艺知识,增强工程实践能力,提高综合素质,培养创新精神和创新能力";凝练出"以学生为主体,教师为主导,实验技术人员和实习指导人员为主力,理工与人文社会学科相贯通,知识、素质和能力协调发展,着重培养学生的工程实践能力、综合素质和创新意识"的工程实践教学理念。

工程训练是刚跨入大学校门的学生在未系统接受专业知识培训之前对工业生产的内容、形式等所进行的先修课程,是所有工程类课程的先导。对机械类学生而言,更为后续的"机械制造工艺学"、"金属材料及热处理"与"机械设计"等专业课程的学习奠定了基础。

本课程从最基本的工业生产概念出发,由浅入深,结合实际,将理论与工业生产紧密联系,从而为学生掌握和了解当今工业生产中的关键技术、工艺方法和设计手段等打下良好的基础。

二、工程训练的内容

工程训练的教学体系已逐步改为"认知训练、工程实践训练、综合创新训练"三个平台的"三段式"实践教学体系。其中的"认知训练"不仅是面向全体学生的工程实践教学平台,同时也是理工与人文学科交叉与融合的重要结合点,是众多的人文社会学科的学生增强工程技术素养的重要手段。本书为"认知训练"这一实践教学平台的配套教材,是一本主要面向少学时的工程类和人文社会学科的学生进行"工程认知"或"实践认知"方面的教材。

工程训练之"认知训练"内容是以机械制造工艺过程中的基本工艺方法为基础,包括了一般机械制造的基本工艺过程,同时也包括了工业生产、机械识图、技术测量等训练内容。本教材包括的内容如下:

(1) 工业生产概论。对工业与工厂有个初步认识,了解工业生产过程与管理。

(2) 机械制造相关知识。对机械设计、机械识图、材料与加工、技术测量等一系列与机械制造相关的内容作简要介绍,为非机类学生铺垫机械基础知识。

(3) 金属材料及其热加工。了解材料与热处理方法,熟悉毛坯制造方法与工艺。

(4) 金属切削加工。熟悉零件各种典型表面的传统加工方法与工艺,进行初步的操作训练。

(5) 现代制造技术。了解现代制造技术,增强数控加工意识。

三、工程训练的学习方法

可通过现场教学、专题讲座、多媒体教学、实际操作、参观实习、综合训练、教学实验、课堂讨论及完成实习报告或作业等手段和方式，丰富教学内容，完成实践任务，也可以通过以下几个方面开展工程训练的教学工作。

（1）以实践为主，通过理论结合实际的方法向学生传授工业生产基础知识。"工程训练"是一门具有很强实践性质的技术基础课，其中所涉及的知识点都是存在于现代工业生产的每一个环节中，无论是工程材料还是材料的加工成形工艺，都可以通过展示实物和具体操作过程来体现。为此，本书相应章节配有实习报告，学生经过书本知识学习并得到相关指导老师的认可之后，可以进行具体操作实践。只有通过认真参与实习，才能够完成实习报告，并最终通过指导教师的考核。这对于学生深刻掌握书本知识能起到很好的促进作用。

（2）注意本课程与相关教学内容的分工与合作。本课程与"机械制造基础"、"机械设计"、"机械制造工艺学"、"机械 CAD"和"数控加工"等课程紧密相关，部分知识点存在着一致性。但本课程更强调以实践为中心的指导思想，可以结合学生所学知识的特点，有重点地对未曾涉及的知识点进行补充，而已经学习的知识则通过实习予以强化。

（3）教学安排。本书是工程训练之"认知训练"与部分"工程实践训练"的配套教材，适用于校内实习基地的现场教学。适用于 5～10 天的实习。在内容安排上，可考虑"工业生产概论"与"机械制造相关知识"实习为 0.5～1.5 天，"金属材料及其热加工"实习为 1～3 天，"切削加工技术"实习为 2～4.5 天，"现代制造技术"实习为 1～3 天。

（4）本书的内容与特点。由于是一本通识教材，在编写上，叙述简练、直观形象、图文并茂、通俗易通。简洁直观地阐述"面广而不深"的内容，不使篇幅过大。每章末附有参考文献，便于感兴趣的学生进一步深入学习。

四、工程训练的要求

工程认知训练与工程实践训练往往是学生第一次接触工程，是培养学生工程实践能力的"初级阶段"，所以要求学生以"准工人"的身份去经历、感受工程。工程训练是实践性很强的课程，不同于一般的理论性课程，它没有系统的理论、定理和公式，除了一些基本原则以外，大都是一些具体的生产经验和工艺知识；学习的课堂主要不是教室，而是模拟工厂环境的实习基地；学习的对象主要不是书本和教师，而是具体生产过程和现场教学指导人员。因此，学生的学习方法也应作相应的调整和改变，要善于在实践中学习，注重在生产过程中学习工艺知识和基本技能；要注意对实习教材的预习与复习，按时完成实习报告；必须遵守学生实习守则和安全操作规程，自始至终树立安全第一的思想，提高安全防范技能，确保人身和设备的安全；在实习中积累设备、管理、运行、工艺等方面的感性认识，培养理论联系实际的能力。

第一篇　工业生产概论

第1章　工业生产过程

1.1　工业系统概述

1.1.1　工业的形成与发展

随着人类对增加生产和改善生活的迫切需要,在生产活动中逐渐形成以手工业和家庭作坊为代表的"工业"。这一时期的手工业,由于"机器"制造简陋、产量低且难以形成工业化生产,所以只是农业的副业,没有形成国民经济的独立部门。

直到 18 世纪中期,从英国发起的技术革命(史称"第一次工业革命"或"蒸汽时代",以蒸汽机作为动力机被广泛使用为标志)开创了以机器代替手工工具的时代,才使原来以手工技术为基础的工场手工业逐步转变为机器大工业。打断了农业社会的进程,建立了工厂制度。工业才最终从农业中分离出来成为一个独立的物质生产部门。

第一次工业革命对 19 世纪科学发展及社会变迁也产生了极为重要的影响。以前的科学研究很少用于工业生产,随着工业革命的发展壮大,工程师与科学家的界限越来越小,更多的工程师埋头做科学研究。以前的科学家多是贵族或富人的子弟,现在则有许多来自工业发达地区和工人阶级的子弟成为了科学家。他们对化学和电学更加感兴趣,这也促进了这些学科的发展。

1831 年法拉第发现了磁电感应现象,1866 年德国人西门子发明了具有应用价值的发电机,1870 年比利时工程师格拉姆发明了用于工业生产的电动机,电力在工业领域开始代替蒸汽成为主要的能源和动力的来源,以电力的广泛应用、内燃机和新交通工具的创制、新通信手段的发明和化学工业的建立为主要标志的技术革命史称"第二次工业革命"或"电气时代"。工业重心由轻纺工业转为重工业,出现了电气、化学、石油等新兴工业部门。人类开始通过科学研究来获得纯粹的知识,然后又反过来促进理论的应用。

始于 20 世纪 40 年代,以原子能技术、航天技术、电子计算机的应用为标志的科技革命史称"第三次工业革命"或"第三次科技革命",是涉及信息技术、新能源技术、新材料技术、生物技术、空间技术和海洋技术等诸多领域的一场信息控制技术革命。这次科技革命不仅极大地推动了人类社会经济、政治和文化领域的变革,而且也影响了人类生活方式和思维方式,使人类社会生活和人的现代化向更高境界发展。在西方和日本,有人用"三 C 革命"或"四 A 革命"来概括这场科技革命。"三 C 革命"指的是通讯化(Communication)、计算机化(Computerization)和自动控制化(Control);"四 A 革命"指的是工厂自动化(Factory Automation)、办公自动化(Office Automation)、家庭自动化(Family Automation)和农业自动化(Agricultural Automation)。有的学者认为,功勋卓著的第三次科技革命,不仅把现代科学技术的发展推向了一个新阶段,而且使西方一批发达国家在 20 世纪 50～60 年代先后实现了高度工业化,走完了工业社会的最后历程。

三次工业革命特点归纳如表 1-1 所列。

表 1-1 三次工业革命特点

	第一次工业革命	第二次工业革命	第三次工业革命
开始时间	18 世纪中期	19 世纪 70 年代	20 世纪 40 年代
主要标志	蒸汽机	电气化	微电子技术
技术发展特点	机器生产代替手工劳动	内燃机技术和电力的广泛应用	信息技术、生物工程、新能源、新材料、微电子技术的发明和广泛应用
主要新工业部门	棉纺织工业、钢铁工业等	电力、化学、石油开采与加工、汽车和飞机制造工业等	电子工业、核工业、航天工业、激光工业、高分子合成工业等

1.1.2 工业系统的基本概念

1. 工业

广义地讲,工业(Industry)是指采掘自然物质资源,对工业原料和农业原料进行加工的社会活动;狭义地讲,工业仅指加工工业,即制造业(Manufacturing)。工业部门是唯一生产现代劳动手段的部门,决定着国民经济现代化的速度、规模和水平。它也是国民经济的主导部门,为农业和国民经济的其他部门提供原料、动力、生产工具、技术装备和日用工业品。工业部门还是国家财政收入的主要源泉,是国民经济自主、政治独立和国防现代化的根本保证。

2. 工业部门分类

按工业产品的用途分类,工业部门可分为重工业和轻工业。重工业主要是指提供生产资料的工业部门,包括燃料工业、冶金工业、电力工业、化学工业、机械工业和建筑材料工业等部门。重工业为工业、农业和国民经济其他部门提供原料、燃料、动力和现代化技术装备的工业部门。轻工业是指主要生产消耗资料的工业部门,包括以农产品为原料的轻工业(如纺织、造纸、食品、皮革等工业)和非农产品为原料的轻工业(如日用机械、金属制品、塑料制品、日用化工产品、家用电器、化学纤维及其制品、日用陶瓷、印刷等工业)。

(1) 按在国民经济中的作用特点,工业部门又分为八大产业。

① 能源工业:煤炭、石油、电力。

② 冶金工业:钢铁、有色金属。

③ 化学工业:化工、化肥。

④ 机械工业:普通机械、化工机械、水利机械、冶金机械、纺织机械、建筑机械等。

⑤ 汽车工业:汽车、摩托车、专用汽车等。

⑥ 电子信息产业:电视、邮电、电信。

⑦ 轻工业:纺织工业、食品工业、造纸工业、印刷工业等。

⑧ 建筑业。

其中冶金、化学工业合称为基础工业部门,机械、汽车、电子信息合称为核心工业部门,轻工业、建筑业合称为应用工业部门。

(2) 按加工方式分类:工业部门可分为采掘业(如采煤)、加工业(如钢材生产)。

(3) 按生产顺序分类:工业部门可分为上游产业(如采矿)、中游产业(如金属冶炼)和下游产业(如汽车制造)。

3.工业生产的特点

工业生产与农业生产相比,除了土地和水源条件外,自然因素的投入较少,而社会经济因素的投入较多,这就使工业生产不像农业生产那样具有明显的地域性、季节性和周期性。此外,工业生产的产出也比农业生产更复杂,除了产品外,还会产生大量的废弃物,如废气、废水、废渣等。不同的工业,各投入因素在总投入中所占的比重有很大的差别,如果增加某种因素的投入量,会相对降低其他因素的投入量。

工业生产中的投入—产出关系,是决定工业发展类型和工业地域分布的重要因素。不同发展类型工业的特点如表1-2所列。

表1-2 不同发展类型工业的特点

	代表性部门	分布特点	产品发展阶段	工业发展方向
资源密集型工业	采掘业	该项工业所需产品加工工业地区	成熟期 自然资源丰富	按照长远规划,有控制地发展
劳动密集型工业	纺织工业、普通服装制造、家用电器装配	劳动力资源丰富地区,尤其是经济欠发达地区	成熟期和衰退期	改善产品质量,开发新产品,努力降低生产成本
资金密集型工业	钢铁工业、化学工业	矿产资源丰富且经济较发达地区	成熟期	更新生产过程和生产方法
技术密集型工业	微电子工业、核工业、航天工业	科学技术和高等教育发达地区	开发期和成长期	不断研究、开发、推出新产品

4.工业系统

系统(System)是指为实现规定功能以达到某一目标而构成的相互关联的一个集合体或装置(部件)。泛指由一群有关联的个体组成,根据预先编排好的规则工作,能完成个别元件不能单独完成的工作的群体。系统分为自然系统与人为系统两大类。系统具有集合性、整体性、相关性、目的性、阶层性和环境适应性的特征。例如,一个机组、一个企业、一项计划、一种组织、一套制度等均可以构成一个系统。每个工业部门可以构成一个系统,整个工业可以看成一个系统,一个国家的国民经济也可以看成一个大系统。

整个工业系统包括能源和原材料提供、生产(加工)过程、产品销售、残值回收等,系统的各个部分是相互关联的。重工业产品是实现社会扩大再生产的物质基础,但是重工业的发展也受到轻工业发展的制约,因为重工业的发展离不开轻工业提供消费品,特别是离不开轻工业提供的资金与广大市场;轻工业发展的速度和规模受重工业提供的劳动对象、劳动手段的规模所制约。因此,轻工业和重工业(以及农业)应该有一个合理的比例关系,才能促进整个国民经济的顺利发展。

1.1.3 关于工程的概述

在现代社会中,工程(Engineering)一词有广义和狭义之分。广义的工程是指一群人为达到某种目的,在一个较长时间周期内进行协作活动的过程。狭义的工程是指以某组设想的目标为依据,应用有关的科学知识和技术手段,通过一群人的有组织活动将某个(或某些)现有实体(自然的或人造的)转化为具有预期使用价值的人造产品过程。

工程具有综合性,主要表现在以下各方面。

(1) 每一项较大的工程实践不会只涉及单一学科,而是要综合运用多个学科专业的知识,往往兼有机械、电气、化学、材料、能源等内容,而信息技术更是当代工程实践中不可缺少的,既包括在工程的内容中,又体现在工程的手段中。

(2) 工程的纵向展开。从研究、开发、设计、制造(建筑)、运行、维护直到市场营销都属于工程的内容。

(3) 工程实践离不开经济和管理。没有经济分析论证,工程就没有了基础依据;而缺乏管理,工程就寸步难行。

1.2 生产过程

1.2.1 生产过程的定义

生产过程(Production Process)是指从投料开始,经过一系列的加工,直至成品生产出来的全部过程。在生产过程中,主要是劳动者运用劳动工具,直接或间接地作用于劳动对象,使之按人们预定目的变成工业产品。

按照生产过程组织的构成要素,可以将生产过程分为物流过程、信息流过程和资金流过程。

工业的生产过程就是一个以工厂为介质的投入—产出工程。以土地、劳动力、资金、能源、水源等生产要素和原料、零部件等生产资料作为投入,通过工厂,产出满足需要的产品及附带的废气、废水、废渣等"三废"产品。

1.2.2 生产过程的分类

工厂的生产根据各部分在生产过程中的作用不同,可划分为以下三部分:

(1) 基本生产过程。基本生产过程是指构成产品实体的劳动对象直接进行工艺加工的过程。如机械企业中的铸造、锻造、机械加工和装配等过程,纺织企业中的纺纱、织布和印染等过程。

(2) 辅助生产过程。辅助生产过程是指为保证基本生产过程的正常进行而从事的各种辅助性生产活动的过程。如为基本生产提供动力、工具和维修工作等。

(3) 生产服务过程。生产服务过程是指为保证生产活动顺利进行而提供的各种服务性工作。如供应工作、运输工作和技术检验工作等。

上述三部分彼此结合在一起,构成工厂的整个生产过程。其中,基本生产过程是主导部分,其余各部分都是围绕着基本生产过程进行的。

1.2.3 生产过程的合理组织

合理组织生产过程是指把生产过程从空间上和时间上很好结合起来,使产品以最短的路线、最快的速度通过生产过程的各个阶段,并且使企业的人力、物力和财力得到充分的利用,达到高产、优质、低耗。合理组织生产过程需要做到以下几点:

1) 生产过程的连续性

生产过程的连续性是指产品和零部件在生产过程各个环节上的运动,自始至终处于连续状态,不发生或少发生不必要的中断、停顿和等待等现象。这就是要求加工对象或处于加工之中,或处于检验和运输之中。保持生产过程的连续性,可以充分地利用机器设备和劳动力,可以缩短生产周期,加速资金周转。

2）生产过程的比例性

生产过程的比例性是指生产过程的各个阶段、各道工序之间,在生产能力上要保持必要的比例关系。它要求各生产环节之间,在劳动力、生产效率、设备等方面相互均衡发展,避免"瓶颈"现象。保证生产过程的比例性,既可以有效地提高劳动生产率和设备利用率,也进一步保证了生产过程的连续性。

为了保持生产过程的比例性,在设计和建设工厂时,就应根据产品性能、结构及生产规模、协作关系等统筹规划;同时,还应在日常生产组织和管理工作中,搞好综合平衡和计划控制。

3）生产过程的节奏性

生产过程的节奏性是指产品在生产过程的各个阶段,从投料到成品完工入库,都能保持有节奏地均衡地进行。要求在相同的时间间隔内生产大致相同数量或递增数量的产品,避免前松后紧的现象。

生产过程的节奏性应当体现在投入、生产和出产三个方面。

其中出产的节奏性是投入和生产节奏性的最终结果。只有投入和生产都保证了节奏性的要求,实现出产节奏性才有可能。同时,生产的节奏性又取决于投入的节奏性。因此,实现生产过程的节奏性必须把三个方面统一安排。

实现生产过程的节奏性,有利于劳动资源的合理利用,减少工时的浪费和损失;有利于设备的正常运转和维护保养,避免因超负荷使用而产生难以修复的损坏;有利于产量质量的提高和防止废品大量的产生;有利于减少在制品的大量积压;有利于安全生产,避免人身事故的发生。

4）生产过程的适应性

生产过程的适应性是指生产过程的组织形式要灵活,能及时满足变化的市场需要。随着市场调节的开展、技术的进步和人民生活水平的提高,用户对产品的需要越来越多样化。这就给企业的生产过程组织带来了新的问题,即如何朝着多品种、小批量、能够灵活转向、应急应变性强的方向发展,为了提高生产过程组织的适应性,工厂可采用"柔性制造系统"等方法。

上述组织生产过程的四项要求是衡量生产过程是否合理的标准,也是取得良好经济效果的重要条件。

1.2.4 安全生产的重要性

安全与生产是相互依存的关系,"安全促进生产,生产必须安全"讲明了安全与生产的辩证关系。为加强安全生产监督管理,防止和减少生产安全事故,保障人民群众生命和财产安全,促进经济发展。我国在2002年制定并颁布了《中华人民共和国安全生产法》,强调了安全生产的重要性。

安全为了自己。重视安全生产首先对自己有利,善待生命,才能为社会和个人创造更大的财富。

安全为了家庭。重视安全生产会给我们带来一个幸福美满的家庭。

安全为了企业。重视安全生产会减少企业的巨大损失,促进企业的稳步发展。

安全为了国家。重视安全生产为国家创造巨大财富,使我们的国家日益走向富强。

1.3 现代生产模式

1.3.1 现代工业生产模式

现代工业生产模式是在传统生产模式基础上不断吸收现代管理、电子、信息、计算机控制、新材料等方面的最新技术，将其综合应用于生产的全过程，以实现优质、高效、低消耗、清洁无污染的生产。

与传统生产模式相比，它具有如下特点：

(1) 先进生产技术贯穿了产品设计、加工制造、产品销售及售前售后服务的全过程，作为能驾驭生产过程中的物质流、信息流和资金流的系统技术。

(2) 以优质、高效、低成本、可持续发展作为生产追求的重要目标。

(3) 重视技术与管理相结合，重视生产过程的组织和管理体制的精简及合理化。

目前，机械制造领域先进的生产系统包括计算机集成制造系统（CIMS）、柔性制造系统（FMS）和智能制造系统（IMS）等。

1.3.2 先进生产技术的主要发展趋势

(1) 设计技术不断现代化。产品设计是制造业的灵魂，现代设计技术的主要发展趋势包括以下几点：

① 设计手段的计算机化。在实现了计算机计算、绘图的基础上，当前突出反映在数值仿真或虚拟现实技术在设计中的应用，以及现代产品建模理论的发展上，并且向智能化设计方向发展。

② 新的设计思想与方法不断出现。如并行设计、面向"X"的设计（Design For X，DFX）、健壮设计（Robust Design）、优化设计（Optimal Design）和反求工程技术（Reverse Engineering）等。

③ 向全寿命周期设计发展。传统的设计只限于产品设计，全寿命设计则由简单的、具体的、细节的设计转向复杂的、总体的设计和决策，要通盘考虑包括设计、制造、检测、销售、使用、维修和报废等阶段的产品的整个生命周期。

④ 设计过程由单纯考虑技术因素转向综合考虑技术、经济和社会因素。设计不只是单纯追求某项性能指标的先进和高低，而是注意考虑市场、价格、安全、美学、资源和环境等方面的影响。

(2) 综合考虑社会、环境要求及节约资源的可持续发展的先进生产技术越来越受到重视。绿色产品、绿色包装和绿色制造将会普及。制造业从构思开始，到设计阶段、制造阶段、销售阶段、应用与维修阶段，一直到回收阶段、再制造阶段，都必须充分保护自然环境、社会环境和生产环境，还要保护生产者的身心健康。

(3) 专业、学科间的界限逐渐淡化、消失。先进制造技术的不断发展，在冷热加工之间，加工、检测、物流、装配过程之间，设计、材料应用、加工制造之间，其界限均逐渐淡化，逐步走向一体化。

(4) 自动化、集成化和智能化是先进生产技术的主要发展趋势。

1.3.3 我国制造业的生产现状

"十一五"期间，我国机械工业延续了"十五"全面高速发展的好势头，无论是行业规模、产业结构、产品水平，还是国际竞争力都有了大幅度的提升。2009年，我国机械工业销售额达到1.5万亿美元，超过日本的1.2万亿美元和美国的1万亿美元，跃居世界第一，成为全球机械制造第一大国。

2012 年我国的 GDP 总值已达到世界第 2 位,但人均 GDP 排在世界第 84 位。可以说,我国还不是一个经济强国,我国制造业与发达国家相比存在很大差距,具体表现在:

(1) 自主创新能力明显薄弱,无法有效地支撑产品升级。

(2) 基础发展严重滞后。与快速发展的主机产品相比,基础零部件及优质专用材料、自控系统和测试仪器、数控机床和基础制造装备的发展明显滞后,已成为影响机械产品向高端升级的三大瓶颈。尤其是基础零部件,产品水平差距大。

(3) 现代制造服务业发展缓慢。传统加工制造业比重过大,现代制造服务业比重过低;从实物产量看,与工业发达国家相比,我国许多机械产品的产量已高居世界前列,但从全行业的销售额看,尤其是从经济效益看,这一优势并不明显,其中原因,除了产品档次差距的影响外,服务性增值方面的巨大差距是主要原因。

(4) 产业发展方式较为粗放。存在重速度、轻质量;重规模、轻效益;重当前、轻长远的倾向;行业的快速发展仍以过多的资源消耗为代价,生产效率和经营效益与工业发达国家同行相比差距明显。行业投资强度大增,但外延扩张之风盛行,重复建设严重,产业集中度低、地区结构趋同,核心竞争力弱,生产效率和经济效益差,在国际分工中处于明显不利地位。

1.4 生产类型的划分

生产类型的划分有多种方式,表 1-3 列出了常见的划分方式。

表 1-3 生产类型划分

划分方法	生产类型	特点	案例
按产品使用性能	通用生产	产品适用面广,需求量大,通常做销售预测计划,生产过程相对稳定	阀门、管道、电视机、日用消费品等
	专用生产	根据客户要求专门设计,需求量小,生产过程稳定性差,生产计划与生产过程的控制较复杂	私人家具、个人电脑
按生产工艺特点	流程生产型（连续型）	生产加工工艺是连续进行的,工艺过程的顺序固定不变,生产过程相对稳定,但必须确保每个生产环节的正常运行,否则全线停车	化工、炼油、造纸、水泥、印刷、食品、陶瓷等
	加工组装型（离散型）	产品一般由多个零部件组成,各零件的加工过程彼此是独立的,整个产品的生产工艺是离散的,制成的零件通过部件装配和总装配最后成为成品。生产管理工作十分繁杂	机械设备、电子设备
按生产稳定性与重复性	大量生产	产品品种少,数量大,生产稳定,生产追求连续性	家电产品、食品饮料等
	成批生产	品种较多,产量比大量生产要少,要求均衡生产	医药、电子、陶瓷家具、印刷等
	单件小批生产	品种很多,小批量,但设备多为通用,要求采用柔性制造技术	专用机电设备等
按产品需求特性	订货生产	根据客户的具体要求进行设计、组织生产	
	备货生产	根据市场情况预测生产计划,产品可能会有较大的库存量	家电产品等

参 考 文 献

蒋俊.2006.工业企业生产管理.天津：南开大学出版社
李伯民.2006.现代工业系统概论.北京：国防工业出版社
李振明.2008.工业生产过程与管理.北京：机械工业出版社
卢达溶.2005.工业系统概论. 2 版.北京：清华大学出版社
马保吉等.2009.工业系统认识.西安：西北工业大学出版社
巫世晶.2007.工程实践.北京：中国电力出版社

第2章 全面质量管理和 ISO9000 族标准

第一次工业革命,使人类社会从农业经济时代跨入工业经济时代。在工业经济时代,如何最大限度地提高生产效率和降低生产成本以实现利润最大化成为企业基本的运行目标。

管理和创新是企业永恒的主题。20 世纪,人类跨入了"加工机械化、经营规模化、资本垄断化"为特征的工业化时代。西方经济领域出现三次"事变"(30 年代的大危机、70 年代西方经济"滞涨"和 90 年代金融混乱),而每一次经济"事变"都随之产生了新的管理模式和管理理论。随着技术的发展,工业生产逐渐经由大批量生产时代与控制性管理发展到大批量销售时代与推断式管理,继而进入到后工业时代与战略管理。与之相适应的是管理技术、管理手段、管理理论和方法的不断变化,其中之一是各类国际性管理标准的制定、出台和应用,为管理理论和方法的进步提供了一个广大而又共有的平台。

国际标准化组织(International Organization for Standardization,ISO)是世界上最大的非政府性标准化专门机构,是国际标准化领域中一个十分重要的组织,它在国际标准化中占主导地位。它成立于 1947 年 2 月 23 日,其前身是 1928 年成立的国际标准化协会国际联合会(ISA)。ISO 与国际电工委员会(IEC)有密切的联系,ISO 和 IEC 作为一个整体担负着制定全球协商一致的国际标准的任务,标准的内容涉及广泛,包括信息技术、交通运输、农业、保健和环境等。其中 IEC 主要负责电工、电子领域的标准化活动,ISO 负责除电工、电子领域之外的其他领域的标准化活动。

ISO 的宗旨是在世界范围内促进标准化工作的开展,以利于国际物资交流和互助,并扩大知识、科学、技术和经济方面的合作。其主要任务是:制定国际标准,协调世界范围内的标准化工作,与其他国际性组织合作研究有关标准化问题。

随着国际贸易的发展,对国际标准的要求日益提高,ISO 的作用也日趋扩大,世界上许多国家对 ISO 也越加重视。中国于 1978 年加入 ISO,在 2008 年 10 月的第 31 届国际化标准组织大会上,中国正式成为 ISO 的常任理事国。代表中国的组织为中国国家标准化管理委员会(Standardization Administration of China,SAC)。

2.1 全面质量管理

2.1.1 质量管理的由来与发展

人类历史上自有商品生产以来,就开始了以商品的成品检验为主的质量管理方法。随着社会生产力的发展、科学技术和社会文明的进步,质量的含义也不断丰富和扩展,从开始的实物产品质量发展为产品或服务满足规定和潜在需要的特征和特性之总和,再发展到今天的实体,即可以单独描述和研究的事物(如某项活动或过程,某个产品,某个组织、体系或人以及它们的任何组合)的质量。

按照质量管理所依据的手段和方式,我们可以将质量管理发展历史大致划分为以下四个阶段。

1) 传统质量管理阶段

这个阶段从开始出现质量管理一直到 19 世纪末资本主义的工厂逐步取代分散经营的家庭手工业作坊为止。这一阶段的产品质量主要依靠工人的实际操作经验,靠手摸、眼看等感官估计和简单的度量衡器测量而定。工人既是操作者又是质量检验、质量管理者,且经验就是

"标准"。质量标准的实施是靠"师傅带徒弟"的方式口授手教进行的,因此,有人又称之为"操作者的质量管理"。

2) 质量检验管理阶段

资产阶级工业革命成功之后,机器工业生产取代了手工作坊式生产,劳动者集中到一个工厂内共同进行批量生产劳动,于是产生了企业管理和质量检验管理。就是说,通过严格检验来控制和保证出厂或转入下道工序的产品质量。检验工作是这一阶段执行质量职能的主要内容。质量检验所使用的手段是各种各样的检测设备和仪表,它的方式是严格把关,进行百分之百的检验。

1918 年前后,美国出现了以泰勒为代表的"科学管理运动",强调工长在保证质量方面的作用,于是执行质量管理的责任就由操作者转移给工长。有人称它为"工长的质量管理"。

1940 年以前,由于企业的规模扩大,这一职能又由工长转移给专职的检验人员,大多数企业都设置专职的检验部门并直属厂长领导,负责全厂各生产单位和产品检验工作。有人称它为"检验员的质量管理"。

3) 统计质量管理阶段

由于采取质量控制的统计方法给企业带来了巨额利润,很多国家都开始积极开展统计质量控制活动,并取得成效。利用数理统计原理,预防产出废品并检验产品质量的方法,由专职检验人员转移给专业的质量控制工程师承担。这标志着将事后检验的观念改变为预测质量事故的发生并事先加以预防的观念。但在这个阶段过分强调质量控制的统计方法,忽视其组织管理工作,使得人们误认为"质量管理就是统计方法",数理统计方法理论比较深奥,是"质量管理专家的事情",因而对质量管理产生了一种"高不可攀、望而生畏"的感觉。这在一定程度上限制了质量管理统计方法的普及推广。

4) 现代质量管理阶段

最早提出全面质量管理概念的是美国通用电气公司质量经理菲根堡姆。1961 年,他的著作《全面质量管理》出版。该书强调执行质量职能是公司全体人员的责任,应该使企业全体人员都具有质量意识和承担质量的责任。他指出:"全面质量管理是为了能够在最经济的水平上并考虑到充分满足用户要求的条件下进行市场研究、设计、生产和服务,把企业各部门的研制质量、维持质量和提高质量的活动构成为一体的有效体系"。1987 年,国际标准化组织(ISO)又在总结各国全面质量管理经验的基础上,制定了 ISO9000《质量管理和质量保证》系列标准。

我国在工业产品质量检验管理中,一直沿用了前苏联在 20 世纪 40~60 年代使用的百分比抽样方法,直到 70 年代末才开始制订数理统计标准,1981 年 11 月成立了全国统计方法应用标准化技术委员会(与 ISO/TC69 对应),在我国计数抽样检查标准制定贯彻后,才逐步跨入第三个质量管理阶段——统计质量管理阶段。

2.1.2 全面质量管理简介

全面质量管理(Total Quality Management,TQM)是指"对一个组织,以质量为中心,全员参与为基础的管理方法"。

目的在于通过顾客满意和本组织所有成员及社会受益而达到长期成功的管理途径。在全面质量管理中,质量这个概念和全部管理目标的实现有关。

全面质量管理内容和特点,概括起来是"三全"、"四一切"。"三全"——是指对全面质量、全部过程和由全体人员参加者的管理。"四一切"——即一切为用户着想,一切以预防为主,一切以数据说话,一切工作按 PDCA 循环进行。

我国从 1979 年开始推行 TQM(当时称为 TQC——Total Quality Control,即全面质量控制),从 30 多年的深入、持久、健康地推行全面质量管理的效果来看,它有利于提高企业素质,增强国有企业的市场竞争力。

2.2 ISO9000 族标准

20 世纪 90 年代以来,一系列 ISO 国际管理标准的出台使得现代企业管理制度如虎添翼。ISO9000 质量管理体系(QMS)、ISO14000 环境管理体系(EMS)及 OHSMS18000 职业健康安全管理体系(OHSMS)的产生和发展在很大程度上为企业管理创新、管理增效和企业整体素质的提高提供了依据和支撑。目前,在质量体系认证方面,已涉及 ISO9000、ISO14000 和 OHSMS18000 等诸多领域。

2.2.1 ISO9000 简介

ISO9000 族质量管理体系标准起源于美国军工企业。第二次世界大战后,美国国防部发布了《质量大纲要求》《锅炉压力容器规范》等一系列军用质量保证标准。20 世纪 70 年代末,一些工业发达国家先后制定并颁布了用于民用生产的质量管理和质量保证标准。其中 1979 年英国标准化协会发布的 BS5750 质量保证标准成为后来 ISO9000 族标准的主要蓝本。国际标准组织(ISO)于 1987 年 3 月正式发布了 ISO8402 等 6 项 ISO9000 系列标准,并于 1994 年发布了取代 1987 年版的 16 项国际标准,统称为 1994 版 ISO9000 族标准。随后 ISO9000 族标准进一步扩充到包括 27 项标准和技术文件在内的庞大标准家族。

ISO9000 族标准的颁布,使各国的质量管理和质量保证活动有了一个共同的依据,在消除贸易壁垒、提高产品质量和顾客满意程度等方面产生了积极影响,得到世界各国的普遍关注和采用,十多年时间在全球范围内形成了"ISO9000 热"的奇观。鉴于 1994 年版 ISO9000 族标准在其使用和检验过程中所暴露出的一些不足和亟待解决的问题,ISO/TC176 对 ISO9000 族标准的内容和结构再度进行修订,并于 2000 年 12 月 15 日正式颁布了 2000 版 ISO9000 族标准。

2000 版 ISO9000 族标准强调以顾客满意为中心,克服了 1994 版标准源于加工业的痕迹,适用范围更宽,同时与其他管理体系标准有很强的兼容性。它反映了当今世界科学技术和经济贸易的发展状况,体现了持续改进、不断提高的管理理念,以及"变革"和"创新"这一新趋势。

2.2.2 ISO9000 族标准的组成及特点

ISO9000 族标准是国际标准组织颁布的在全世界范围内通用的关于质量管理和质量保证方面的系列标准。1987 年 3 月 ISO 正式公布了 ISO9000～ISO9004 共 5 个标准,即"ISO9000 系列标准",到目前为止,ISO9000 族系列标准已发展为一个家族,包括以下几个部分。

(1) ISO9000～ISO9004 的所有国际标准,包括各分标准。

作为质量保证体系的标准有 3 个:ISO9001、ISO9002 和 ISO9003;

ISO9001 质量体系标准是设计、开发、生产、安装和服务的质量保证标准;

ISO9002 质量体系标准是生产、安装和服务的质量保证标准;

ISO9003 质量体系标准是最终检验和试验的质量保证标准;

ISO9004 是质量管理指南标准;

ISO9000 是质量管理和质量保证标准选用或实施指南标准。

(2) ISO10001～ISO10020 的所有国际标准,包括各分标准,属于支持性技术标准。

(3) ISO8402 术语标准。

为适应经济发展和国际贸易需要,我国已将 ISO9000 系列标准等同转化为中国国家标准,即 GB/T 19000。

ISO9000 族标准主要是为了促进国际贸易而发布的,是买卖双方对质量的一种认可,是贸易活动中建立相互信任关系的基石。符合 ISO9000 族标准已经成为在国际贸易上需方对卖方的一种最低限度的要求,由于 ISO9000 体系是一个市场机制,很多国家为了保护自己的消费市场,鼓励消费者优先采购获 ISO9000 认证的企业产品。可以说,通过 ISO9000 认证已经成为企业证明自己产品质量、工作质量的一种护照。

ISO9000 族标准的特点有:

(1) 涉及的范围、内容广泛,强调对各部门的职责权限进行明确划分。

(2) 强调管理层的介入,明确制订质量方针及目标。

(3) 强调纠正及预防措施,消除产生不合格或不合格的潜在原因,防止不合格的再发生,从而降低成本。

(4) 强调不断地审核及监督,达到对企业的管理及运作不断地修正及改良的目的。

(5) 强调全体员工的参与及培训,确保员工的素质满足工作的要求,并使每一个员工有较强的质量意识。

2.3　ISO9000 族标准的核心理论

2.3.1　八项质量管理原则

在 ISO9000:2000 的"质量管理原则"前言中指出:"为了成功地领导和运作一个组织,需要采用一种系统和透明的方式进行管理。针对所有相关方的需求,实施并保持持续改进其业绩的管理体系,可使组织获得成功。质量管理是组织各项管理的内容之一。八项质量管理原则已经成为改进组织业绩的框架,其目的在于帮助组织达到持续成功"。

八项质量管理原则是 2000 版 ISO9000 族标准的理论基础和指导思想,是质量管理实践经验和方法理念的总结,是质量管理的最基本、最通用的一般性规律,适用于所有类型的产品和组织,成为质量管理的理论基础。八项质量管理原则是组织的领导者有效实施质量管理工作必须遵循的原则。下面作一简要论述。

(1) 以顾客为关注焦点。组织依存于顾客,因此,组织应当理解顾客当前和未来的需求,满足顾客要求并争取超越顾客期望,使自己的产品或服务处于领先地位。

(2) 领导作用。领导者确立组织统一的宗旨和方向,他们应当创造并保持使员工能充分参与实现组织目标的内部环境。

(3) 全员参与。各级人员都是组织之本,只有他们的充分参与,才能够使他们的才干为组织带来收益。以人为本是全员参与的基础和保证。

(4) 过程方法。将活动和相关的资源作为过程进行管理,可以更高效地得到期望的结果。

(5) 管理的系统方法。将相互关联的过程作为系统加以识别、理解和管理,有助于组织提高实现目标的有效性和效率。

(6) 持续改进。组织总体业绩的持续改进应是组织的一个永恒的目标。

(7) 基于事实的决策方法。有效决策是建立在数据和信息分析基础上。

(8) 与供方互利的关系。组织与供方是相互依存的,互利的关系可增强双方创造价值的能力。

2.3.2　PDCA 循环

PDCA 循环亦称戴明循环,是一种科学的工作程序。通过 PDCA 循环提高产品、服务或工作质量。其中的 P 为 Plan(计划),指根据顾客的要求和组织的方针,为提供结果建立必要的目标和过程;D 为 Do(实施),指实施过程;C 为 Check(检查),指根据方针、目标和产品要求,对过程和产品进行监视和测量,并报告结果;A 为 Action(处理),指采取措施,以持续改进过程业绩。

PDCA 循环把工作过程分为四个阶段:第一个阶段为计划或策划阶段,又称 P 阶段;第二个阶段为实施或执行阶段,又称 D 阶段;第三个阶段为检查阶段;又称 C 阶段;第四阶段为总结或处理阶段,又称 A 阶段。四个阶段循环往复,没有终点,只有起点。通常还可以把 PDCA 循环四阶段进一步细化为八个步骤,即 P 阶段的现状调查、原因分析、要因确认、制定对策;D 阶段的执行政策;C 阶段的效果检查;A 阶段的巩固措施、处理遗留问题。应当明确,这只是一般情况下的概括性划分,在实际工作中,四个阶段必须保证,而八个步骤要根据工作的复杂程度及采用的方法不同而异。

2.3.3 过程方法

2000 版 ISO9000 族标准鼓励组织在建立、贯彻和改进其质量管理体系时采用过程方法,定义如下:任何使用资源将输入转化为输出的活动或一组活动可视为一个过程。要使组织有效运行,必须识别和管理许多相互关联和相互作用的过程。通常,一个过程的输出将直接成为下一个过程的输入。系统地识别和管理组织所应用的过程,特别是这些过程之间的相互作用,称为过程方法。

2.3.4 全面质量管理与 ISO9000 的对比

1) ISO9000 与 TQM 的相同点

首先,两者的管理理论和统计理论基础一致。两者均认为产品质量形成于产品全过程,都要求质量体系贯穿于质量形成的全过程;在实现方法上,两者都使用了 PDCA 质量环运行模式。其次,两者都要求对质量实施系统化的管理,都强调"一把手"对质量的管理。再次,两者的最终目的一致,都是为了提高产品质量、满足顾客的需要,都强调任何一个过程都是可以不断改进、不断完善的。

2) ISO9000 与 TQM 的不同点

首先,期间目标不一致。TQM 质量计划管理活动的目标是改变现状。其作业只限于一次,目标实现后,管理活动也就结束了,下一次计划管理活动虽然是在上一次计划管理活动的结果的基础上进行的,但绝不是重复与上次相同的作业。而 ISO9000 质量管理活动的目标是维持标准现状。其目标值为定值。其管理活动是重复相同的方法和作业,使实际工作结果与标准值的偏差量尽量减少。其次,工作中心不同。TQM 是以人为中心,ISO9000 是以标准为中心。再次,两者执行标准及检查方式不同。实施 TQM 企业所制定的标准是企业结合其自身特点制定的自我约束的管理体制;其检查方主要是企业内部人员,检查方法是考核和评价(方针目标讲评、QC 小组成果发布等)。ISO9000 系列标准是国际公认的质量管理体系标准,它是供世界各国共同遵守的准则。贯彻该标准强调的是由公正的第三方对质量体系进行认证,并接受认证机构的监督和检查。

TQM 是一个企业"达到长期成功的管理途径",但成功地推行 TQM 必须达到一定的条件。对大多数企业来说,直接引入 TQM 有一定的难度。而 ISO9000 则是质量管理的基本要求,它只要求企业稳定组织结构,确定质量体系的要素和模式就可以贯彻实施。贯彻 ISO9000 系列标准和推行 TQM 之间不存在截然不同的界限,我们把两者结合起来,才是现代企业质量管理深化发展的方向。

参 考 文 献

柴邦衡. 2010. ISO 9000 质量管理体系. 2 版. 北京:机械工业出版社

龚益鸣. 2007. 质量管理学. 3 版. 北京:清华大学出版社

李家林等. 2011. ISO 9001:2008 质量管理体系实战指南. 北京:中国质检出版社

巫世晶. 2007. 工程实践. 北京:中国电力出版社

第3章　安全生产与环境保护

3.1　安全生产概述

3.1.1　基本介绍

安全生产(Work Safety)，一般意义上讲，是指在社会生产活动中，通过人、机、物料、环境、方法的和谐运作，使生产过程中潜在的各种事故风险和伤害因素始终处于有效控制状态，切实保护劳动者的生命安全和身体健康。也就是说，为了使劳动过程在符合安全要求的物质条件和工作秩序下进行的，防止人身伤亡财产损失等生产事故，消除或控制危险有害因素，保障劳动者的安全健康和设备设施免受损坏、环境免受破坏的一切行为。

安全生产是安全与生产的统一，其宗旨是安全促进生产，生产必须安全。搞好安全工作，改善劳动条件，可以调动职工的生产积极性；减少职工伤亡，可以减少劳动力的损失；减少财产损失，可以增加企业效益，无疑会促进生产的发展；而生产必须安全，则是因为安全是生产的前提条件，没有安全就无法生产。

安全包括人身安全和设备仪器的安全两大部分，本章的安全生产主要讨论机械行业影响人身安全的主要因素及劳动保护措施。

3.1.2　危害人身安全的主要因素

(1) 人在生产过程中没有严格遵守安全操作规程造成的危害。由于对安全的重要性认识不足，没有严格遵守安全操作规程，易造成人身伤亡或终生残疾。

(2) 设备运转可能造成的危害。设备的运转是生产中造成人身伤害的主要因素之一，特别容易造成身体的某一部分被设备打断、缠绕、挤压等。

(3) 热加工操作及冷加工铁屑可能造成的危害。焊接、热处理、铸造、锻压等热加工操作产生的工件、废料易对人体造成烫伤；冷加工时铁屑飞溅到人体，易划伤身体。

(4) 电击可能造成的危害。当用电电压大于36V时，人就有被电击伤的危险。

(5) 火灾可能造成的危害。造成火灾的三要素是燃料、热源和氧气。

(6) 有害化学品可能造成的危害。

3.1.3　常用机械的危险因素

(1) 金属切削机床的危险主要来自于它们的刀具、转动件，以及加工过程中飞出的高温高速的切屑或刀具破碎飞出的碎片等，还有非机械方面的危害，如电、噪声、振动及粉尘等。

(2) 锻压机械中易发生的伤害事故有机械伤、烫伤、电气伤害等。

(3) 起重机械的危险因素有碰撞(运动部件移动范围大)和工作失效(工作强度大、电气设备工作繁重、元件易磨损)和劳动条件差(常在多尘、高温或露天作业)。

(4) 木工机械的危险因素有制动不灵敏、噪声大、振动大、易疲劳和少有防护装置。

(5) 焊接设备：①气焊与气割的主要危险是爆炸和火灾，加工过程中产生的高温、金属熔渣飞溅、烟气、弧光；② 电焊时的主要危险包括电击、弧光伤害、灼伤、爆炸和火灾等。

3.1.4 预防对策

实现机械本质安全;保护操作者和有关人员安全。

1. 机械安全设计

(1) 机械设计本质安全:是指机械的设计者,在设计阶段采取措施来消除安全隐患的一种机械安全方法。包括在设计中排除危险部件,减少或避免在危险区处理工作需求,提供自动反馈设备并使运动的部件处于密封状态之中等。

(2) 机械失效安全:机械设计者应该在设计中考虑到当发生故障时不出危险。这一类装置包括操作限制开关,限制不应该发生的冲击及运动的预设制动装置,设置把手和预防下落的装置,失效安全的限电开关等。

(3) 机械部件的定位安全:把机械的部件安置到不可能触及的地点,通过定位达到安全的目的。设计者必须考虑到人在正常情况下不会触及部件,而在某些情况下可能会接触到,例如登着梯子对机械进行维修等情况。

(4) 机器的安全布置:在车间内对机器进行合理的安全布局,可以使事故明显减少,布局时要考虑空间、照明、管线布置、维护时出入安全等。

2. 通用机械安全设施

(1) 机械安全防护装置与作用:通常采用壳、罩、屏、门、盖、栅栏、封闭式装置等作为物体障碍,将人与危险隔离;在有特殊要求的场合,防护装置还应对电、高温、火、爆炸物、振动、放射物、粉尘、烟雾、噪声等具有特别阻挡、隔绝、密封、吸收或屏蔽作用。

(2) 防护装置的类型:防护装置有单独使用的防护装置(只有当防护装置处于关闭状态才能起防护作用)和与连锁装置联合使用的防护装置(无论防护装置处于任何状态都能起到防护作用)。按使用方式可分为固定式和活动式两种。

3. 防护装置的安全技术要求

(1)固定防护装置应该用永久固定(通过焊接等)方式或借助紧固件(螺钉、螺栓、螺母等)固定方式,将其固定在所需的地方,若不用工具就不能使其移动或打开。

(2)进出料的开口部分尽可能地小,应满足安全距离的要求,使人不可能从开口处接触危险。

(3)活动防护装置或防护装置的活动体打开时,尽可能与防护的机械借助铰链或导链保持连接,防止挪开的防护装置或活动体丢失或难以复原。

(4)活动防护装置出现丧失安全功能的故障时,被其"抑制"的危险机器功能不可能执行或停止执行;连锁装置失效不得导致意外启动。

(5)防护装置应是进入危险区的唯一通道。

(6)防护装置应能有效地防止飞出物的危险。

3.2 生产场地的安全技术要求

机械制造生产过程对工作场所的主要安全技术要求如下。

1. 采光

(1) 一般白天自然采光,阴天和夜间人工照明。

(2) 生产场所内的照明应满足《工业企业照明设计标准》的要求。

(3) 厂房一般照明的光窗设置:跨度≥12m 时,单跨两边应有采光侧窗,宽度不应小于开间长度一半。多跨厂房相连,应有天窗,跨与跨之间不得有墙封死。车间通道照明应覆盖所有通道的90%。

2. 通道

(1) 厂区干道的路面要求:双向≥5m,单向≥3m。门口、危险地段需设置限速限高牌、指示牌和警示牌。

(2) 车间安全通道安全要求:汽车道≥3m,电瓶车道≥1.8m,人力车道≥1.5m,人行道≥1m。

(3) 通道的一般要求:标记醒目,转弯处不能形成直角,路面应平整。通道施工要有警示牌,夜间要有红灯警示。

3. 设备布局

设备按长度分类,长度≥12m 为大型设备,6～12m 为中型设备,≤6m 为小型设备。

(1) 设备间距:大型设备间距≥2m,中型设备间距≥1m,小型设备间距≥0.7m。当大小型设备同时存在时,以大型设备间距计。

(2) 设备与墙、柱间距:大型设备间距≥0.9m,中型设备间距≥0.8m,小型设备间距≥0.7m。

(3) 高于2m 的运输线应有牢固的防护罩(网),网格大小应能防止所输送的物件坠落至地面,低于2m 的运输线起落段加设防护栏,栏高≥1.05m。

4. 物料堆放

(1) 生产场所应划分毛坯区,成品、半成品区,工位器具区,废物垃圾区。

(2) 工位器具区:工具、模具、夹具应放在指定部位,安全稳妥,防止坠落和倒塌伤人。

(3) 产品、坯料等区应限量存入。

(4) 工件、物料摆放不得超高。在垛底与垛高之比为1:2 的前提下,垛高不超出2m(单位超高除外);砂箱堆垛不超过3.5m,堆垛的支承稳妥,堆垛间距合理,便于吊装。

5. 地面状态

(1) 人行道、车行道和宽度符合要求。

(2) 为生产而设置的深>0.2m、宽>0.1m 的坑、壕、池应有可靠的防护栏或盖板,夜间应有照明。

(3) 生产场所工业垃圾、废油、废水及废物应及时清理干净。

(4) 生产场所地面应平坦,无绊脚物。

6. 动力配电柜(箱)主要安全技术要求

机械设备的动力柜(箱)是车间配电系统的最末级,具有电力接收、分配、保护、控制功能的基础设施。在机械工厂中动力柜(箱)的拥有量多,分布面大,安装地点环境复杂,与作业现场各类人员接触的可能性最大;在企业管理中是薄弱环节,容易处于忽视的失控状态。尤其在进行设备检修、处理机械故障时,操作者与维修人员配合不当,极易发生触电事故。因此,保证设备动力箱(柜、板)的安全可靠性是十分必要的。

(1) 按电气设计安装规程规定,在不同的作业环境下安装不同要求的动力柜(箱)及其线路。

(2) 动力柜(箱)内安全要求:柜(箱)内整洁、完好、无杂物、无积水,各类电气元件、仪表、开关和线路排列整齐,安装牢固,有足够的空间方便操作。

落地安装的箱、柜底面应高出地面 0.5~1m,操作手柄中心距地面一般为 1.2~1.5m;箱、柜、板前方 1.2m 的范围内无障碍物(因工艺布置设备安装确有困难时可减至 0.8m,但不得影响箱门开启和操作)。

(3) 箱体接地线(PE)可靠。

(4) 各种电气元件及线路接触良好,连接可靠,无严重发热、烧损现象。

(5) 柜(箱)内插座安装要求:单相两孔插座,面对插座右极接相线,左极接零线(必须上下安装时,零线在下方,相线在上方);单相三孔插座,面对插座上孔接 PE 线,右极接相线,左极接工作零线;四孔插座只准用于 380V 电源,上孔接 PE 线。交流、直流或不同电压的插座在同一场所时,应有明显区别或标志。

(6) 保护装置齐全,与负载匹配合理。

(7) 外露带电部分屏护完好。柜(箱)以外不得有裸带电体外露,必须装设在箱、柜外表面或配电板上的电气元件,必须有可靠的屏护。

(8) 编号、识别标记齐全、醒目。柜(箱)都有便于管理的设施本身的编号;柜(箱)上每一处开关、每一组熔断器,都有表明控制对象的名称、标记及对应图示,并与实际情况相符。

3.3　劳 动 保 护

3.3.1　劳动保护的目的

劳动保护(Labour Protection)是国家和单位为保护劳动者在劳动生产过程中的安全和健康所采取的立法、组织和技术措施的总称。

劳动保护的目的是为劳动者创造安全、卫生、舒适的劳动工作条件,消除和预防劳动生产过程中可能发生的伤亡、职业病和急性职业中毒,保障劳动者以健康的劳动力参加社会生产,促进劳动生产率的提高,保证社会主义现代化建设顺利进行。

3.3.2　劳动保护的内容

从技术措施上,保护劳动者在劳动过程的安全与健康,包括安全技术与劳动卫生两方面内容。

1. 安全技术

安全技术(Safety Technique)是研究工业生产中的安全问题。它针对生产劳动中的不安全因素,采取有效措施,以防止工伤事故的发生。

安全技术研究范围包括:机械、物理、化学等因素引起急性的,即突然发生的人身伤害事故。机械方面不安全因素有碰击、绞轧造成的损伤,受压容器爆炸发生的伤害等;物理方面不安全因素有火焰、熔融金属高温的烧伤或灼伤，触电引起的电伤、电击；化学方面不安全因素有化学物品(如氰化物等)急性中毒。

安全技术的措施：主要是进行技术改造，通过改进安全设备、作业环境或操作方法，将危险作业改进为安全作业、将笨重劳动改进为轻便劳动、将手工操作改进为机械操作；设置防护、保险机构和劳动者的自我防护。

在当代，由于工业的迅猛发展，在安全技术上，安全系统工程(Safety System Engineering)、人机工程(Ergonomics)等，在许多国家中已得到了迅速发展，事故预测和事故控制技术也得到了广泛的应用。

2. 劳动卫生

劳动卫生(Labour Hygiene)，与劳动和劳动条件有关的卫生学科，其研究对象主要是劳动条件对劳动者健康的影响，其目的是创造适合人体生理要求的劳动条件，研究如何使工作适合于人，又使每个人适合于自己的工作，使劳动者在身体、精神、心理和社会福利诸方面处于最佳状态。

如果说，安全技术是以防止突然发生的急性伤亡事故为研究对象，那么，劳动卫生研究的则为慢性职业病中毒和职业病的预防。

劳动卫生起初是从研究工业生产中的卫生问题发展起来的，有的国家仍称之为工业卫生或产业卫生，或也有国家称之为职业医学，其研究的内容已扩大，包括工业以外的各种劳动。

劳动卫生学属于预防医学，是卫生学的重要组成部分，它与职业病学和劳动保护学都有着密切联系。劳动卫生主要是从卫生学的角度研究劳动条件对劳动者健康的影响；职业病学主要是从临床医学的角度研究职业因素引起的职业性损害及其诊断和治疗；劳动保护学主要研究如何保证劳动者安全生产，设计具体防护措施，创造良好的劳动条件，制订劳动保护法规，以及监督这些法规的贯彻执行。

3.3.3 OHSMS18000 职业健康安全管理体系

职业健康安全管理构成了组织全面管理的一个方面。职业安全健康管理体系(Occupational Safety and Health Management System，OSHMS)是 20 世纪 80 年代后期在国际上兴起的安全管理模式，是一套系统化、程序化，同时具有高度自我约束、自我完善机制的科学管理体系。职业健康安全管理体系是与质量管理体系、环境管理体系并列的三大管理体系之一，是目前世界各国广泛推行的一种现代安全生产管理方法。

1999 年 10 月，国家经贸委颁布了《职业安全卫生管理体系试行标准》。为迎接加入世界贸易组织后国内企业面临的国际劳工标准和国际经济一体化的挑战，规范各类中介机构的行为，国家经贸委在原有工作基础上，于 2001 年 12 月，发布《职业安全健康管理体系指导意见》和《职业安全健康管理体系审核规范》。

目前，职业安全健康管理体系已被广泛关注，包括组织的员工和多元化的相关方(如居民、社会团体、供方、顾客、投资方、签约者、保险公司等)。标准要求组织建立并保持职业安全与卫生管理体系，识别危险源并进行风险评价，制定相应的控制对策和程序，以达到法律法规要求并持续改进。标准并未对具体组织的职业健康安全活动如何实施作出明确规定，而是通过体系的有效运作来保证其生产活动符合法规、规章所规定的安全技术要求。

3.3.4 机械行业劳动保护的内容

机械行业主要是对金属进行加工,生产机械产品及零配件,主要生产设备有铸造设备、锻压设备、焊接设备、热处理设备、金属切削机床、钳工设备以及一些起重设备等,工作劳动强度大,噪音高,少数岗位还存在高温,易发生烫伤、挤压、辗轧、卷入等机械伤害事故。

生产过程中存在的各种危险和有害因素,会伤害劳动者身体、损害健康,有时甚至致人死亡。实际工作中,人们多采用劳动防护用品作为保护工人在生产过程中安全与健康的一种辅助措施。

除必要的劳保用品使用外,遵守相关的安全操作规定和要求也十分重要,下面简述其中部分安全保护要求。

1. 通用规定及要求

(1)工作前的准备。

① 选择和使用适合的防护用品,穿工作服要扎紧袖口、扣全纽扣,不准围围巾、戴手套,长发压在工作帽内。

② 检查并布置工作场地,按左、右手习惯放置工具、刀具等,毛坯、零件要堆放好。

③ 检查设备安全状况,如防护装置的位置和牢固性,电源导线、操作手柄、手轮、冷却润滑软管等是否与设备运动件相碰等,并了解前班设备使用情况。

④ 大型设备需两人以上操作时,必须明确主操作人员,由其统一指挥,互相配合。

(2)工作中的要求。

① 被加工件的重量、轮廓尺寸应与设备的技术性能数据相适应。

② 设备开动后,要站在安全的位置,不准接触运转的工件、刀具等转动部分。

③ 设备开动后,禁止隔着设备转动部分传递或拿取物品。

④ 设备运转时,不能进行装夹刀具和工件,不能进行测量、调整及清理等工作。

⑤ 不要堵塞设备附近通道,要及时清理场地。

⑥ 若要离开工作岗位,即使是很短的时间,也一定要停运设备并切断电源。

⑦ 当闻到电绝缘发热气味、发现运转声音不正常等异常情况时,要迅速停车检查。

(3)工作结束。

停运设备并切断电源,对设备进行日常维护,整理工作场地,收拾好操作工具等。

2. 铸造中的安全保护

铸造中的安全保护措施,除了对运动性机器加以必要的防护外,更重要的是注意安全操作和操作者的自我保护,特别是避免高温伤害与硅尘进入体内。

3. 压力加工中的安全保护

压力加工中的安全保护主要有:做好操作者与机械设备的防护;遵守安全操作规程,在锻造时严禁锻打过烧或低于终锻温度的锻件,不允许用剪床剪切淬火钢、高速钢、铸铁等高硬度脆性材料,冷冲压操作必须精神集中。

4. 焊接中的安全保护

焊接属特殊工种,危险因素较多,焊工上岗前必须熟记相关的安全操作规程与自我防护要求,特别要避免强光、高热、大电流对人体的伤害。

5. 金属热处理中的安全保护

金属热处理中的安全保护主要有:按规定做好操作者的自我防护;遵守安全操作规程;预防触电事故。

6. 机械切削加工中的安全保护

机械切削加工中的安全保护主要有:按规定做好操作者的自我防护;遵守安全操作规程;做好用电和设备安全。

7. 钳工操作中的安全防护

钳工操作中的安全防护主要有:使用钳工工具前,应检查其牢固性,不可用嘴吹或直接用手清除切屑,操作时不可突然用力过猛;使用钻床、砂轮机等设备必须按规定做好自我防护、遵守安全操作规程及用电与设备的安全。

3.4 环 境 保 护

3.4.1 影响环境污染的主要因素

环境污染(Environmental Pollution)是指在生产建设或其他活动中产生的废气、废水、废渣、粉尘、恶臭气体、噪声、振动、电磁波辐射等对环境产生的危害。环境污染有大气环境污染、噪声环境污染、水环境污染等。

机械制造业的环境污染主要表现在以下几个方面。

(1)工程材料切削加工排出的主要污染物:如乳化液、金属屑和粉末等固体废物。

(2)金属表面处理排出的主要污染物:酸洗的废液、电镀废液、喷涂时的有毒气体等。

(3)金属热处理和表面处理排出的主要污染物:热处理的尘烟与炉渣、表面处理的废液与废气。

(4)其他生产工艺排出的污染物:如焊接的废气与电渣、铸造的炉渣与粉尘等。

3.4.2 环境污染的防治

环境污染的防治已由末端治理转变为全过程控制,提倡清洁生产。《中国 21 世纪议程》对清洁生产的定义是:清洁生产(Clearer Production)是指既可满足人们的需要又可合理使用自然资源和能源并保护环境的实用生产方法和措施,其实质是一种物料和能耗最少的人类生产活动的规划和管理,将废物减量化、资源化和无害化,或消灭于生产过程之中。同时对人体和环境无害的绿色产品的生产亦将随着可持续发展进程的深入而日益成为今后产品生产的主导方向。

清洁生产不包括末端治理技术,如空气污染控制、废水处理、固体废弃物焚烧或填埋,清洁生产通过应用专门技术,改进工艺技术和改变管理态度来实现。

3.4.3 ISO14000 系列环境管理国际标准

ISO14000 环境管理系列标准是国际标准化组织(ISO)继 ISO9000 标准之后推出的又一个管理标准。该系列标准融合了世界上许多发达国家在环境管理方面的经验,是一种完整的、操作性很强的体系标准,是由 ISO/TC207 的环境管理技术委员会从 1993 年开始制定,有 14001 到 14100 共 100 个号,统称为 ISO14000 系列标准。分类如下:

ISO14000~ISO14009:环境管理体系(Environment Management System,EMS);

ISO14010~ISO14019:环境审核(EA);

ISO14020~ISO14029:环境标志(EL);

ISO14030~ISO14039:环境行为评价(EPE);

ISO14040~ISO14049:生命周期评价(LCA);

ISO14050~ISO14059:术语和定义(T&D);

ISO14060:产品标准中的环境指标;

ISO14061~ISO14100 备用。

其中 ISO14001 是 ISO14000 系列标准的核心,它要求组织通过建立环境管理体系来达到支持环境保护、预防污染和持续改进的目标,并可通过取得第三方认证机构认证的形式,向外界证明其环境管理体系的符合性和环境管理水平。由于 ISO14001 环境管理体系可以带来节能降耗、增强企业竞争力、赢得客户、取信于政府和公众等诸多好处,所以自发布之日起即得到了广大企业的积极响应,被视为进入国际市场的"绿色通行证"。

我国非常重视 ISO14000 系列标准的宣传和有效实施工作,为此在 1997 年专门成立了中国环境管理体系认证指导委员会(现改称"中国认证人员国家注册委员会环境管理专业委员会",隶属于"中国国家认证认可监督管理委员会",Certification and Accreditation Administration of the People's Republic of China,CNCA,简称国家认监委)。从体制上和制度上为我国的 ISO14000 认证工作提供保证,也为认证/注册的国际互认奠定基础,从而使我国环境管理体系认证工作做到"一套标准、一种制度和一种证书"。

3.4.4 ISO14000 与 ISO9000 的关系

1)两个系列标准的相同点

(1)具有共同的实施对象,在各类组织建立科学,规范和程序化的管理系统。

(2)管理体系相似,ISO14000 某些标准的框架,结构和内容参考了 ISO9000 中的某些标准规定的框架、结构和内容。

2)两个系列标准的不同点

(1)ISO9000 标准的承诺对象是产品的使用者、消费者,而 ISO14000 标准则是向相关方的承诺,受益者将是全社会。

(2)ISO9000 标准是保证产品质量,而 ISO14000 系列标准则要求承诺遵守环境法律、法规、标准及其他要求,并对污染预防和持续改进作出承诺。

(3)ISO9000 的质量管理模式是封闭的,而 ISO14000 则是螺旋上升的升环模式,要求体系不断地有所改进和提高。

(4)ISO9000 标准是质量管理体系认证的根本依据,而环境管理体系认证除符合 ISO14001 外还必须结合本国的环境法律、法规及相关标准,如组织环境行为不能满足国家要求,则难以通过体系的认证。

(5)ISO14000 系统标准涉及的是环境问题,因而从事 ISO14000 认证工作人员必须具备相应的环境知识和环境管理经验,否则难以对现场存在的环境问题做出正确判断。

参 考 文 献

鲍建国等.2010.清洁生产实用教程.北京:中国环境科学出版社

范仲文.2007.劳动保护知识.2版.北京：中国劳动社会保障出版社

姜亢.2007.劳动卫生学.北京：中国劳动社会保障出版社

李在卿等.2010.OHSAS18001:2007《职业健康安全管理体系要求》标准的理解与应用.北京：中国标准出版社

巫世晶.2007.工程实践.北京：中国电力出版社

吴海锁等.2003.环境污染与防治技术.北京：中国环境科学出版社

萧泽新.2005.金工实习教材.广州：华南理工大学出版社

"现代企业安全操作规程标准与技术丛书"编委会.2009.金属切削加工安全操作规程标准与技术.北京：中国劳动社会保障出版社

喻宗仁等.2004.ISO14000环境管理体系认证培训教程.北京：中国农业大学出版社

张斌等.2009.机械电气安全技术.北京：化学工业出版社

中国安全生产协会注册安全工程师工作委员会.2011.全国注册安全工程师执业资格考试辅导教材——《安全生产法及相关法律知识》、《安全生产管理知识》、《安全生产技术》、《安全生产事故案例分析》.北京：中国大百科全书出版社

第二篇 机械制造相关知识

第4章 机械制造基本知识

4.1 机械概述

4.1.1 机械的基本概念

机械（Machinery），源自于希腊语之 mechine 及拉丁文 mecina，原指"巧妙的设计"，作为一般性的机械概念，可以追溯到古罗马时期，主要是为了区别于手工工具。现代中文之"机械"一词为机构（Mechanism）和机器（Machine）的总称。

机构（Mechanism）：由两个或两个以上构件通过活动连接形成的构件系统。

构件（Structural Member）：机器中每一个独立的运动单元体。

机器（Machine）：由零件组成的执行机械运动的装置。用来完成所赋予的功能，如变换或传递能量、变换和传递运动和力及传递物料与信息。

零件（Machine Part）：组成机械和机器的不可分拆的单个制件，其制造过程一般不需要装配工序。

通常把制造的单元称为零件，把运动的单元称为构件。机构特征是执行机械运动（各构件以运动副相连，完成一定的相对运动，如：齿轮机构——传递运动，凸轮机构——转换运动），而机器除具备机构的特征外，还必须具备能代替人类的劳动以完成有用的机械功或变换或传递能量、物料或信息（如：半自动钻床——实现确定的机械运动，又做有用的机械功，内燃机——转换能量，机械手——传递物料，照相机——传递信息）。

总体来讲，机械就是能帮人们降低工作难度或省力的工具装置，像筷子、扫帚以及镊子一类的物品都可以被称为机械，它们是简单机械。而复杂机械就是由两种或两种以上的简单机械构成。我们通常把这些比较复杂的机械叫做机器。

机械是现代社会进行生产和服务的五大要素（人、资金、能源、材料和机械）之一，并参与能量和材料的生产。

4.1.2 机械的种类

机械的种类繁多，可以按几个不同方面分为各种类别，如：按功能可分为动力机械、物料搬运机械和粉碎机械等；按服务的产业可分为农业机械、矿山机械和纺织机械等；按工作原理可分为热力机械、流体机械和仿生机械等。

4.1.3 机械工程

机械工程（Mechanical Engineering）是与机械和动力生产有关的一门工程学科。以有关的自然科学和技术科学为理论基础，结合生产实践中的技术经验，研究和解决在开发、设计、制造、安装、运用和修理各种机械中的全部理论和实际问题的应用学科。

机械工程的工作对象是动态的机械，它的工作情况会发生很大的变化。这种变化有时是随机而不可预见；实际应用的材料也不完全均匀，可能存有各种缺陷；加工精度有一定的偏差等。

与以静态结构为工作对象的土木工程相比，机械工程中各种问题更难以用理论精确解决。因此，早期的机械工程只运用简单的理论概念，结合实践经验进行工作。设计计算多依靠经验公式；为保证安全，都偏于保守，结果制成的机械笨重而庞大，成本高，生产率低，能量消耗很大。

机械在其研究、开发、设计、制造和运用等过程中都要经过几个工作性质不同的阶段。按这些不同阶段，机械工程可划分为互相衔接、互相配合的几个分支系统，如机械科研、机械设计、机械制造、机械运用和维修等。

这些按不同方面分成的多种分支学科系统互相交叉、互相重叠，从而使机械工程可能分化成上百个分支学科。例如，按功能分的动力机械，它与按工作原理分的热力机械、流体机械、透平机械、往复机械、蒸汽动力机械、核动力装置、内燃机、燃气轮机，以及与按行业分的中心电站设备、工业动力装置、铁路机车、船舶轮机工程、汽车工程等都有复杂的交叉和重叠关系。船用汽轮机是动力机械，也是热力机械、流体机械和透平机械，它属于船舶动力装置、蒸汽动力装置，可能也属于核动力装置等。

按学科分类，机械工程（代码 0802）目前包括机械制造及其自动化（代码 080201）、机械电子工程（代码 080202）、机械设计及理论（代码 080203）、车辆工程（代码 080204）和仿生技术（代码 080220）。

机械工程的服务领域广阔而多面，凡是使用机械、工具，以至能源和材料生产的部门，都需要机械工程的服务。概括说来，现代机械工程有以下五大服务领域：研制和提供能量转换机械、研制和提供用以生产各种产品的机械、研制和提供从事各种服务的机械、研制和提供家庭和个人生活中应用的机械以及研制和提供各种机械武器。

4.1.4　机械工业

机械工业（Machine Industry）亦称"机械制造工业"或称"机器制造工业"，是制造机械产品的工业部门，主要包括农业机械、矿山设备、冶金设备、动力设备、化工设备以及工作母机等制造工业。机器制造业是工业的心脏，它为工业、农业、交通运输业和国防等提供技术装备，是整个国民经济和国防现代化的物质技术基础。因此，机器制造工业的发达与否及机器装备的自给水平是衡量一国经济发展水平与科学技术水平的真正标志。机器制造业的门类多，现在已成为拥有几十个独立生产部门的最庞大的工业体系。由于机器产品结构复杂，零部件多，技术性强，所以实行生产专门化、标准化、自动化对于机器制造业的发展具有重大意义。

广义的机械工业是指用金属切削机床从事工业生产活动的工业部门。狭义的机械工业是指机器制造工业。通常多采用后者。机械工业素有"工业的心脏"之称。它是其他经济部门的生产手段，也可说是一切经济部门发展的基础。它的发展水平是衡量一个国家工业化程度的重要标志。为促进现代化，必须加速发展机械工业。

机械工业部门通常分为一般机械、电工和电子机械、运输机械、精密机械及金属制品五大行业。其中一般机械包括动力机械、农业机械、工程机械、矿山机械、金属加工机械、工业设备、通用机械、办公机械和服务机械等，是构成工业生产力的重要基础。

4.2　机械工程简史及其发展概况

4.2.1　机械工程的发展历程

机械始于工具,工具是简单的机械。人类成为"现代人"的标志就是制造工具。石器时代的各种石斧、石锤和木质、皮质的简单粗糙的工具是后来出现的机械的先驱。从制造简单工具演进到制造由多个零件、部件组成的现代机械,经历了漫长的过程。

几千年前,人类已创制了用于谷物脱壳和粉碎的臼和磨,用来提水的桔槔和辘轳,装有轮子的车,航行于江河的船及桨、橹、舵等。所用的动力,从人自身的体力,发展到利用畜力、水力和风力。所用材料从天然的石、木、土、皮革,发展到人造材料。最早的人造材料是陶瓷,制造陶瓷器皿的陶车,已是具有动力、传动和工作三个部分的完整机械。

人类从石器时代进入青铜时代,再进而到铁器时代,用以吹旺炉火的鼓风器的发展起了重要作用。有足够强大的鼓风器,才能使冶金炉获得足够高的炉温,才能从矿石中炼得金属。在中国,公元前1000～前900年就已有了冶铸用的鼓风器,并逐渐从人力鼓风发展到畜力和水力鼓风。

15～16世纪以前,机械工程发展缓慢。但在以千年计的实践中,在机械发展方面还是积累了相当多的经验和技术知识,成为后来机械工程发展的重要潜力。

18世纪后期,蒸汽机的应用从采矿业推广到纺织、面粉和冶金等行业。制作机械的主要材料逐渐从木材改用更为坚韧,但难以用手工加工的金属。机械制造工业开始形成,并在几十年中成为一个重要产业。

机械工程通过不断扩大的实践,从分散性的、主要依赖匠师们个人才智和手艺的一种技艺,逐渐发展成为一门有理论指导的、系统的和独立的工程技术。机械工程是促成18～19世纪的工业革命,以及资本主义机械大生产的主要技术因素。

动力是发展生产的重要因素。17世纪后期,随着各种机械的改进和发展,随着煤和金属矿石的需要量的逐年增加,人们感到依靠人力和畜力不能将生产提高到一个新的阶段。

1765年,瓦特发明了蒸汽机。蒸汽机的发明和发展,使矿业和工业生产、铁路和航运都得以机械动力化。蒸汽机几乎是19世纪唯一的动力源,但蒸汽机及其锅炉、凝汽器、冷却水系统等体积庞大、笨重,应用很不方便。

19世纪末,电力供应系统和电动机开始发展和推广。20世纪初,电动机已在工业生产中取代了蒸汽机,成为驱动各种工作机械的基本动力。生产的机械化已离不开电气化,而电气化则通过机械化才对生产发挥作用。

发电站初期应用蒸汽机为原动力。20世纪初期,出现了高效率、高转速、大功率的汽轮机,也出现了适应各种水利资源的水轮机,促进了电力供应系统的蓬勃发展。

19世纪后期发明的内燃机经过逐年改进,成为轻而小、效率高、易于操纵并可随时启动的原动机。它先被用于驱动没有电力供应的陆上工作机械,以后又用于汽车、移动机械和轮船,到20世纪中期开始用于铁路机车。蒸汽机在汽轮机和内燃机的排挤下,已不再是重要的动力机械。内燃机和以后发明的燃气轮机、喷气发动机的发展,是飞机、航天器等成功发展的基础技术因素之一。

工业革命以前,机械大都是木结构的,由木工用手工制成。金属(主要是铜、铁)仅用以制造仪器、锁、钟表、泵和木结构机械上的小型零件。金属加工主要靠工匠的精工细作,以达到需要的精度。蒸汽机动力装置的推广,以及随之出现的矿山、冶金、轮船和机车等大型机械的发展,需要成形加工和切削加工的金属零件越来越多,越来越大,要求的精度也越来越高。应用的金属材料从铜、铁发展到以钢为主。

机械加工包括锻造、锻压、钣金工、焊接和热处理等技术及其装备,切削加工技术和机床、刀具、量具等得到迅速发展,保证了各产业发展生产所需的机械装备的供应。

社会经济的发展,对机械产品的需求猛增。生产批量的增大和精密加工技术的进展,促进了大量生产方法的形成,如零件互换性生产、专业分工和协作、流水加工线和流水装配线等。

简单的互换性零件和专业分工协作生产,在古代就已出现。在机械工程中,互换性最早体现在莫茨利于1797年利用其创制的螺纹车床所生产的螺栓和螺帽。同时期,美国工程师惠特尼用互换性生产方法生产火枪,显示了互换性的可行性和优越性。这种生产方法在美国逐渐推广,形成了所谓"美国生产方法"。

20世纪初期,福特在汽车制造上又创造了流水装配线。大量生产技术加上泰勒在19世纪末创立的科学管理方法,使汽车和其他大批量生产的机械产品的生产效率很快达到了过去无法想象的高度。

20世纪中、后期,机械加工的主要特点是:不断提高机床的加工速度和精度,减少对手工技艺的依赖;提高成形加工、切削加工和装配的机械化和自动化程度;利用数控机床、加工中心和成组技术等,发展柔性加工系统,使中小批量、多品种生产的生产效率提高到近于大量生产的水平;研究和改进难加工的新型金属和非金属材料的成形和切削加工技术。

4.2.2 中国机械发展史

中国是世界上机械发展最早的国家之一。中国的机械工程技术不但历史悠久,而且成就十分辉煌,不仅对中国的物质文化和社会经济的发展起到了重要的促进作用,而且对世界技术文明的进步做出了重大贡献。中国机械发展史可分为传统机械时期和现代机械时期。

1. 传统机械时期

1) 传统机械的形成和积累时期(从远古到西周时期)

这一时期是中国机械发展的第一个时期,石器的使用标志着这一时期的开始。这一时期在动力方面由只利用人力发展为人力、畜力等并用。在材料方面由以石质材料为主发展为以木、铜质材料为主。在结构方面由简单工具发展为复合工具和较为复杂的机械。在原理方面从杠杆、尖劈等原理的利用发展为对惯性、摩擦、弹性和重力等原理的利用。在制造工艺方面经历了由石器制造工艺向铜器和其他机械工艺的转变。这些情况说明在这一时期中国传统机械技术已经形成并有了一定的发展。

2) 传统机械的迅速发展和成熟时期(从春秋时期到东汉末年)

这一时期铁器开始得到使用,使古代机械在材料方面取得了重大突破。

在动力方面,开始利用水力为机械的原动力,出现了一些水力机械。这一时期的农业机械发展很快,造船技术已比较发达,橹、舵、帆等部件逐渐完善了起来,并且能够制造大型的楼船和战船。在结构原理方面也有新的突破。在不少机械上出现了齿轮机构、凸轮机构和曲柄连杆机构等复杂的传动机构。水排、水碓、指南车、浑天仪、地动仪等机械的出现反映了这一时期的机械在结构原理方面已经达到了相当高的水平。

在这一时期,生产过程中的机械系统有了很大的变化。许多机械已用自然力代替人力作为原动力。对机械的操作开始由直接操作向间接操作转变。动力和运动的传输开始由机械本身来完成。对机械的控制开始由人的直接控制向间接控制发展。水排、水碓和马排等机械具备了机器的基本组成要素,都已具有原动机、传动机构和工作机构三个组成部分。机器的出现反映了机械系统的发展达到了很高的程度。

在这一时期,我国的机械技术迅速发展,传统的铸造、锻造和柔化处理技术不断提高,逐渐趋于成熟。各种农业机械大都出现并大致定型。造船、纺织机械技术已达到成熟阶段。从动力、材料、工艺和结构原理等多方面看,我国传统机械已发展到成熟阶段。

3) 传统机械的全面发展和鼎盛时期(从三国时期到元代中期)

机械的总体技术水平有了极大的提高,古代机械得到了全面发展。这一时期经过了两个发展阶段。

第一个阶段为三国到隋唐五代时期,是传统机械持续发展时期。这一阶段在工艺方面有较大进步。锻造农具开始在农具中占主导地位。铸造技术有了新的发展,出现了一些大型铸件。水力机械、造船技术在这一阶段得到了进一步发展,在兵器、纺织机械和天文仪器等方面也有新的发展。

第二个阶段是宋元时期,这是中国传统机械发展的高峰时期。这一阶段,在农业机械方面有很大的进步,各种水力机械得到了更广泛的利用。这一阶段出现了论述农业机械的专著。纺织机械有新的发展,水力大纺车、脚踏棉纺车等纺织机械反映了当时纺织机械的水平达到了很高的程度。兵器制造技术在这一阶段发展很快,出现了管形火器和喷射火箭等新式武器。在宋代,许多新型船纷纷出现,造船技术趋于鼎盛。特别应指出的是,这一阶段在天文仪器方面取得了重大突破,出现了莲花漏法、太平浑仪、假天仪、水运仪象台和简仪等重要仪器和装置。我国传统的天文仪器这时已发展到高峰阶段。这一阶段还有一些重大的发明,如出现了活字印刷术和双作用活塞风箱,还发明了冷锻和冷拔工艺。

在这一时期,我国出现了许多杰出的机械制造家,如马钧、祖冲之、李皋、张思训、燕肃、苏颂、郭守敬和王祯等,为传统机械的发展作出了重要贡献。这一时期的机械不但种类多,而且水平高、创造性强。中国在机械加工、农业机械、纺织机械、造船和仪器制造等多方面都走在了世界的前列。不少机械传到了国外,对世界科学技术的发展产生了一定的影响。这时期是传统机械全面发展和鼎盛时期,也是中国机械史上的繁荣时期。

4) 传统机械的缓慢发展时期(从元代后期到清代中期)

这一时期也可分为两个阶段。

第一个阶段从元代后期到清代初期。这一阶段,传统机械仍有一定的发展,1634~1637年,明朝的宋应星编著和出版了《天工开物》,记载了不少有关机械制造和产品性能的情况。兵器制造技术在这一阶段发展很快,出现了大量的兵器,还出现了《火龙经》《火龙神器阵法》等兵器专著。在造船方面也有很大进展,沙船的制造技术达到了很高水平。此外,这时还发明了重要的计时器——沙漏。这一阶段正是西方文艺复兴时期,科学技术迅速发展,在这一阶段已经赶上和超过了中国。西方的机械科技水平也有了很大的提高。就机械方面来看,我国并不十分落后,但在发展速度上已明显低于西方。这一阶段后期,西方传教士来到中国带来了西方的科学技术。这时也传入了一些机械仪器和装置,出现了《远西奇器图说录最》等机械方面的译著。就传入的机械科技来看,其水平已经赶上了中国,有些机械的水平超过了中国。

第二个阶段是从 18 世纪初到 19 世纪 40 年代。这一阶段清朝政府采取了闭关自守的政策,中断了与西方的科技交流。同时,由于封建专制的加强,中国资本主义萌芽的发展受到了极大的限制。中国机械的发展停滞不前,在这一百多年内没有出现多少价值重大的发明。而这时正是西方资产阶级政治革命和产业革命时期,机械科学技术飞速发展,远远超过了中国的水平。这样,中国机械的发展水平与西方的差距急剧拉大,到 19 世纪中期已经落后西方一百多年。

2. 现代机械时期

1) 中国机械发展的转变时期（从清代中后期到新中国成立前）

1840年的鸦片战争打开了中国闭关自守的大门，西方近代机械科学技术开始大量传入中国，使中国机械的发展进入了向近代机械转变的时期。一些有识之士开始把西方的科技介绍到国内。在机械方面，出现了《演炮图说辑要》、《火轮图说》等介绍西方兵器制造、轮船和蒸汽机知识的论著。鸦片战争的失败使统治阶级内部不少人体会到了先进技术的作用，他们出面倡导学习西方科学技术、引进先进的机器生产，兴起了洋务运动。在这期间，先后创办了一批军事工业和民用工业，大量引进了西方的机械设备和工艺。西方在中国的商品输入和资本输入在这时也不断加强，不但输入了大量的机械产品，而且投资建立了不少机器工厂。此外，这时还先后翻译过不少西方机械科技书籍，近代机械科技知识也不断传入中国。

到19世纪后期，机器生产在中国迅速发展，蒸汽机得到了广泛应用。西方的锻造、铸造和各种切削加工技术相继传入。同时，我国自己也开始了一些机械的研制工作。如1862年研制出第一台蒸汽机，1865年制造了第一艘汽船。民族资产阶级已经兴起，建立了一批机械工厂，对中国机械的发展起了重要作用。

19世纪后期到20世纪初期，我国兴起了工程教育。不但翻译了不少机械书籍，而且有了自己编写的机械工程著作。派出的留学生中有专攻机械工程的。

20世纪以来，中国机械进一步得到发展。在引进国外机械的同时，也能自制不少类型的机械产品。到20世纪30～40年代，我国自行生产的产品种类有了较大的增加。在原动机方面能够生产蒸汽机、柴油机等。在工作机方面能生产刨床、铣床和旋床等。在农机方面可以生产碾米机、面粉机和灌溉泵等。此外还能生产化工、纺织、矿山和印刷等方面的不少机械设备。这时的机械工程教育有了新的发展，许多院校设有机械工程系或专业。我国逐渐有了自己的机械工程技术人员。这一时期中国机械的发展速度还是比较快的。但是，这时的中国机械生产带有半封建半殖民地的特征，对资本主义国家有很大的依赖性。中国民族资产阶级经济力量十分薄弱，所办企业没有形成独立的机械工业体系。中国的机械工业主要还是修理性质的。

2) 中国机械发展的复兴时期（1949年新中国成立后）

新中国成立后，中国机械的发展进入了新的时期。不但很快能够自行设计和制造飞机、汽车、轮船和机车等现代机械，而且改变了旧中国以修配为主的状态，建立了门类比较齐全、具有一定规模的机械工业体系。机械工业部门具备了研制和生产重型、大型机械以及精密产品和成套设备的能力。机械科学研究院等科研机构，解决了不少机械工业中的重大科技问题。中国机械科技水平与发达国家差距正在缩小。另外，机械工程教育在这个时期得到了迅速发展，我国培养了大批的机械工程专业人才。比较而言，我国的产品还比较落后，处于世界领先地位的甚少。

4.2.3 中国机械工业的发展目标

根据中国机械工业联合会发布的《"十二五"机械工业发展总体规划》提出，"十二五"期间，我国机械工业要"由大到强"，主攻五个重点领域：①高端装备产品；②新兴产业装备；③民生用机械装备；④关键基础产品；⑤基础工艺及技术。

2015年发展目标：①保持平稳健康发展；②产业向高端升级有所突破；③自主创新能力明显增强；④产业基础初步夯实；⑤"两化融合"水平显著提高；⑥推进绿色制造。

2020年发展目标：我国机械工业步入世界强国之列，在国际竞争中处于优势地位，主要标志为主要产品的国际市场占有率处于世界前三位;基本掌握了主导产品的核心技术,拥有一批具有自主知识产权的关键产品和知名品牌;重点行业的排头兵企业进入世界前三强之列。

4.3 机械制造

4.3.1 机械制造概述

机械制造(Machinery Manufacturing)是指各种原材料经过制造过程转变为可供人们使用或利用的机械产品。机械制造业与人们的生活密切相关,机械制造业为整个国民经济提供技术装备,其发展水平是国家工业化程度的主要标志之一。

机械制造方法很多,一般按照加工方法的实质可以分为材料成形加工、切削加工、特种加工和热处理等。

材料成形(Material Molding)加工是将材料在固态、液态、半液态和粉末等状态下,通过在特定型腔中加热、加压和连接等方式形成所需产品形状和尺寸的加工方法。材料成形加工包括铸造、锻压、冲压和焊接等加工方法。

切削加工(Machining)是使用切削刀具从毛坯上切除多余材料,从而获得所需形状与尺寸零件的加工方法。切削加工包括车削、铣削、刨削、磨削和钳工等加工方法。

特种加工(Nontraditional Machining)是不使用传统切削加工方法,而使用电火花加工、激光加工、超声波加工和等离子束加工等方法,将毛坯上多余材料去除,获得所需零件的加工方法的统称。

热处理(Heat Treatment)是指通过物理加热和冷却、化学反应等方式,使零件材料的内部组织结构或表面组织结构发生变化,从而改变材料的力学、物理及化学性能,提高零件性能的加工方法。热处理仅改变零件材料的性能,零件形状无变化或变化轻微。

4.3.2 机械制造过程

机械制造的宏观过程如图 4-1 所示。首先进行产品设计,再根据图纸制定工艺文件和进行工艺准备,然后是产品制造,最后是市场营销。再将各个阶段的信息反馈回来,使产品不断完善。

产品制造的具体过程如图 4-2 所示。原材料包括生铁、钢锭、各种金属型材及非金属材料等。将原材料用铸造、锻造、冲压和焊接等方法制成零件的毛坯(或半成品、成品),再经过切削加工、特种加工、热处理及表面处理制成零件,最后将检验合格的零件和电子元器件装配成合格的机电产品。

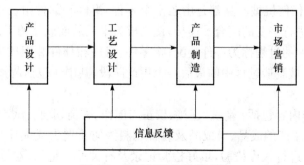

图 4-1　机械制造的宏观过程

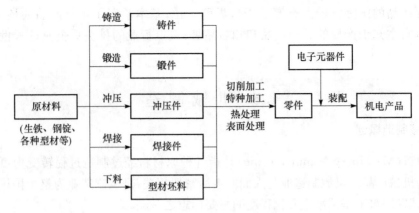

图 4-2 产品制造的具体过程

1. 产品设计

产品设计是企业产品开发的核心,产品设计必须保证技术上的先进性与经济上的合理性等。产品的设计一般有三种形式,即:创新设计、改进设计和变形设计。创新设计(开发性设计)是按用户的使用要求进行的全新设计;改进设计(适应性设计)是根据用户的使用要求,对企业原有产品进行改进或改型的设计,即只对部分结构或零件进行重新设计;变形设计(参数设计)仅改进产品的部分结构尺寸,以形成系列产品的设计。产品设计的基本内容包括:编制设计任务书、方案设计、技术设计和图样设计。

2. 工艺设计

工艺设计的基本任务是保证生产的产品能符合设计的要求,制定优质、高产、低耗的产品制造工艺规程,制订出产品的试制和正式生产所需要的全部工艺文件。包括:对产品图纸的工艺分析和审核、拟定加工方案、编制工艺规程以及工艺装备的设计和制造等。

3. 产品制造

(1) 零件加工。包括坯料的生产以及对坯料进行各种机械加工、特种加工和热处理等,使其成为合格零件的过程。只有根据零件的材料、结构、形状、尺寸和使用性能等,选用适当的加工方法,才能保证产品的质量,生产出合格零件。

(2) 检验。检验是采用测量器具对毛坯、零件、成品和原材料等进行尺寸精度、形状精度和位置精度的检测,以及通过目视检验、无损探伤、机械性能试验及金相检验等方法对产品质量进行的鉴定。

(3) 装配调试。任何机械产品都是由若干个零件、组件和部件组成的。根据规定的技术要求,将零件和部件进行必要的配合及连接,使之成为半成品或成品的工艺过程称为装配。将零件、组件装配成部件的过程称为部件装配;将零件、组件和部件装配成为最终产品的过程称为总装配。装配是机械制造过程中的最后一个生产阶段,其中还包括调整、试验、检验、油漆和包装等工作。

常见的装配工作内容包括:清洗、连接、校正与配作、平衡、验收、试验。

(4) 入库。企业生产的成品、半成品及各种物料为防止遗失或损坏,放入仓库进行保管,称为入库。入库时应进行入库检验,填好检验记录及有关原始记录;对量具、仪器及各种工具做好保养、保管工作;对有关技术标准、图纸、档案等资料要妥善保管;保持工作地点及室内外

整洁,注意防火防湿,做好安全工作

4. 市场营销

通过市场营销,企业将其产品等直接引向消费者或使用者以便满足用户需求及实现企业利润,同时也是一种社会经济活动过程,其目的在于满足社会或人类需要,实现社会目标。市场营销活动是在产品生产活动结束时开始的,中间经过一系列经营销售活动,当商品转到用户手中就结束了,因而把企业营销活动仅局限于流通领域的狭窄范围,而不是视为企业整个经营销售的全过程,即包括市场营销调研、产品开发、定价、分销广告、宣传报道、销售促进、人员推销和售后服务等。

4.3.3　先进制造技术与机械制造发展方向

1. 先进机械制造技术的特点

先进机械制造技术是集机械、电子、光学、信息科学、材料科学和管理科学等领域的最新成就为一体的新兴技术。它具有以下特点:

(1) 制造工艺、装备与质量保证技术不断有新的突破,在制造业中应用计算机、微电子、自动化和通信技术所取得的成就尤为显著,CAD/CAM被广泛采用。

(2) 制造已成为系统,传统制造技术与高新技术相结合,使生产制造不再被视为离散事件的组合,而构成一个从产品开发与设计→制造→进入市场→返回产品开发与设计的大系统。目前,机械制造系统正在向集成化(CIMS)、柔性化(FMS)和智能化(IMS)方向发展。

(3) 面向制造的设计(DFM)、并行工程(CE)和精益生产(LP)新技术,使设计与工艺成为一体,保证了设计的正确性和可行性。

(4) 重视用户、市场、生产和制造方面信息的采集、表达、建库、处理与应用。实践证明,信息、知识与控制已成为实施先进制造技术不可缺少的重要支撑。

(5) 重视人的因素和人的作用。

(6) 考虑生态平衡、环境保护及有限资源的有效利用。

(7) 制造正由一门技术发展成科学。

2. 机械制造技术的进展

(1) 机械制造工艺的不断优化。常规工艺优化的方向是实现高效化、精密化、强韧化和轻量化,以形成优质高效、低耗、少(无)污染的先进实用工艺为主要目标。同时,它以工艺方法为中心,实现工艺设备、辅助工艺、工艺材料和检测控制系统的成套工艺服务,以优化工艺易为企业采用。

(2) 新型加工方法的不断出现和发展。主要有精密加工和超精密加工("纳米技术")、微细加工、特种加工、新硬材料加工技术、表面功能性覆盖技术和复合加工等。

(3) 自动化等高新技术与工艺的紧密结合。应用集成电路(取代分立元件)、可编程序控制器(取代继电器)、微机等新型控制元件、装置实现工艺设备的单机、生产线和系统的自动化控制。应用新型检测元件与技术,进行在线检测、闭环控制,进而实现自适应控制。计算机辅助工艺规程编制(CAPP)、数控加工、计算机辅助设计/辅助制造、机器人、自动化搬运及仓储技术越来越广泛地应用于工艺设计、加工及物流过程。

3. 机械制造科学技术前沿

当代科技的迅速发展不仅促进了经济的繁荣和社会进步,而且丰富和发展了各门学科。一方面,不同科学技术之间的交叉融合迅速产生了科学技术的聚集;另一方面,经济的发展和社会的进步又对科学技术提出了新的期望。这种聚集和期望可称之为学科前沿。学科前沿也可理解为已解决的和未解决的科学技术问题之间的界域。

机械制造科学的新领域几乎都属交叉学科,特别是计算机技术和信息技术的应用,使机械制造科学进入了全新的时代。

(1) 计算机集成制造(Computer Integrated Manufacturing, CIM):是在计算机支持的信息技术环境下的制造技术和制造系统,其宗旨是以计算机来支持制造系统的集成,以提高企业对于市场变化的动态响应速度,并追求最高的整体效益和长期效益。

(2) 智能制造(Intelligent Manufacturing, IM):是为适应现代制造系统中信息量大幅增长的客观形势而发展起来的,其宗旨是提高对于制造信息的处理质量和效率。制造系统各组成单元的智能化是它们之间有效集成的基础,是集成化向高级阶段发展的必需。基于充分的信息交流与信息共享的智能集成必将是 21 世纪制造产业的主要特色。

所谓智能制造系统(IMS)是一种由智能机器和人类专家共同组成的人机一体化智能系统,它在制造过程中能进行诸如分析、推理、判断、构思和决策等智能活动。

(3) 并行工程(Concurrent Engineering, CE):是一种系统方法,以集成的并行方式设计产品及其相关过程,包括对制造过程、支持过程的设计。这种方法的目的是使产品开发人员从一开始就考虑到从概念形成到投放市场的整个产品生命周期中质量、成本、开发时间和用户需求等所有因素。CE 的实现旨在从时间、质量、成本和服务方面提高企业在国际市场上的竞争力。

(4) 精益生产(Lean Production,LP):又译为精良生产、精简生产和精节生产等,是由美国麻省理工学院在总结日本丰田汽车公司生产方式的基础上于 20 世纪 90 年代提出的,其基本思想可以用一句话来说明:"减少一切不必要的活动,杜绝浪费。"

准时生产(JIT)、全面质量管理(TQM)、并行工程(CE)和成组技术(GT)是 LP 的四大支持技术,GT 是 LP 的基础。因此,从某种意义上讲,LP 是基于现代科学技术的一种企业管理模式,其操作思路是从生产操作、组织管理和经营方式等各个方面,找出一切不能为产品增值的活动或人员并加以革除,以降低产品的成本,缩短产品开发周期,提高产品的质量,增强企业的竞争力。

(5) 快速原型制造(Rapid Prototype Manufacturing, RPM):是 20 世纪 80 年代后期兴起的一项高技术,是近 20 多年来制造技术领域的一次重大突破。RPM 是机械工程、CAD、数控技术、激光技术以及材料科学的技术集成,它可以自动而迅速地将设计思想物化为具有一定结构和功能的原型或直接制造零件,从而可以对产品设计进行快速评价、修改,以响应市场需求,提高企业的竞争能力。

目前 RPM 的工艺已有十多种,其中最成熟的有 5 种方法:立体印刷(SLA)、分层实体造型(LOM)、选择性激光烧结(SLS)、熔化沉积制造(FDM)和三维印刷(3D-P)。

(6) 超高速切削和磨削:是近年发展起来的集高效、优质和低耗为一身的先进制造技术。

GT、CAD/CAPP/CAM、FMS、CIMS 几个软件技术发展的一个目的是降低切削加工的辅助时间和生产准备时间,而超高速切削和磨削技术的研究是为了进一步降低加工时间和提高加工质量。一般认为,超高速切削的切削速度值大致为:车削为 $700\sim7000m/min$;铣削为

300～6000m/min;钻削为 200～1100m/min;拉削为 30～75m/min;铰削为 20～500m/min;锯削为 50～500m/min;磨削为 5000～10000m/min。

（7）微米/纳米技术:自微电子技术问世以来,人们不断追求越来越完善的微小尺度结构的装置,并对生物、环境控制、医学、航空航天、先进传感器与数字通信等领域,不断提出微小型化方面的更新、更高的要求,微米/纳米技术便应运而生,并由此开创了纳米电子、纳米材料、纳米生物、纳米机械、纳米制造和纳米测量等新的高技术群,微米/纳米技术是指微米级到纳米级的材料、设计、制造、测量和应用技术。

（8）智能机器人:是具有部分智能与生命特征的特殊系统,强调代替人执行任务,实现对外的作业功能。

参 考 文 献

陈作炳等.2010.工程训练教程.北京:清华大学出版社

李伟光.2010.现代制造技术.北京:机械工业出版社

严绍华等.2006.金属工艺学实习(非机类).2版.北京:清华大学出版社

张平亮.2009.先进制造技术.北京:高等教育出版社

周继烈等.2005.机械制造工程实训.北京:科学出版社

周世德.2004.中国大百科全书(机械工程).北京:中国大百科全书出版社

第5章 机械识图

一台机器(或设备)是由若干零部件组成的。反映这个机器或设备的图纸称为总(部件)装配图,反映某个零件的图纸称为零件图。

在工程实践中,先将零件组装成部件,然后再将这些部件组装成机器或设备。无论是设计、制造、安装还是使用机器设备,都离不开各种机械图样。图样是工程界的技术语言,是表达和交流技术思想的重要工具,是工程技术部门的一项重要技术文件。机械图样按规定的方法表达出了机器的形状、大小、材料和技术要求,熟练识读机械图样是机械行业从业人员的一项必备技能。

5.1 认识机械图样

5.1.1 机械零件及零件图样

1. 机械零件

机械零件(Machine Element)是组成机器或设备的基本单元。在日常生活和工程实践中会用到或看到各种各样的机械设备,无论哪种类型的机器,都是由若干个零件组装而成的,因此零件是构成机器的基本单元。零件的形状、大小、材料和内、外在质量,是由零件在机器中所承担的任务和所起的作用决定的。

2. 零件图样

零件图样(Parts Design)是由设计人员按照机器的使用目的和使用条件,通过设计计算,确定结构、形状、大小和材料后,绘制成零件图纸,再由技术工人加工、制造、检测和组装成机器。

零件图样是加工零件的技术依据,是设计部门交给生产部门的技术文件。设计者根据机器对零件的要求,设计出符合要求的零件,并用零件图样的形式表达出来,生产部门按照设计部门提供的图样进行制造、加工和检验,设计部门和生产部门是通过机械图样进行交流的。所以说,机械图样是工程界交流的语言和工具,是不可替代的技术文件。

零件图样应包括以下内容:零件的名称、数量、材料、结构形状、大小、加工方法和内外在质量等。归纳起来应包含四个方面的内容:一组视图、完整的尺寸、技术要求和标题栏。

(1)一组视图:用来表达零件形状和结构,包括视图、剖视图和断面图等。

(2)完整的尺寸:用来确定零件各部分形状结构大小,包括定形尺寸、定位尺寸和总体尺寸等。

(3)技术要求:用来确定零件内外在质量,包括尺寸公差、表面粗糙度、几何公差、热处理和涂镀等信息。

(4)标题栏:位于图样的右下角,代表图样的看图方向。记载着零件的名称、数量、材料、质量、比例、设计单位和设计者等信息。

5.1.2　机械部件及部件图样

1. 机械部件

机械部件(Mechanical Parts)是由若干零件组装而成,在整个机器中起一定独立作用的零件组,它还可以与其他零件和部件组装成更大的部件。

2. 部件图样——装配图

表达部件的图样称为部件装配图。装配图(Assembly Drawing)用来表达机器或部件的构造、性能、工作原理、各组成零件之间的装配关系、连接方式,以及主要零件的结构形状。

在机器制造过程中,需要按装配图所表达的内容、装配关系和技术要求,把零件组装成部件或机器。在使用机器设备时,通过阅读装配图来了解机器或部件的功用,从而正确地使用机器或设备,并进行保养和维修。

一张完整的装配图应包含以下内容:一组视图、必要的尺寸、技术要求、标题栏和明细表等。

(1) 一组视图:用来表明机器或部件的工作原理、结构形状、相对位置、装配关系、连接方式和主要零件的形状。

(2) 必要的尺寸:在装配图中应标注性能规格尺寸、配合尺寸、安装尺寸、总体尺寸和一些重要尺寸。与以上内容无关的尺寸不需要标注。

(3) 技术要求:用来说明装配、调试、检验、安装、使用和维修等要求,无法在图中表示时,可以在明细表的上方或左侧用文字加以说明。

(4) 零件序号、明细表和标题栏:在装配图中,每一种零件都有一个编号,在明细表中列出该零件的名称、数量、材料和质量等信息,标题栏中需要填写部件的名称、数量、比例、设计单位和设计者等内容。

5.1.3　零件图与装配图的异同

零件图的功用主要是加工这个零件使用的图纸;装配图的功用是将加工好的零件按照装配图中的要求组装在一起。

相同之处是各自都有一组视图,都要标注尺寸,也都有技术要求和标题栏等内容。不同的是两种图样的视图表达目的不同,零件图通过图样表示单个零件的结构形状,而装配图是通过图样表示装配体各组成零件的配合、安装关系、连接方式和主要零件的形状;另外尺寸标注要求、技术要求也各不相同。从装配图和零件图中还可以看出,在装配图上除已叙述的各项内容外,有别于零件图的就是在标题栏的上方有标明零件序号、规格名称、数量及材料等的明细表,在装配图中有零件序号及指引线。

5.1.4　阅读机械图样应具备的基本知识

(1) 掌握正投影法的基本原理及各种图样的表达方式及画法。
(2) 掌握机械零件加工制造的工艺知识和机械部件装配工艺的知识。
(3) 掌握机械设计和制图国家标准方面的知识。

5.2　识读机械图的基本知识

5.2.1　识读图样的基本知识——国标的有关规定

机械图样的表达国家有标准,最初是 1959 年的《机械制图》国家标准,后经几次修订、扩充,并把标准中某些与建筑、电气、土木和水利等行业均有关系的共性内容剥离出来,制订成《技术制图》国家标准。

国家标准代号以"GB"开头的为强制性标准,必须遵照执行;国家标准代号以"GB/T"开头的为推荐性标准,在某些条件下,可有选择性和适当的灵活性。与机械图样有关的国家标准,目前基本上都是推荐性标准。

凡是技术图样中共有的一些内容,都按《技术制图》国家标准的规定贯彻执行。若同时有《技术制图》国家标准和《机械制图》国家标准的项目,《技术制图》国家标准是《机械制图》国家标准的基础,《机械制图》国家标准是《技术制图》国家标准的补充。

一般是《技术制图》国家标准规定了较为广泛的普遍适用的原则和内容,而《机械制图》国家标准更密切结合机械图样,提供一些示范性应用实例,以便加深理解。

1. 图样的一些基本标准

(1) 图纸的幅面(Drawing Format):详见 GB/T 14689—2008《技术制图 图纸幅面和格式》。

(2) 标题栏(Title Bar):详见 GB/T 10609.1—2008《技术制图 标题栏》。各设计生产单位也常采用自制的简易标题栏。

(3) 明细栏(Part List):详见 GB/T 10609.2—2009《技术制图 明细栏》。明细栏一般画在装配图的标题栏上方。

(4) 比例(Scale)(图中图形与其实物相应要素的线性尺寸之比):详见 GB/T 14690—1993《技术制图 比例》。为使图形更好地反映机件实际大小的真实概念,绘图时应尽量采用 1∶1 比例。无论采用何种比例绘图,图上所注尺寸一律按机件的实际大小标注。

(5) 字体(Font):详见 GB/T 14691—1993《技术制图 字体》。汉字应写成长仿宋体,字母和数字可写成斜体和直体,分数、指数和注脚等数字及字母,应采用小一号的字体。

(6) 图线(Alphabet of Lines):详见 GB/T 17450—1998《技术制图 图线》和 GB/T 4457.4—2002《机械制图 图样画法 图线》两项标准。用作指引线和基准线的图线画法详见 GB/T 4457.2—2003《机械制图 图样画法 指引线和基准线的基本规定》。

(7) 尺寸注法(Dimensions):详见 GB/T 4458.4—2003《机械制图 尺寸注法》和 GB/T 16675.2—2012《技术制图 简化表示法 第 2 部分:尺寸注法》两项标准。

标注尺寸用的数字应遵守 GB/T 14691—1993《技术制图 字体》中的规定。

机件的大小是以图样上标注的尺寸数值为制造和检验依据的,所以必须遵循一套统一的规则和方法,才能保证不会因误解而造成差错。

推行简化表示法,以减少绘图工作量,满足手工制图和计算机制图对技术图样的要求。

尺寸标注的基本规则如下:

① 机件的真实大小以图样上所注的尺寸数值为准,与图形的大小和绘图的准确度无关。

② 图样中(包括技术要求和其他说明)的尺寸,以毫米(mm)为单位时,不需标注计量单位的代号或名称。若采用其他计量单位时,必须注明相应的计量单位的代号或名称。

③ 图样中所标注的尺寸,是该图样所示机件的最后完工时的尺寸,否则应另加说明。

④ 机件的每一尺寸,在图样上一般只标注一次,并应标注在反映该结构最清晰的图形上。

2. 图样表达方法的一些标准

(1) 投影法:详见 GB/T 14692—2008《技术制图 投影法》。我国采用第一角画法。

(2) 视图:详见 GB/T 17451—1998《技术制图 图样画法 视图》及 GB/T 4458.1—2002《机械制图 图样画法 视图》。视图上一般只用粗实线画出机件的可见轮廓,必要时才用细虚线画出其不可见轮廓。视图分为基本视图、向视图、局部视图和斜视图四种。

(3) 剖视图(简称"剖视")和断面图(1984 年的国标称之为"剖面图"):详见 GB/T 17452—1998《技术制图 图样画法 剖视图和断面图》和 GB/T 4458.6—2002《机械制图 图样画法 剖视图和断面图》。剖视图用于表达机件的内部结构,分为全剖视图、半剖视图、局部剖视图、斜剖视图、阶梯剖视图和旋转剖视图等。断面图常用于表达机件上某个部位的断面形状,如轴类零件上的孔、键槽等局部结构形状,以及机件上的肋板、轮辐及杆件、型材的断面形状;断面图分为移出断面图和重合断面图。

剖视图与断面图不同,断面图只画机件剖切处的断面形状;而剖视图除了画出形状外,还要画出剖切平面后面其余可见部分的投影。

(4) 局部放大图:局部放大图可画成视图、剖视图和断面图,它与被放大部分的表达方式无关。局部放大图应尽量配置在被放大部位的附近。

(5) 简化画法:参见 GB/T 16675.1—2012《技术制图 简化表示法 第 1 部分:图样画法》和 GB/T 16675.2—1996《技术制图 简化表示法 第 2 部分:尺寸注法》。

注:采用 CAD 制图还须采用 GB/T 14665—2012《机械工程 CAD 制图规则》。

5.2.2 识读图样的基本知识——常见视图的表达方法

常见几种视图的表达方法见表 5-1。

表 5-1 各种视图的表达方法

分类		适用	配置及标注	图例
视图: 主要表达零件的外部结构形状	基本视图	表达零件的外形	各视图按规定位置配置,不标注	
	向视图		可自由配置,标注时应在视图上方标注名称"*",在相应的视图附近用箭头指明投射方向,并标上相同的字母。如右图的 A、B、C、D 向视图	
	局部视图	表达零件的局部外形	可按基本视图或向视图的配置形式配置并标注。如右图的 B 局部视图	
	斜视图	表达倾斜部分的外形	按向视图的配置形式配置并标注。如右图的 A 斜视图	

分类		适用	配置及标注	图例
剖视图： 主要表达零件的内部结构形状	全部视图	表达零件的整个内形	1. 一般在剖视图上方标注名称"×—×"，在相应的视图上用剖切符号表示剖切位置和投射方向，并标上相同的字母×—×，如右图所示 2. 当单一剖切平面通过零件的对称平面，并按投影关系配置，中间无图形隔开时，可省略标注	*A—A* 图例
	半剖视图	表达具有对称平面零件的内形		
	局部剖视图	表达零件的局部内形		
断面图： 主要表达零件的断面形状	移出断面图	表达零件的断面形状	1. 配置在剖切线或剖切符号的延长线上时 断面为对称：不标注 断面不对称：画剖切符号(含箭头) 2. 移位配置时 断面为对称：画剖切符号，注字母，省箭头，如右图(a)所示 断面不对称：若不是按投影关系配置，则画剖切符号(含箭头)，注字母，如右图(b)所示；若按投影关系配置，则画剖切符号，注字母，省箭头	(a) (b)
	重合断面图		一律不标注，如右图所示	图例

5.2.3 机件的识读方法——三步法

识读机件图样是根据已画出的三视图，运用形体分析法和投影规律（线面分析法），想象出机件的空间形状。其过程是：设计者把设计结果用图样表达出来，制造的技术人员识读图样，把图样看成实物并制造出来，如图 5-1 所示。

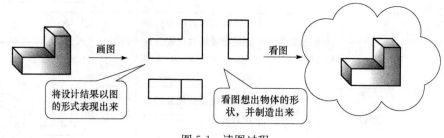

图 5-1 读图过程

1. **识读机械图样时应注意的几个问题**

(1) 几个视图联系起来看:视图是采用正投影原理画出来的,每一个视图只能表达物体一个方向的形状,所以一个视图或两个视图不能完全确定物体形状,看图的时候必须几个视图联系起来看。

(2) 抓住特征视图:包括形状特征与位置特征。

(3) 注意形体表面之间联系的图线:分清两形体之间是共面、不共面、相交、相切还是融合。

(4) 视图中直线和线框的含义:视图中每一条线可能是一个平面的投影,也可能是两个平面的交线或曲面的转向轮廓线。视图中每一个线框,一般情况下代表一个面的投影,也可能是一个孔的投影。投影图中相邻两个封闭线框一般表示两个面,这两个面必定有上下、左右、前后之分,同一面内无分界线。

(5) 要善于构思空间形体:看图的过程是从三视图构思三维立体,再从三维立体到三视图,不断修正想象中机件的思维过程。

2. **机件的识读方法——三步法**

读图的过程可采用形体三步法,即分形体、找特征、攻难点,然后再根据三视图的投影规律,即长对正、高平齐和宽相等,来读懂视图。在识读图样的过程中,应始终牢记:主视图是从前向后投影得到的;俯视图是从上向下投影得到的;左视图是从左向右投影得到的。俯视图、左视图宽相等。在读图过程中,一定要两个以上的视图一起看,先总体后局部,不断地思考—假设—修正,直到读懂为止。

(1) 外部轮廓分形体——看总体。

外部轮廓主要用来区分是平面立体还是曲面立体或是它们的组合。平面立体一般都是由直线组成的封闭的线框。回转体(曲面立体)至少有一个投影是圆。

(2) 内部轮廓找特征——看局部。

如果在视图内部出现一个封闭的轮廓,按照投影规律长对正、高平齐和宽相等找出对应的局部特征,来判断是凸台还是凹坑(孔)。

(3) 线面分析攻难点——看细节。

这里说的线是指两平面的交线、平面与立体的交线,或者是两立体的交线;这里说的面一般是指平面,或者是平面与立体的截平面,它们的形状与立体的形状和截平面与立体的位置有关。

3. **识读不同组成方式机件图样的方法与步骤**

识读机件图样的方法有形体分析法和投影规律法(线面分析法)。一般以形体分析法为主,线面分析法为辅。

(1) 叠加式机件图样的识读方法和步骤:读图一般先从主视图入手,按形体三步法分形体、找特征、攻难点来看图,每一个封闭的线框代表一个形体;再按线框对投影确定形状和位置,最后综合起来想整体。读图时,始终把想形体的形状放在首位。

(2) 挖切式机件图样的识读方法和步骤:根据挖切式机件的形成方式进行识读。首先根据视图分析挖切前的基本(简单)形体,然后利用形体分析法逐一分析被挖切掉的基本形体,最后综合起来想整体,并用线、面投影特性进行验证。

5.3 零件图的识读

零件图是加工制造零件的重要技术文件,识读零件图是每个从事机械加工、制造的工程技术人员的必备技能。零件图包括四项内容:一组视图、完整的尺寸、技术要求和标题栏。

5.3.1 识读零件图的基本方法

读零件图的一般步骤是:一看标题栏,了解零件概貌;二看图形,想象零件结构形状;三看尺寸标注,明确各部分尺寸大小;四看技术要求,掌握质量指标。

1. 从标题栏入手认识零件

了解零件的名称、材料、比例、设计者和设计完成日期等,而根据零件的名称能够大概判断出零件的用途等。

2. 从视图入手识读零件的形状

读零件的内、外形状和结构,是读零件图的重点。上节介绍的三步法识读机件仍适用于读零件图。

从基本视图看出零件的大体内外形状;结合局部视图、斜视图以及剖面等表达方法,读懂零件的局部或斜面的形状;同时,从设计和加工方面的要求,了解零件结构的作用。

3. 从尺寸入手确定零件的大小

找出各方向的尺寸基准,了解各部分的定形尺寸、定位尺寸和总体尺寸,从而进一步确定零件的大小和形状。

4. 从图中符号入手确定零件的加工要求

根据零件的类型、使用的材料了解零件的成形方法,了解各尺寸极限与公差的要求,各表面结构要求等,从而判断出零件的加工要求。

把读懂的结构形状、尺寸标注和技术要求等内容综合起来,就能比较全面地读懂一张零件图。有时为了读懂比较复杂的零件图,还需参考有关的技术资料,包括零件所在的部件装配图以及与它有关的零件图。

5.3.2 识读零件图中的各种符号

零件图中常标注符号、代号等,识读这些符号、代号才能理解设计者的意图。常见的有螺纹、极限与公差、表面特征、热处理、表面涂镀和材料等。

1. 螺纹

螺纹的图样表示法:详见 GB/T 4459.1—1995《机械制图　螺纹及螺纹紧固件表示法》。

2. 表面结构的表示法(表面粗糙度)

在零件图上,每个表面都应根据使用要求标注出它的表面结构要求,以明确该表面完工后的状况,便于安排生产工序,保证产品质量。表面结构的表示详见 GB/T 131—2006《产品几何技术规范(GPS) 技术产品文件中表面结构的表示法》。

标注法较以前的改动比较大,在一些旧图纸中,用的是表面粗糙度标注,其表示法详见GB/T 131—1993《表面粗糙度符号、代号及其注法》。

3. 极限与公差

为使零件具有互换性,对零件的某些尺寸规定一个合理的尺寸范围,反映在图样上便是极限与配合方面的技术要求,详见 GB/T 1800.1—2009《产品几何技术规范(GPS) 极限与配合 第 1 部分:公差、偏差和配合的基础》、GB/T 1801—2009《产品几何技术规范(GPS) 极限与配合 公差带和配合的选择》和 GB/T 4458.5—2003《机械制图 尺寸公差与配合注法》。

4. 几何公差

为了保证合格完工零件之间的可装配性,除了对零件上某些关键要素给出尺寸公差外,还需要对一些要素给出几何公差。其表示法详见 GB/T 1182—2008《产品几何技术规范(GPS) 几何公差 形状、方向、位置和跳动公差标注》。

5. 零件常用材料、涂镀与热处理

零件材料的选择是以满足零件的使用要求为基础,综合考虑工艺要求及经济性要求。零件常用材料有各种钢、铸铁、有色金属和非金属材料。

钢的涂镀是指用一定的方法在钢件表面涂镀一层相应的材料,如镀锌、镀铬和镀镍等。

化学热处理是将工件置于一定的化学介质中加热和保温,使介质中的活性原子渗入工件表层的一种热处理。主要有渗碳、渗氮和碳氮共渗等,其中以渗碳应用最广。

在图样上的标注方法举例如下。

(1) 金属涂镀在图样上的标注,如图 5-2 所示。

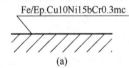 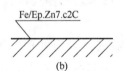 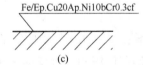

图 5-2 金属涂镀的标注

图 5-2(a)表示基体材料为钢材,电镀铜 10 μm 以上,光亮镍 15 μm 以上,微裂纹(用字母"mc"表示)铬 0.3 μm 以上。

图 5-2(b)表示基体材料为钢材,电镀锌 7 μm 以上,后处理为彩虹铬酸盐处理 2 级 C 型(用字母"c2C"表示)。

图 5-2(c)表示基体材料为钢材,先是电镀铜 20 μm 以上,又是化学镀镍 10 μm 以上,最后是镀无裂纹(用字母"cf"表示)铬 0.3 μm 以上。

部分材料表示符号和镀覆处理方法表示符号如表 5-2 所示。

表 5-2 材料表示符号和镀覆处理方法表示符号

零件材料	材料表示符号	镀覆处理方法	表示符号
钢、铁	Fe	电镀	Ep
铜及铜合金	Cu	化学镀	Ap
铝及铝合金	Al	化学处理	Ct
塑料	PL	电化学处理	Et

（2）化学处理在图样上的标注，如图 5-3 所示。

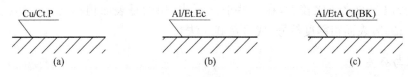

图 5-3　化学处理的标注

图 5-3(a)表示基体材料为铜材，化学处理，钝化(用字母"P"表示)

图 5-3(b)表示基体材料为铝材，电化学处理，电解着色(用字母"Ec"表示)。

图 5-3(c)表示基体材料为铝材，电化学处理，阳极氧化(对阳极氧化方法无特定要求时，用字母"A"表示)，着黑色(着色用字母"CI"表示，"BK"表示黑色)。

（3）热处理在图样上的标注，如图 5-4 所示。

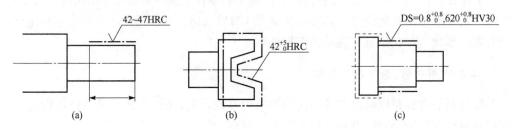

图 5-4　局部热处理的标注

图 5-4 中局部热处理使用符号，热处理结果常用布氏硬度(HBS 或 HBW)、洛氏硬度(HRC)或维氏硬度(HV)表示，如图 5-4(a)所示；也可用偏差表示法，如图 5-4(b)所示。当对有效硬化层深度有明确要求时，也应标注出，如图 5-4(c)中的 DS＝＋0.8。各种表面热处理的有效硬化层深度所使用的代号如下：DS 为表面淬火，DN 为渗氮，DC 为渗碳和碳氮共渗淬火回火。

一般在图中使用粗点画线表示需进行表面处理的机件表面，如图 5-4(b)所示，将有硬度要求的部位用粗点画线框起来；当轴对称零件或在不至于引起误解的情况下，可用一条粗点画线画在热处理部位的外侧表示，如图 5-4(a)所示；也可使用两条粗点画线画出，如图 5-4(c)所示。对于机件上硬化与不硬化均可的过渡部位，可以虚线框出，如图 5-4(c)中机件的左端部。

5.3.3　绘制零件图的方法

1. 零件图的基本结构

在零件图中，需用一组视图来表达零件的形状和结构，应根据零件的结构特点，选择适当的剖视、断面和局部放大等表达方法，用简明的方法将零件的形状、结构表达清楚。

（1）完整的尺寸：零件图上的尺寸不仅要标注完整、清晰，而且要注得合理，能够满足设计意图，宜于制造生产，便于检验。

（2）技术要求：零件图上的技术要求包括表面结构、尺寸偏差、几何公差、表面处理、热处理和检验等要求。

（3）标题栏：应尽可能采用 GB/T 10609.1—2008 的格式。填写标题栏时注意以下几点。

① 零件名称。要精练，如"齿轮"、"台阶轴"等，不必体现零件在部件中的具体作用。

② 图样编号。图样可按产品系列进行编号，也可按零件类型综合编号。各行业、厂家都规定了自己的编号方法，图样编号要有利于图样检索。

③ 零件材料。要用规定的代号表示，不得用自编的文字和代号表示。

2. 视图的选择

根据零件的具体特征，选择相应的视图。

（1）主视图的选择。

① 主视图是零件图的核心，主视图的投影方向直接影响其他视图的投影方向，所以，主视图要将组成零件的各形体之间的相互位置、主要形体的结构形状表达清楚。

② 以加工位置确定主视图，其目的是为了使加工者看图方便。

③ 以工作位置确定主视图。工作位置是指零件装配在机器或部件中的位置，按工作位置选取主视图，容易想象零件在机器中的作用。

（2）其他视图的选择。

主视图确定后，其他视图要配合主视图。在完整、清晰地表达出零件的形状结构前提下，尽可能减少视图的数量。配置其他视图时应注意以下几个问题：

① 每个视图都有明确的表达重点，各个视图相互配合、相互补充，表达内容不应重复。

② 根据零件的内部结构选择恰当的剖视图和断面图。选择剖视图和断面图时，一定要明确剖视图和断面图的意义，使其发挥最大的作用。

③ 对尚未表达清楚的局部形状和细小结构，补充必要的局部视图和局部放大图。

3. 绘制零件图的步骤

（1）选择比例和图幅：目前，绘图已由传统的手工绘图发展到计算机绘图，为了表达、交流、尺寸标注的方便，绘图时通常采用 1∶1 的比例，而出图时根据实际需要，进行相应的比例缩放，改变图幅的大小。

（2）确定视图表达方案：根据零件的结构特点，按照视图选择的原则，首先确定主视图的投影方向，然后再根据零件结构形状的复杂程度，选择其他视图、剖视图和断面图等表达方法，把零件的内、外部结构形状完整、清晰、简便地表示出来。

（3）绘制零件草图：当视图表达方案确定以后，即可根据装配图或实物绘制草图。零件草图是绘制零件工作图的依据，必要时可以根据零件草图直接加工零件，所以，零件草图必须具备零件图的所有内容，否则会给绘制零件工作图带来不必要的麻烦。

（4）检查修改，完成零件图的绘制：对零件草图进行认真的审查，查看视图表达、尺寸标注是否完整、清晰、合理，技术要求是否齐全正确，如果发现问题要及时进行必要的修改、补充，完成零件图的绘制工作。

5.3.4 零件图的识读示例

1. 轴类零件图的识读示例（图 5-5）

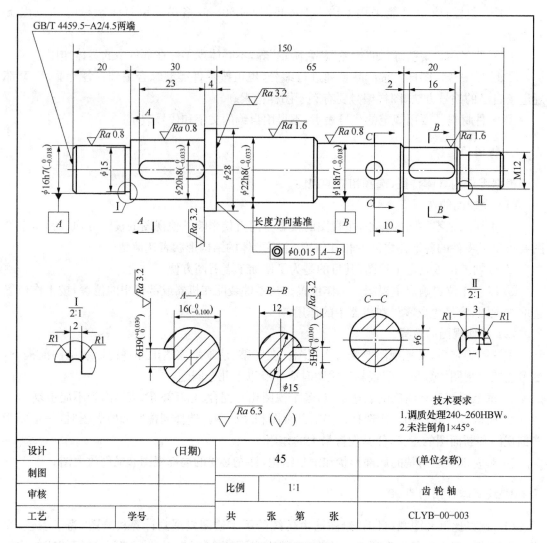

图 5-5　齿轮轴零件图

2. 箱体类零件图的识读示例（图 5-6）

3. 齿轮类零件图的识读示例（图 5-7）

齿轮、齿条、蜗杆、蜗轮及链轮的画法详见 GB/T 4459.2—2003《机械制图　齿轮表示法》。

5.3.5　其他零件图的识读

1. 钣金零件图的识读

钣金零件是一种由板材在常温下冲压或折边而成的零件,冲压件在折弯处有圆角过渡。

在表达零件时,板材中的孔,一般只画出圆的投影。由于板材较薄,另一投影只画出中心线,剖切时,板材壁厚较薄,剖面涂黑。根据需要可画出展开图,并在图的上方标注"展开图"。图 5-8(a)所示为一个常用的夹子,是由板材冲压而成的,由四个零件组成,如图 5-8(b)所示。

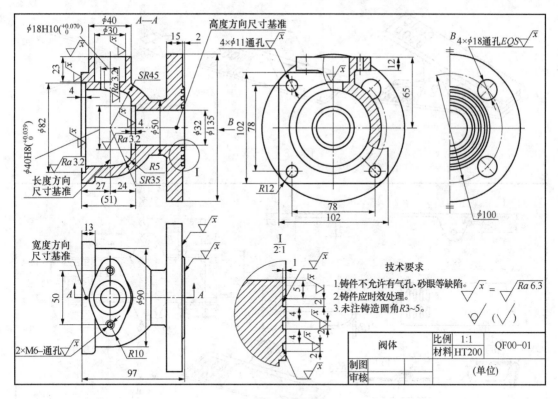

图 5-6　球阀阀体零件图

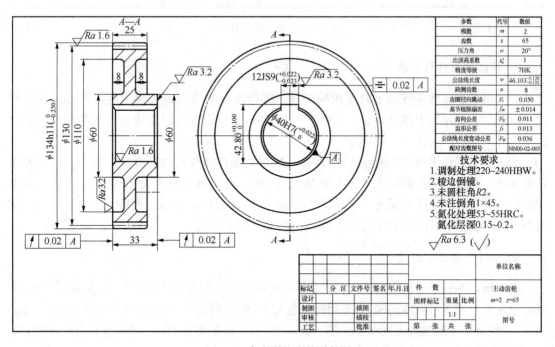

参数	代号	数值
模数	m	2
齿数	z	65
压力角	α	20°
出顶高系数	h_a^*	1
精度等级		7HK
公法线长度	w	$46.103_{-0.192}^{-0.128}$
跨测齿数	n	8
齿圈径向跳动	F_r	0.050
基节极限偏差	f_{pb}	±0.014
齿向公差	F_β	0.011
齿形公差	f_f	0.013
公法线长度变动公差	F_W	0.036
配对齿数图号		NN00-02-005

技术要求
1. 调制处理220~240HBW。
2. 棱边倒镜。
3. 未圆柱角R2。
4. 未注倒角1×45。
5. 氮化处理53~55HRC。
   氮化层深0.15~0.2。

							单位名称
标记	分区	文件号	签名	年月日	件　　数		主动齿轮
设计					图样标记	重量 比例	$m=2$　$z=65$
制图		描图					
审核		描校				1:1	图号
工艺		批准			第　张	共　张	

图 5-7　直齿圆柱齿轮零件图

半夹子的零件图如图 5-9 所示。在表达零件时，需要给出夹子成品后的形状和大小，还要给出展开后的形状和大小，展开图中的虚线是折弯线。

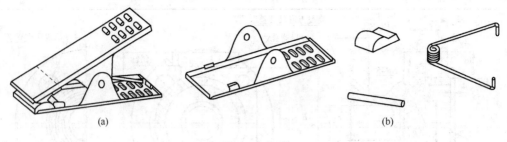

图 5-8 夹子

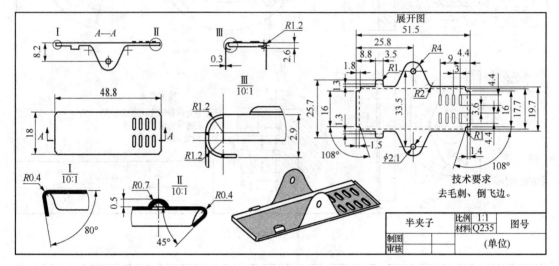

图 5-9 半夹子的零件图

2. 焊接件图样的识读

焊接图是焊接件进行加工时所用的图样。焊接图应能清晰地表达出各焊接件的相互位置、焊接形式、焊接要求以及焊缝尺寸等。在图样中,焊缝通常可以用焊缝符号和焊接方法的数字代号来标注。

为了简化图样上焊缝的表示方法,焊缝一般用标准焊缝代号进行标注。焊缝代号由基本符号和指引线组成,必要时还可加上辅助符号、补充符号和焊接尺寸符号或尺寸等。详见GB/T 12212—1990《技术制图 焊缝符号的尺寸、比例及简化表示法》、GB/T 324—2008《焊缝符号表示法》和GB/T 5185—2005《焊接及相关工艺方法代号》。

3. 塑料件图样的识读

塑料制品在日常生活中广泛应用,适合大批量生产。图 5-10 所示为一个折叠杯子架,可以固定在座位或某一物体的侧边,不用时折叠起来,使用时打开,适合安装在空间比较有限的地方,如报告厅座椅侧边或汽车上。图 5-10(a)所示为折叠状态,图 5-10(c)所示为打开后的状态,通过注塑成形,由支架、底座和保持架三个零件组成。

塑料制品大小不一,但在注塑时,要求壁厚均匀,一般有圆角过渡。其表达形式与机械图差别不大,较小结构需要放大图,表面粗糙度要求一到两种规格。底座的零件图如图 5-11所示。

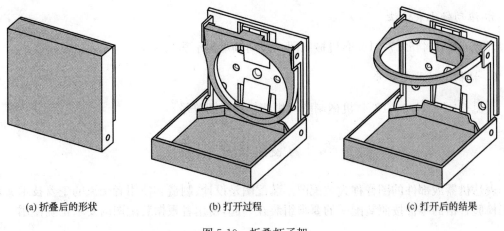

(a) 折叠后的形状   (b) 打开过程   (c) 打开后的结果

图 5-10   折叠杯子架

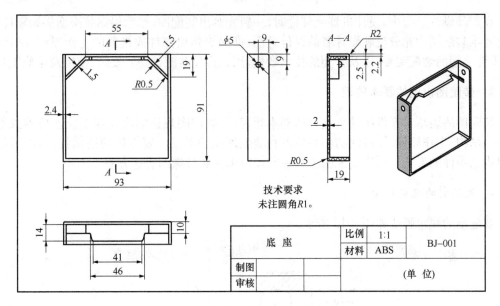

图 5-11   底座零件图

5.3.6   零件图上其他常用表示法的识读

1. 螺纹及螺纹紧固件表示法

详见 GB/T 4459.1—1995《机械制图   螺纹及螺纹紧固件表示法》。

2. 花键表示法

详见 GB/T 4459.3—2000《机械制图   花键表示法》。

3. 弹簧表示法

详见 GB/T 4459.4—2003《机械制图   弹簧表示法》。

4. 中心孔表示法

详见 GB/T 4459.5—1999《机械制图   中心孔表示法》。

5. 滚动轴承表示法

详见 GB/T 4459.7—1998《机械制图　滚动轴承表示法》。

6. 机构运动简图符号

详见 GB/T 4460—1984《机械制图　机构运动简图符号》。

5.4　装配图的识读

表达机器或部件的图样称为装配图。装配图是设计、制造和使用者交流的主要技术文件，加工检验合格的零件按照装配图的要求组装在一起，使用者根据装配图的要求正确使用。

5.4.1　装配图的主要内容

在产品设计过程中，设计机器或部件时，一般先画出装配图，然后根据装配图拆画零件图。因此要求装配图中充分反映设计者的设计意图，准确表达出部件或机器的工作原理、结构、性能、零件之间的装配关系，以及必要的技术数据，用以指导装配、检验、安装、使用及维修工作。

5.4.2　装配图识读的基本知识

装配图的表达与零件图的表达方法基本相同，但装配图表达的重点在于反映机器或部件的整体结构、工作原理、零件间的相对位置和装配连接关系及主要零件的结构特征，而不追求完整表达零件的形状。所以装配图还有一些规定画法和特殊的表达方法。

1. 装配图的规定画法

装配图的规定画法如图 5-12 所示。

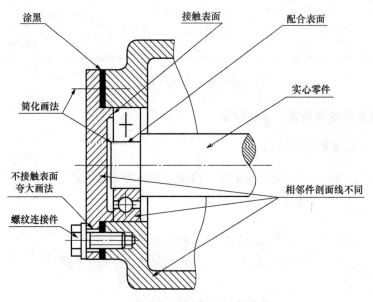

图 5-12　装配图画法的一般规定

2. 装配图的特殊画法

分为拆卸画法、沿结合面剖切、假想画法、夸大画法、单独表达某个零件、展开画法和简化画法。

3. 装配图中的尺寸及技术要求

1) 装配图中所标注的尺寸类型

装配图与零件图不同,不是用来直接指导零件生产的,不需要也不可能注出每一个零件的全部尺寸,一般仅标出下列几类尺寸,如图 5-13 所示。

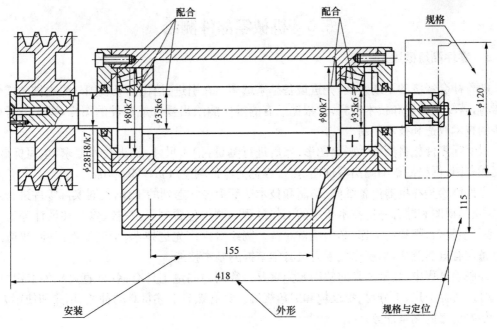

图 5-13　装配图中的尺寸

2) 装配图上的技术要求

装配图中的技术要求,一般有以下几个方面。

(1) 性能方面:装配体装配后应达到的性能。

(2) 装配方面:装配体在装配过程中应注意的事项及特殊加工要求。例如有的表面需装配后加工,有的孔需要将有关零件装好后配作等。

(3) 检验、试验方面要求:指对机器或部件基本性能的检验、试验和验收方法的说明。

(4) 使用要求:对装配体的维护、保养方面的要求及操作使用时应注意的事项和涂饰要求等。

与装配图中所标注尺寸一样,不是每一张图上都标注有上述内容,而是根据装配体的需要标注不同的内容。

技术要求一般注写在明细表的上方或图纸下部空白处。如果内容很多,也可另外编写成技术文件作为图纸的附件。

4. 装配图的零件序号及明细栏

1) 装配图的零件序号

(1) 装配图中每种零件或组件都编写有序号。形状、尺寸完全相同的零件只编一个序号,数量填写在明细栏内;形状相同而尺寸不同的零件,应分别编写序号。标准化组件,如油杯、滚动轴承和电动机等,只编写一个序号。

(2)零件的序号沿水平或垂直方向排列整齐,并按顺时针或逆时针方向顺序排列,序号间隔尽量相等。

2)明细栏的填写

(1)明细栏是机器或部件中全部零、部件的详细目录,画在标题栏的上方。

(2)零、部件的序号自下而上填写,如空间不够时,明细栏可分段画在标题栏的左方。

(3)有时明细栏不配置在标题栏的上方或左方,而是作为装配图的续页,按 A4 幅面单独绘制,其填写顺序也是自下而上。

5.5　机械零部件测绘

5.5.1　零件测绘概述

随着社会经济的不断发展,先进设备越来越多。在引进、消化和吸收国外先进技术或修配机器时,若缺少图样和技术资料,常根据已有的零件测绘出零件或部件的图样,以此进行机械设备的技术改造和技术革新。

对实际零件凭目测徒手画出图形,然后进行测量,记入尺寸,提出技术要求,填写标题栏,以完成草图,再根据草图画出零件图,该过程称为零件测绘(Part Mapping)。

零件测绘是在机器设备维修、仿制和技术革新中经常遇到的工作,是对实际零件进行尺寸测量、绘制视图和综合分析技术要求的工作过程。测绘包含测量、审核、修改和设计等工作内容,是一项复杂、细致的工作,必须慎重对待。测绘对推广先进技术、交流生产经验、改造或维修设备均有重要意义,是工程技术人员必须掌握的基本技能。

在测绘过程中,测量工具的使用尤为重要。常用的测量工具有钢尺(直尺)、外卡钳、内卡钳、塞尺、游标卡尺、千分尺、螺纹规和圆角规等。只有熟悉上述量具的种类、用途和使用方法,才能很好地完成测量任务。

5.5.2　机械零部件测绘的步骤及方法

1. 测绘前的准备工作

主要包括被测对象、测绘工具与测绘场地的准备。

2. 了解和分析测绘对象

主要了解被测零件的名称和作用,对零件进行结构与工艺分析,鉴定零件的材质和热处理状态,拟订零件的表达方案。注意:对零件进行结构分析时,必须与相邻零件,特别是有配合、连接关系的零件结构分析联系起来,并在视图表达,尤其是在尺寸标注、技术要求的注写等方面加以协调、对应,对提高零件的装配质量和部件测绘质量都将起到至关重要的作用。

3. 拆卸零件注意事项

(1)拆卸零件必须按顺序进行,拆卸时要测量部件的几何精度和性能并做出记录,供部件复原时参考。

(2)拆卸时要选用合适的拆卸工具,对于不可拆的连接一般不拆;对于较紧的配合或不拆也可测量的零件,尽量不拆。

(3)对拆卸的零件要及时按序号编号并妥善保管,防止螺钉垫片、键和销等小零件丢失;

对重要的高精度零件要防止碰伤、变形和生锈。

（4）对结构复杂的部件，为了便于装配复原，最好在拆卸时绘制出部件装配示意图。

4. 绘制装配示意图

通常用简单的线条画出零件大致轮廓，有的零件可参考机构运动简图符号（参见 GB/T 4460—1984）或示意图形画出，如螺纹连接件、轴承和弹簧等。

在绘制示意图时，通常把装配体看成是透明体，既要画出外部轮廓，又要画出内部结构。对各零件的表达一般不受前后、上下等层次的限制，可以先从主要零件或较大的零件入手，对一般零件可按其外形和结构特点形象地画出零件的大致轮廓，然后按照装配顺序和零件的位置逐个画出其他零件。

装配示意图应尽量将所有零件集中在一个视图上表达出来，实在无法表达时，才画出第二个视图，并与第一个视图保持投影关系，而且接触面之间应该留有间隙，以便区分不同的零件。装配示意图上应按顺序编写零件序号，并在图样的适当位置上按序号注写出零件的名称和数量，也可以直接将零件名称注写在指引水平线上。为方便装配，拆卸下的每个零件应写上标签，并在标签上注明与装配图一致的序号和名称。

5. 绘制零件草图

零件测绘工作常在机械设备的现场进行。受条件限制，一般先绘制出零件草图，然后根据零件草图整理出零件工作图。除标准件外，装配体中的每一个零件都应根据其内、外结构特点，选择恰当的表达方案，并画出零件草图；然后选择尺寸基准，画出应标注尺寸的尺寸界线、尺寸线及箭头；最后通过测量标注尺寸数字。应特别注意尺寸的完整及相关零件之间的配合尺寸或关联尺寸间的协调一致。

6. 绘制零件工作图

在根据装配示意图和零件草图绘制零件工作图时，要对草图进行重新考虑和整理，进行全面的审查校核，有些内容需要设计、计算或选用执行有关标准，经过复查、补充和修改后，方可绘制零件正式图样。

7. 绘制装配图

根据装配示意图和零件工作图绘制装配图。装配图画好后必须注明该机械或部件的规格、性能以及装配、检验和安装尺寸；还必须用文字说明或采用符号形式，指明机械或部件在装配调试、装配、检验、安装使用中应遵守的必要技术条件和要求；最后按照规格要求填写零件序号、明细栏和标题栏的各项内容。

完成以上测绘任务后，对图样进行全面检查、整理，装订成册、设计封面。

5.5.3 绘制零件草图

1. 绘制零件草图的一般要求

（1）制图方面的要求：正确选择零件视图的表达方法，具有零件工作图的全部内容。

（2）测量方面的要求：应在画出主要图形（按目测尺寸绘制）之后集中测量尺寸；测量时，要正确选择零件的尺寸基准；根据不同的精度要求，确定相应的测量工具并正确使用；对不便直接测量的尺寸（如锥度、斜度等），可利用几何知识进行测量和计算；有配合的尺寸，其基本尺寸应一致；零件上的损坏部分不能直接测量，要对零件分析后，按合理的结构形状，参考相邻零件的形状和相应的尺寸或有关技术资料进行确定。

(3)测量数据的处理要求:在确定零件的参数系列时,必须按标准规定最大限度地采用优先数。对所测量出来的尺寸要进行圆整处理,对装配在一起的有关零件测绘尺寸进行协调,并确定基本尺寸和公差。

(4)尺寸标注的要求:零部件的直径、长度、锥度等主要规格尺寸及螺纹、键槽等结构尺寸,都有标准规定,标注尺寸时应查阅相关标准。根据零件的结构形状,确定它与其他零件之间的联系和工艺要求,正确选择各方向的尺寸基准。

(5)技术条件方面的要求:根据零部件的材料、加工方法、使用过程的性能及检验等方面的具体情况,合理制订技术要求;比较重要的零件,应注明尺寸与形位公差等级等;对于较重要的铸、锻件,应注明执行的通用技术条件标准代号;热处理要求应合理,标准应符合相关技术标准规定。

2. 绘制零件草图的注意事项

(1)零件的视图表达要完整,尺寸标注要合理、正确。

(2)对所有非标准件均要绘制零件草图。草图要忠实于实物,不得随意更改,更不能凭主观猜测。绘制时,所有的工艺结构都应画出,但制造时产生的误差或缺陷不应画在图上。

(3)标准件可不画草图,但要测出主要参数尺寸,然后查阅有关标准和技术手册,确定标准件的类型、规格和标准代号,将其参数列于标准件表中。

(4)为了便于检查测量尺寸的正确性,草图上允许注成封闭尺寸和重复尺寸。

5.5.4 绘制零件工作图

零件的工作图是根据零件草图、有关测量数据等多方面资料整理而得的。在零件草图上标注尺寸往往更多考虑的是测量方面的因素,而对设计要求和工艺方面的因素考虑得并不周全,必须对草图进行修改、调整和补充,才能绘制出正确的零件工作图

由零件草图绘制零件工作图需完成以下工作内容。

1)调整视图

(1)调整视图数量:删除重复表达的视图,补充表达不完整的局部结构视图。

(2)调整比例:最好采用1:1的比例绘制,以验证测量结果。对于装配在一起的零件尽可能采用同一比例绘制,这样不仅有利于校核,而且便于绘制装配图。

(3)调整布局:由于在草图绘制中采用的是目测比例,可能存在因比例选择不当而造成相关零件视图选择不协调等问题。因此,在画工作图时要对布局进行必要的调整。

(4)调整图幅:根据表达方案及所选定的比例,估计各图形布置后所占的面积,对所需标注的尺寸及技术要求的注写留有余地后,选取较经济、合理的图幅。每个零件必须单独绘制在一个标准图幅中。

2)调整尺寸

(1)零件尺寸合理性调整。

零件工作图上尺寸标注的总要求是正确、完整、清晰、合理,尺寸的标注要符合国家标准对尺寸标注的基本规定。合理标注尺寸是指尺寸应保证达到设计要求,便于加工和测量,即满足设计要求和工艺要求。

设计要求是指零件按规定的装配基准正确装配后,应保证零件在部件或机械设备中获得准确的选定位置、必要的配合性质、规定的运动条件和连接形式,从而标注产品的工作性能和装配精度,保证机械设备的使用质量。

工艺要求是指零件在加工过程中便于加工制造。要求零件工作图上所注尺寸应与零件安

装定位方式、加工方法、加工顺序和测量方法等相适应,并使零件易于加工,便于测量。

（2）进行尺寸协调。

在零件工作图上标注尺寸的时候,零件与零件、部件与部件之间的装配及安装尺寸都需要进行协调,即不仅这些相关尺寸的数值要相互协调,而且尺寸的标注形式也要统一。

3）确定技术要求

零件图上一般除注有尺寸公差外,还必须标注其他技术要求,包括表面粗糙度、几何公差、热处理要求和有关装配、试验、检验、加工的要求。

除上述技术要求外,还应包括对表面的特殊加工及对表面缺陷的限制和对材料性能的要求,对加工方法、检验和试验方法的具体指示等,其中有些项目可书写成技术文件。

（1）零件毛坯的要求:对于铸造和锻造件的毛坯,应有必要的技术说明。影响零件使用性能的现象如铸造圆角、气孔及缩孔、裂纹等,应有具体限制,锻件应去除氧化皮。

（2）热处理要求:一般用文字形式注写,如调质处理、淬火等。

（3）表面涂层要求:根据零件用途不同,有些零件表面应提出必要的特殊加工。例如,为防止表面生锈对非加工面应喷漆,工具手把表面为防滑应加工滚花等。

（4）试验条件与方法的要求:为保证部件的安全使用,需要提出试验条件等要求。例如,化工容器中的压力试验、强度试验、齿轮泵的密封要求等。

综上所述,在填写技术要求时,应注意以下几个问题:

（1）用代号形式在零件图上标注技术要求时,所采用的代号及标注方法应符合国家标准的有关规定。

（2）用文字说明技术要求时,文字说明上方应写出"技术要求"字样的标题,一般写在标题栏的上方或左方。文字说明中有多项技术要求时,应按主次及工艺顺序加以排列,并编号。文字说明应简单、准确。

（3）齿轮轮齿参数、弹簧参数要以表格方式写在图框右上方。

4）材料的选用

参考常用零件的材料应用来选用。

5.5.5 绘制测绘部件装配图

根据零件工作图绘制部件装配图,是测绘工作的又一重要组成部分,是培养实际应用机械制图基本理论,综合分析问题、解决问题,提高绘图、读图能力的有效手段。

1. 装配图视图选择原则

装配图以表达机械设备或部件的工作原理和各部分装配关系为主,应做到表达正确、完整、清晰和简练。为达到以上要求,应掌握装配图的各种表达方法及画法。

1）选择主视图

主视图的选择应符合部件的工作位置或习惯放置位置,其投射方向应尽可能表达机械设备或部件的主要装配干线,并尽可能反映机械设备或部件的结构特点、工作原理、工作情况和零件之间的连接关系。主视图通常取剖视,以表达零件主要装配干线(如工作系统、传动路线)。

2）选择其他视图

除主视图外,还应适当选用其他视图及相应表达方法,以便确定一个完整的视图表达方案。其他视图的选择应各有侧重点,所选择的视图要突出重点、相互配合、避免重复,能够辅助主视图完整清晰地表达机械设备或部件的工作原理和形状结构。

2. 绘制装配图的步骤

（1）确定视图表达方案后，根据部件的总体尺寸、复杂程度和视图数量确定绘制装配图的比例和标准的图纸幅面，画出标题栏、明细栏。

（2）确定各视图的位置，合理布局，画出各视图的基准线。它们通常是指主要轴线（装配干线）、对称中心线、主要零件的基面或端面等。

（3）先绘制装配主干线（支撑干线）上的零件，一般从主视图开始画图；再画装配次干线（输入、输出干线）上的零件。画图时应先画主体结构的轮廓，再画次要零件和细部结构，特别要注意键、销、螺纹连接的画法要求。在剖视图中，由于内部零件遮挡了部分外部零件，在不影响零件定位的条件下，一般由内向外逐步画出，如先画轴，再画装在轴上的其他零件。但有些部件也常常从壳体或机座入手画起，再将其他零件按次序逐个画出来，即从外向里画。

（4）装配图画好后，检查底稿，擦去多余的线，加深图线，画剖面线，再标注尺寸。标注尺寸时，不能把零件图上的尺寸全部照搬到装配图上，只标注装配体的性能尺寸、装配尺寸、安装尺寸、总体尺寸和其他重要尺寸。

（5）编序号，填写标题栏、明细表和技术要求。装配图中的技术要求，通常用文字注写在明细栏的上方或图纸下方空白处。拟订技术要求时，一般可以从以下几方面考虑。

① 装配要求：机械设备或部件在装配过程中需注意的事项及装配后应达到的要求，如准确度、装配间隙和润滑要求等。

② 检验要求：对机械设备或部件基本性能的检验、试验及操作时的要求。

③ 使用要求：对机械设备或部件的规格、参数及维护、保养、使用时的注意事项及要求。

（6）完成全图后应仔细审核，然后签名，注明时间。

3. 装配图中公差与配合的选用

1）基孔制优先配合
间隙配合：H7/g6，H7/h6，H8/f7，H8/g7，H8/h8，H9/d9，H9/h9，H11/c11，H11/h11。
过渡配合：H7/k6。
过盈配合：H7/n6，H7/p6，H7/s6，H7/u6。
2）基轴制优先配合
间隙配合：G7/h6，H7/h6，F8/h7，H8/h7，D9/h9，H9/h9，C11/h11，H11/h11。
过渡配合：K7/h6。
过盈配合：N7/h6，P7/h6，S7/h6，U7/h6。
优先采用基孔制可以减少定制刀具、量具的规格数量。只有在具有明显经济效益和不适合采用基孔制的场合，才采用基轴制。例如，使用冷拔钢作轴与孔的配合，标准滚动轴承的外圈与孔的配合，往往采用基轴制。

参 考 文 献

樊宁等.2011.机械识图速成教程.北京：化学工业出版社
蒋知民等.2010.怎样识读《机械制图》新标准.5版.北京：机械工业出版社
李茗.2011.机械零部件测绘.北京：中国电力出版社
李学京.2008.机械制图国家标准应用图册.北京：中国标准出版社
赵忠玉.2009.测量与机械零件测绘.北京：机械工业出版社

第6章 技术测量

技术测量(Technical Measurement)是确认机械加工质量的重要技术手段,机械加工中的测量技术主要包括机械加工精度及表面粗糙度的几何参数测量,也包括量具的使用及合理选择测量方法。

6.1 测量基础知识

6.1.1 测量概述

在机器制造和修理过程中,为了保证产品质量,确保零部件的互换性,为了分析零件加工工艺,采取预防性措施,防止废品的产生,必须对毛坯及零部件的尺寸、几何形状、几何要素间的相对位置、表面粗糙度以及其他技术条件进行测量和检验。

测量(Measurement)是指将被测量与作为测量单位的标准量进行比较,从而确定被测量的实验过程。

检验(Inspect)在机械方面的含义是只需判断零件是否合格而不需要测出具体数值。

检测(Test)是测量与检验的总称。

在机械制造业中,几何量测量主要是指各种机械零部件表面几何尺寸、形状的参数测量。几何量参数包括零部件具有的长度尺寸、角度参数、坐标尺寸、表面几何形状与位置参数、表面粗糙度等。几何量测量是保证机械产品质量和实现互换性生产的重要措施。

几何量测量对象是多种多样的,从本质上来说都可归结为长度量和角度量二种。

任何一个测量过程都必须有明确的被测对象和确定的测量单位,还有与被测量对象相适应的测量方法,而且测量结果还要达到所要求的材料精度。因此,一个完整的测量过程应包括被测对象、测量单位、测量方法和测量精度 4 个要素。

6.1.2 测量常用知识

1. 计量单位

我国采用以国际单位制为基础的法定计量单位。

在长度计量中,米(m)是基本单位,机械制造业中常用毫米(mm)和微米(μm)。毫米是机械测量中最常使用的单位。以毫米作单位,在机械图中可以只标注尺寸数字,而省略标注单位名称。

在角度计量中,平面角的基本单位为弧度(rad)。弧度是一圆内两条半径之间的平面角,这两条半径在圆周上所截取的弧长与半径相等时为 1 弧度(rad)。机械制造业中常用度(°)作为平面角的计量单位,1 度(°)＝π/180(rad)。

2. 测量方法的分类

(1) 按是否直接测量被测参数分类:可分为直接测量与间接测量。被测的量可直接从量具或量仪的读数装置上读得的称为直接测量。被测的量是根据与它有一定关系的所测的量间接(如计算)得到的称为间接测量。为减少测量误差,一般都采用直接测量,当被测量不易直接测量时可采用间接测量。

（2）按示值是否为被测量的整个量值分类：可分为绝对测量与相对测量（比较测量）。能直接从量具或量仪上读出被测量的实际值的测量方法称为绝对测量。只能直接得到被测的量相对于标准量的偏差值的测量方法称为相对测量（比较测量）。一般，相对测量的测量精度比绝对测量的高。

（3）按测量时测量头与被测表面是否接触分类：可分为接触测量与非接触测量。在测量时，测量器具的测量头直接与被测表面相接触，并有机械作用的测量力的测量方法称为接触测量。在测量中，测量器具的测量头不与被测表面直接接触，而是通过其他的介质（如光、气等）与工件接触的测量方法称为非接触测量。接触测量会引起被测表面和测量器具有关部分产生弹性变形，因而影响测量精度，非接触测量则无此影响。

（4）按一次测量参数的多少分类：可分为单项测量与综合测量。综合测量一般效率较高，对保证零件的互换性更为可靠，常用于完工零件的检验。单项测量能分别确定每一参数的误差，一般用于工艺分析、工序检验及被指定参数的测量。

（5）按测量在加工过程中所起的作用分类：可分为主动测量与被动测量。在零件加工的同时对被测几何量进行测量称为主动测量。在零件加工完毕后对被测几何量进行测量称为被动测量。主动测量结果可直接反馈，以控制加工过程，防止废品的产生；被动测量结果仅限于通过合格品和发现并剔除不合格品。主动测量应用在自动加工机床和自动生产线上，使检测与加工过程紧密结合，以保证产品的质量，是检测技术发展的方向。

6.1.3　误差和公差

误差（Error）是测量值与真值间的差异。与错误（是应该而且可以避免的）不同的是误差是不可能绝对避免的。

公差（Tolerance）是指允许零件几何参数的变动量。为保证零件的互换性，要用公差来控制误差。

误差是加工过程中产生的，公差是设计者给定的。当零件的误差在公差范围内，它就是合格件；当零件的误差超过了公差范围，它就是不合格件。

6.1.4　测量误差

1. 概述

对于任何测量过程来说，由于测量器具和测量条件的限制，不可避免地会出现或大或小的测量误差。这种实际测得值与被测几何量真值之间的差值称为测量误差。测量误差可以用绝对误差或相对误差来表示。

绝对误差 δ 是指被测量的实际值与其真值之差。绝对误差是代数值，即它可能是正值、负值或零。

相对误差 f 是指绝对误差的绝对值与被测量的真值之比，由于被测几何量的真值无法得到，因此在实际中常以被测几何量的测得值代替真值进行估算。相对误差通常用百分比来表示。

2. 测量误差的来源与分类

在实际测量中，产生测量误差的因素很多，归纳起来主要有：测量器具的误差、方法误差、环境误差和人员误差。就其特点和性质而言，可分为系统误差（规律误差）、随机误差（偶然误差)和粗大误差(寄生误差)三类。

3. 测量精度和测量误差

测量精度是指被测几何量的测得值与其真值的接近程度。它和测量误差是从两个不同角度说明同一概念的。为了反映系统误差和随机误差对测量结果的不同影响,测量精度可分为正确度、精密度和准确度。三者关系可用图 6-1 说明。

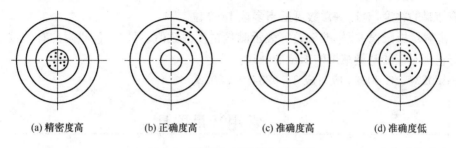

(a) 精密度高　　　(b) 正确度高　　　(c) 准确度高　　　(d) 准确度低

图 6-1　精密度、正确度和准确度

6.1.5　测量误差与测量数据处理

1. 测量误差及处理方法

(1) 对系统误差:可通过实验对比法、残值观察法发现某些系统误差。从产生误差根源上,用修正法消除系统误差;用抵消法消除定值系统误差;用半周期法消除周期性系统误差。一般来说,系统误差若能减小到使其影响相当于随机误差的程度,则可认为已被消除。

(2) 对随机误差:可应用概率论与数理统计的方法估计出随机误差的大小和规律,并设法减小其影响。

(3) 对粗大误差:在测量中应尽可能避免。如果粗大误差已经产生,则应根据判断粗大误差的准则予以剔除,通常用拉依达准则(又称 3σ 准则)来判断。拉依达准则不适用于测量次数≤10 的情况。

2. 有效数字及处理原则

在测量过程中,由于各种因素的影响,使测量结果总是含有误差,这种含有误差的数值称为近似值。近似值包括经测量所得的测量值、各种计算的计算结果和各种数学常量。

对测量结果的数字位数的取法是测量过程中经常遇到的问题。有效数字位数是根据测量误差的大小而定的。从第一个非零的数算起,到最末一位数为止所有的数都称为有效数字,有效数字的位数称有效位数。

当有效数字位数确定后,最后一位有效数字的确定原则如下:

(1) 末位有效数字后的第一位有效数字>5,则末位有效数字加 1,<5 舍去不计。

(2) 末位有效数字后的第一位有效数字=5 时,则将末位有效数字凑成偶数(当末位有效数字为奇数时加 1;偶数时不变)。

例:有效数字保留到小数点后第三位,其有效数字如下:3.14159 的有效数字为 3.142;2.71729 为 2.717;1.31050 为 1.310;4.21650 为 4.216;5.6235 为 5.624。

(3) 在加减运算中,保留小数点后的位数应取各数中小数点后位数最少的。

例:60.43+12.317+5.022=77.769≈77.77;60.43−58.308=2.122≈2.12。

（4）在乘除运算中，取有效位数最少的。

例：$2352 \times 0.211 = 496.272 \approx 496$；$0.0222 \times 34.5 \times 2.01 = 1.539459 \approx 1.54$。

（5）在对数运算中，对数的位数应与真数有效数字的位数相等。

（6）在乘方运算中，乘方值的有效数字位数应与底数的有效数字位数相同。

（7）在开方运算中，有效数字位数应与被开方数的有效数字位数相同。

（8）在某些数学常数如 π、$\sqrt{2}$ 等参与运算时，按以上方法确定其有效数字位数。但为保证最终运算结果的精度，对这些常数可适当多选 1～2 位。

（9）在测量极限误差、标准偏差等表示测量精度的数值，只取一位或两位有效数字，且末位数应与它所对应的测量结果的末位数一致。

例：34.0234 ± 0.00021 应写成 34.0234 ± 0.0002。

6.2 常用计量器具

6.2.1 计量器具的选择

计量器具（Measuring Instrument）是指能用以直接或间接测出被测对象量值的装置、仪器仪表、量具和用于统一量值的标准物质，包括计量基准器具（Primary Standards of Measurement Instrument）、计量标准器具（Standards of Measurement Instrument）和工作计量器具（Working Measuring Instrument）。本书只介绍工作计量器具，简称计量器具。

计量器具种类繁多，测量同一个工件的同一个部位的要素，如测量长度尺寸，可以使用不同种类的计量器具。科学、合理地选择计量器具方法是：首先，所选的计量器具要满足被测件的精度要求以保证产品质量；其次要保证测量的经济性（从计量器具的成本、寿命、使用的方便性、对使用人员技术水平的要求以及修理和检定的复杂程度等进行综合考虑）。

合理使用计量器具的一般原则如下：

（1）对绝对测量而言，要求计量器具的测量范围要大于被测量的量的大小，但不要相差太大。

（2）对相对（比较）测量而言，要求计量器具的示值范围一定要大于被测件的参数公差。例如，被测件的尺寸公差为 ± 0.05mm，就不能用示值范围为 ± 0.05mm 的测微计去测量。

（3）在测量形状误差（例如圆跳动等）时，计量器具的测量头要作往复运动，因此要考虑回程误差的影响。当零件的精度要求高时，应当选择灵敏度高、回程误差小的计量器具。

（4）对于薄型、软质和易变形的工件，应该选用测量力小的计量器具。

（5）对于粗糙的表面，不得用精密的计量器具去测量。被测表面的表面粗糙度值要小于或等于计量器具测量面的表面粗糙度值。

（6）单件或小批量生产应选用通用（万能）计量器具，大批量生产应选用专用计量器具。

6.2.2 计量器具基本知识

1. 计量器具的分类

通常把没有传动放大系统的计量器具称为量具，把具有传动放大系统的计量器具称为量仪。按计量器具的特点和构造可分为以下四类。

（1）标准量具：是按基准复制出来的代表某个固定尺寸的量具。用它可以校正或调整其他计量器具，也可用于精密测量，如量块、角度块等。

（2）通用量具和量仪：可以测量一定范围内的数值，测量值的连续程度取决于量具或量仪的精度。按结构特点可分为固定刻线量具（钢直尺、卷尺等）、游标量具（各类游标卡尺、游标量角器等）、螺旋测微量具（各类千分尺等）、机械式量仪（各类百分表、千分表等）、光学量仪（投影仪、干涉仪、工具显微镜等）、气动量仪（水柱式气动量仪、浮标式气动量仪等）和电动量仪（电接触式量仪、光电式量仪等）。

（3）极限量规：是无刻度的专用量具，它无法测量工件的实际尺寸，但可检验工件尺寸是否超过某一极限，以判断工件是否合格。极限量规一般成对使用，一是"通规"，按最大实体尺寸制造，一是"止规"，按最小实体尺寸制造。它们分别控制工件的作用尺寸和局部实际尺寸。

（4）检验夹具：是量具、量仪及一些定位元件的组合体，一般应用于大批量生产中，以提高测量效率和测量精度。

2. 计量器具的技术指标

计量器具的技术指标是表征计量器具技术特性和功能的指标，也是选择和使用计量器具的依据。

（1）刻线间距（刻度间距）：计量器具标尺上两相邻刻线中心线间的距离。

（2）分度值（刻度值）：计量器具标尺上每一刻线间距所代表的量值。分度值越小，计量器具的精度就越高。

（3）示值范围（指示范围）：由计量器具所显示或指示的最小值至最大值的范围。

（4）测量范围：是指在计量器具的允许误差范围内所能测出的被测量值的上限值到下限值的范围，而测量范围上限值与下限值之差称为量程。

（5）示值误差：计量器具显示的数值与被测量的真值之差。一般可用更高精度计量器具的测量结果，或用足够精度的量块作为真值来检定计量器具的示值误差。一般来说，计量器具的示值误差越小，则计量器具的精度就越高。

（6）修正值（校正值）：为消除系统误差，用代数法加到示值上已得到正确结果的数值，其大小与示值误差的绝对值相等，而符号相反。例如：某卡尺的示值误差为-0.02mm，即修正值为$+0.02$mm，用该卡尺测某一长度，测量示值为99.98mm，则其实际尺寸为99.98mm$+$0.02mm$=100.00$mm。

（7）测量力：是在接触式测量过程中，计量器具测量头与被测工件之间的接触压力。测量力太小影响接触的可靠性；太大则会引起弹性变形，从而影响测量精度。

（8）稳定性：计量器具保持其计量特性随时间恒定的能力。

（9）灵敏度：是指计量器具对被测几何量的微小变化的反应能力。

3. 计量器具的使用

技术测量工作对保证产品质量起着极其重要的作用，计量器具质量的好坏和精度保持情况，直接影响它的作用与发挥。计量器具的质量由制造厂保证，而计量器具精度的保持，则是使用者的责任。在使用时必须注意以下几点：

（1）在使用前，使用者一定要了解计量器具的结构原理和性能，否则不得随意动手，以防破坏。对不合格的计量器具坚决不用。对计量器具的测量面与零件的被测面要擦拭干净，以免灰尘、切屑夹杂其中，加大测量误差。对某些计量器具，在使用之前要仔细地校对"0"位。

（2）在使用中，使用者要认真、细心，严格遵守计量器具的操作规程。测量时，切勿用力过猛，要减少测量力引起的误差。计量器具若在使用中发生故障，不得任意拆卸，必须按其结构原理仔细检查或送专门单位检查修理。

（3）为减少测量误差，测量时最好在同一位置多测几次，再取平均值；读数正确与否，对测量精度影响很大。为了减少读数误差，在读数时，应在光线充足的地方用两眼进行读数。

（4）使用完毕，使用者按要求清洁计量器具并妥善保管。对计量器具必须按期保养、鉴定，以保证量值的正确。对修复的计量器具，必须经检查鉴定后，方可再使用。

4. 环境对计量器具的影响

计量器具都是处在一定的环境中，而且需要人去操纵它，这就涉及温度、湿度、振动、灰尘、空气以及人对计量器具的影响等。减少这些影响，不但是为了消除测量误差，而且也是计量器具的维护保养问题。

（1）温度的影响：物体有热胀冷缩的特性，为减少温度影响，零件在检测前要进行"定温"（"定温"是指把零件与计量器具置于同一温度环境中，经过一定的时间使二者温度趋向一致）。

（2）湿度的影响：湿度虽对测量误差无直接影响，但会使计量器具生锈等。相对湿度一般应控制在60%以下。

（3）振动的影响：振动影响精密仪器的精度与灵敏度，在检测过程中不宜有振动。

（4）灰尘的影响：空气中灰尘过多，将使仪器光路系统、镜面等因积聚灰尘而影响像质的清晰度，同时，擦洗也比较困难。灰尘过多，使仪器活动部分受阻滞，影响测量精度与正确示值。防尘在精密测量中是不容忽视的。

（5）气体和液体的影响：腐蚀性气体和液体将使计量器具锈蚀损坏，应严格防备。

5. 计量器具的维护保养

计量器具维护保养的一般注意事项如下：

（1）计量器具应经常保持清洁，使用后，松开紧固装置，不要使两个测量面接触，及时擦拭干净，涂上防锈油，放在专用的盒子里，存放在干燥的地方。

（2）计量器具在使用过程中，不能与刀具堆放在一起，以免碰伤；计量器具应与磨料严格地分开存放。

（3）计量器具要放在清洁、干燥、温度适宜、无振动、无腐蚀性气体的地方。不能放在有冷却液、切屑的地方，也不要随意放在机床上。

（4）在机床上进行测量时，工件必须停止后再进行测量。

（5）不能用精密计量器具测量粗糙的铸、锻毛坯或带有研磨剂的表面。

（6）计量器具不能当成其他工具的代用品，如用作划针、锤子、一字螺钉旋具以及用来清理切屑等。

（7）不要用手摸计量器具的测量面，防止手上有汗和污物等污染测量面而产生锈蚀。

（8）不要在计量器具的刻线或其他有关部位附近打钢印、记号等，以免因变形影响精度。

（9）计量器具应定期送计量室检定，以免其示值误差超差而影响测量结果。非计量检修人员严禁自行拆卸、修理或改装计量器具。发现计量器具有问题，应及时送有关部门检修，并经检定后才能使用。

6.3 公差与配合基础

6.3.1 互换性

1. 互换性

广义上说,互换性(Interchangeability)是指一种产品、过程或服务能够代替另一产品、过程或服务,且能满足同样要求的能力。

在制造业生产中,互换性就是指相同规格的零件或部件,任取其中一件,不需经任何挑选、修配,就能进行装配,并能满足机械产品使用性能要求的一种特性。

零部件的互换性应包括其几何参数、力学性能和其他性能等方面的互换性。本节主要研究几何参数的互换性。

2. 互换性的种类

按互换的程度可分为完全互换性与不完全互换性。二者的区别在于:不完全互换性在零部件装配或更换时,允许有附加选择或附加调整,但不允许修配,装配后能满足预定的使用性能。

3. 互换性的作用

从使用上看,若零部件具有互换性,则在磨损或损坏后,可用新的备件代替。由于备件具有互换性,不仅维修方便,而且使机器的修理时间和费用显著减少,可保证机器工作的连续性和持久性,从而显著提高机器的使用价值。

从制造上看,互换性是组织专业化协作生产的重要基础,可以分散加工,集中装配。这样,有利于使用现代化的工艺装备,有利于利用流水线和自动线等先进的生产方式,有利于产品质量和生产率的提高,有利于生产成本的下降。

从装配上看,由于零部件具有互换性,不需辅助加工和修配,减轻了工人的劳动强度,缩短了劳动周期,并且可以采用流水作业的装配方式,甚至可进行自动装配,从而大幅度地提高生产率。

从设计上看,可以简化制图、计算等工作,缩短设计周期,并提高设计的可靠性。对发展系列产品和促进产品结构、性能的不断改进,都有重大的作用。

总之,在机械制造中遵循互换性原则,不仅能显著提高劳动生产率,而且能有效保证产品质量和降低成本。所以,互换性是机械制造中的重要生产原则与有效技术措施。

6.3.2 光滑孔、轴尺寸公差与配合基本术语及定义

1. 孔与轴的定义

孔(Hole)通常情况下是指工件各种形状的内表面,它包括圆柱形内表面和其他由单一尺寸形成的非圆柱形包容面。

轴(Shaft)通常指工件各种形状的外表面,它包括圆柱形外表面和其他由单一尺寸形成的非圆柱形的被包容面。

例如图 6-2 中所示 D_1、D_2、D_3、D_4 为孔,d_1、d_2、d_3、d_4 为轴,L_1、L_2、L_3 既不是孔也不是轴,它表示的是工件长度尺寸的符号。

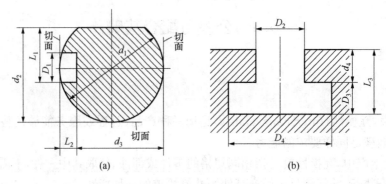

图 6-2 孔与轴

2. 尺寸的术语和定义

尺寸(Dimension)是用特定的单位来表示长度或角度大小的数值。长度一般以毫米(mm)作为特定单位;长度包括:直径、半径、宽度、深度、高度和中心距等。

(1) 基本尺寸(Basic Size)。是指设计时给定的尺寸,满足工件强度、刚度、结构和工艺等诸多要求,通过计算、试验验证的或按类比法确定的,并经过标准化后确定的尺寸。基本尺寸是计算偏差、极限尺寸的起始尺寸,只表示尺寸的基本大小,并不是在实际加工中要求得到的尺寸。

孔的基本尺寸用"D"表示;轴的基本尺寸用"d"表示;线性基本尺寸用"L"表示。

(2) 实际尺寸(Actual Size)。是指通过测量获得的尺寸。由于存在测量误差,实际尺寸不是孔或轴的真实尺寸。

根据定义可以认为,任何人用任何测量器具和方法,在任何测量中所得的尺寸都可以称为被测尺寸的实际尺寸。在生产实际中,应该以在具有多大测量误差的条件下测得的结果作为被测尺寸的实际尺寸,才符合经济合理的原则,将由相应的标准根据被测尺寸要求的精度高低作出适当的规定。

(3) 极限尺寸(Limits of Size)。是指允许尺寸变化的两个界限值。其中允许的最大尺寸称为最大极限尺寸,允许的最小尺寸称为最小极限尺寸。极限尺寸是以基本尺寸为基数来确定的,并满足零件的使用要求。零件加工后的实际尺寸,应介于两极限尺寸之间,就具有互换性,否则零件尺寸就不合格。

3. 公差与偏差的术语及其定义

(1) 尺寸偏差(Deviation)。是指某一尺寸减去其基本尺寸所得的代数差,分为极限偏差与实际偏差两种。

① 极限偏差(Limit Deviation):上偏差与下偏差的统称。上偏差是最大极限尺寸减其基本尺寸所得的代数差;下偏差是最小极限尺寸减其基本尺寸所得的代数差。极限偏差是用来控制实际偏差的,任一实际偏差都在上、下偏差之间。在图样上或技术文件中标注极限偏差时,上偏差标在基本尺寸右上角,下偏差标在右下角;要标注正、负号。

② 实际偏差(Actual Deviation):实际尺寸减其基本尺寸所得的代数差。实际偏差具有与实际尺寸相同的性质。用实际偏差代替实际尺寸主要为了计算方便。

(2) 尺寸公差(Tolerance of Size)。是指允许尺寸的变动量。尺寸公差简称公差。公差数值等于最大极限尺寸与最小极限尺寸代数差的绝对值。公差的大小表示对零件加工精度高低的要求,反映加工难易程度。公差是误差的允许值,由设计确定,不能通过实际测量得到,不能根据公差的大小去判断零件尺寸是否合格。

为了说明尺寸、偏差和公差之间的关系,一般采用极限与配合示意图来表示,如图 6-3 所示。

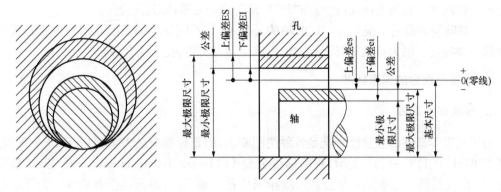

图 6-3　极限与配合示意图

(3)基本偏差(Fundamental Deviation)。用以确定公差带相对于零线位置的上偏差和下偏差。基本偏差一般为靠近零线的那个偏差,当公差带的某一偏差为零时,此偏差自然就是基本偏差。有的公差带相对于零线是完全对称的,则基本偏差可为上偏差,也可为下偏差。

(4)公差带(Tolerance Zone)。是由代表两极限偏差或两极限尺寸的两平行直线所限定的区域。相同大小的公差带,可以随极限偏差的不同而具有不同的位置,它们对零件精度的要求相同而对尺寸大小的要求不同。只有既给定公差大小以确定公差带大小,又给定一个极限偏差(上偏差或下偏差)以确定公差带位置,才能完整地描述一个公差带,表达设计要求。

(5)标准公差(Standard Tolerance)。是由国家标准规定的,用于确定公差带大小的任一公差。

4. 配合的术语及定义

(1)配合(Fit)。是指基本尺寸相同的、相互结合的孔和轴公差带之间的关系。配合是指一批孔与轴的装配关系,只有用孔、轴公差带的关系来表达配合才比较确切。相互配合的孔和轴必须基本尺寸相同,而相互配合的孔和轴公差带之间的不同关系决定了孔和轴配合的松紧程度,也决定了孔和轴的配合性质。

(2)间隙(Clearance)。是指孔的实际尺寸减去相配合的轴的实际尺寸之差为正值时,两个物体之间产生的正值空间距离。

间隙配合(Clearance Fit)。是指孔与轴零件之间具有间隙的配合(包括最小间隙为零)。

(3)过盈(Interference)。是指孔的实际尺寸减去相配合的轴的实际尺寸之差为负值时,两个物体之间产生的负值空间距离。

过盈配合(Interference Fit)。是具有过盈的配合(包括最小过盈为零)。

(4)过渡配合(Transition Fit)。是介于间隙配合和过盈配合之间的一种配合。当孔制成最大极限尺寸、轴制成最小极限尺寸,配合后得到最大间隙。反之,当孔制成最小极限尺寸、轴制成最大极限尺寸,配合后得到最大过盈。对一批孔、轴而言,过渡配合可能具有间隙或过盈;具体到一对孔与轴的配合,绝不会在具有间隙的同时又有过盈。

(5)配合公差(Fit Tolerance)。是指允许间隙或过盈的变动量。对间隙配合,其配合公差是最大间隙与最小间隙之差;对过盈配合,其配合公差是最大过盈与最小过盈之差;对过渡配合,其配合公差是最大间隙与最小过盈之差。它表明轴与孔配合后松紧程度的变化范围。配合公差的大小表示了孔和轴的配合精度。配合公差越大,配合精度越低;配合公差越小,配合精度越高。

(6) 基孔制。是基本偏差为一定的孔的公差带,与不同基本偏差的轴的公差带形成各种配合的一种制度。孔为基准孔(代号为"H"),其下偏差为零,轴为配合件。

(7) 基轴制。是基本偏差为一定的轴的公差带,与不同基本偏差的孔的公差带形成各种配合的一种制度。轴为基准轴(代号为"h"),其上偏差为零,孔为配合件。

6.3.3 公差与配合的国家标准

1. 标准公差系列

为了实现零部件的互换性和满足各种使用要求,国家标准对公差值设置了 20 个等级,分别用 IT01、IT0、IT1～IT18 表示,称为标准公差 IT(International Tolerance)。IT01 精度最高,IT18 精度最低。基本尺寸和公差等级相同的孔与轴,它们的标准公差相等。为了使用方便,国家标准把≤500mm 的基本尺寸范围分为 13 个尺寸段,在同一尺寸段内所有的基本尺寸,在相同公差等级的情况下,具有相同的公差值;按不同的公差等级对应各个尺寸分段规定出公差值,并用表的形式列出(见表 6-1)。

表 6-1　标准公差数值表(摘自 GB/T 1800.1—2009)

公称尺寸/mm		标准公差等级																
		TT1	TT2	TT3	TT4	TT5	TT6	TT7	TT8	TT9	TT10	TT11	TT12	TT13	TT14	TT15	TT16	TT17	TT18
大小	至	μm											mm						
—	3	0.8	1.2	2	3	4	6	10	14	25	40	60	0.1	0.14	0.25	0.4	0.6	1	1.4
3	6	1	1.6	2.5	4	5	8	12	18	30	48	75	0.12	0.18	0.3	0.48	0.75	1.2	1.8
6	10	1	1.5	2.5	4	6	9	15	22	36	58	90	0.15	0.22	0.36	0.58	0.9	1.5	2.2
10	18	1.2	2	3	5	8	11	18	27	43	70	110	0.18	0.27	0.43	0.7	1.1	1.8	2.7
18	30	1.5	2.5	4	6	9	13	21	33	52	84	130	0.21	0.33	0.52	0.84	1.3	2.1	3.3
30	50	1.5	2.5	4	7	11	16	25	39	62	100	160	0.25	0.39	0.62	1	1.6	2.5	3.9
50	80	2	3	5	8	13	19	30	46	74	120	190	0.3	0.46	0.74	1.2	1.9	3	4.6
80	120	2.5	4	6	10	15	22	35	54	87	140	220	0.35	0.54	0.87	1.4	2.2	3.5	5.4
120	180	3.5	5	8	12	18	25	40	63	100	160	250	0.4	0.63	1	1.6	2.5	4	6.3
180	250	4.5	7	10	14	20	29	46	72	115	185	290	0.46	0.72	1.15	1.85	2.9	4.6	7.2
250	315	6	8	12	16	23	32	52	81	130	210	320	0.52	0.81	1.3	2.1	3.2	5.2	8.1
315	400	7	9	13	18	25	36	57	89	140	230	360	0.57	0.89	1.4	2.3	3.6	5.7	8.9
400	500	8	10	15	20	27	40	63	97	155	250	400	0.63	0.97	1.55	2.5	4	6.3	9.7
500	630	9	11	16	22	32	44	70	110	175	280	440	0.7	1.1	1.75	2.8	4.4	7	11
630	800	10	13	18	25	36	50	80	125	200	320	500	0.8	1.25	2	3.2	5	8	12.5
800	1000	11	15	21	28	40	56	90	140	230	360	560	0.9	1.4	2.3	3.6	5.6	9	14
1000	1250	13	18	24	33	47	66	105	165	260	420	660	1.05	1.65	2.6	4.2	6.6	10.5	16.5
1250	1600	15	21	29	39	55	78	125	195	310	500	780	1.25	1.95	3.1	5	7.8	12.5	19.5
1600	2000	18	25	35	46	65	92	150	230	370	600	920	1.5	2.3	3.7	6	9.2	15	23
2000	2500	22	30	41	55	78	110	175	280	440	700	1100	1.75	2.8	4.4	7	11	17.5	28
2500	3150	26	36	50	68	96	135	210	330	540	860	1350	2.1	3.3	5.4	8.6	13.5	21	33

注:1. 公称尺寸大于 500mm 的 TT1～TT5 的标准公差数值为试行的。

　　2. 公称尺寸小于或等于 1mm 时,无 TT14～TT18。

2. 基本偏差系列及特征

根据实际需要,国家标准(GB/T 1800.1—2009)对孔和轴各规定了 28 个基本偏差,分别用大小写的一个或两个拉丁字母表示(见表 6-2)。

表 6-2 孔和轴的基本偏差代号

孔	A	B	C	D	E	F	G	H	I	J	K	M	N	P	R	S	T	U	V	X	Y				
			CD		EF	FG				JS												ZA	ZB	ZC	
轴	a	b	c	d	e	f	g	h	i	j	k	m	n	p	r	s	t	u	v	x	y				
			cd		ef	fg				js												za	zb	zc	

基本偏差系列如图 6-4 所示。图中仅绘出公差带一端的界限,另一端取决于标准公差的大小。

从图 6-4 中可看出:孔的基本偏差中 A~H 的基本偏差为下偏差,J~ZC 的基本偏差为上偏差;轴的基本偏差中 a~h 的基本偏差为上偏差,j~zc 的基本偏差为下偏差。公差带的另一极限偏差"开口",表示其公差等级未定。

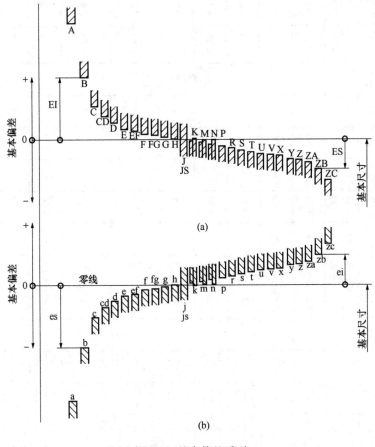

(a)

(b)

图 6-4 基本偏差系列

3. 基本偏差数值

基本尺寸 $D \leqslant 500\text{mm}$ 的孔和轴的基本偏差数值见表 6-3 和表 6-4。

表 6-3　基本尺寸 $D \leqslant 500\text{mm}$ 的孔的基本偏差数值（GB/T 1800.1—2009）

基本尺寸/mm		基本偏差																					
		下偏差 EI/μm											JS	上偏差 ES/μm									
		所有等级												J			K		M		N		
														公差等级									
大于	至	A①	B①	C	CD	D	E	EF	F	FG	G	H	±IT/2	6	7	8	≤8	>8	≤8	>8	≤8	>8
—	3	+270	+140	+60	+34	+20	+14	+10	+6	+4	+2	0	偏差等于 $\pm\frac{IT}{2}$	+2	+4	+6	0	0	−2	−2	−4	−4
3	6	+270	+140	+70	+46	+30	+20	+14	+10	+6	+4	0		+5	+6	+10	−1+Δ	—	−4+Δ	−4	−8+Δ	0
6	10	+280	+150	+80	+56	+40	+25	+18	+13	+8	+5	0		+5	+8	+12	−1+Δ	—	−6+Δ	−6	−10+Δ	0
10	14	+290	+150	+95	—	+50	+32	—	+16	—	+6	0		+6	+10	+15	−1+Δ	—	−7+Δ	−7	−12+Δ	0
14	18	+290	+150	+95	—	+50	+32	—	+16	—	+6	0		+6	+10	+15	−1+Δ	—	−7+Δ	−7	−12+Δ	0
18	24	+300	+160	+110	—	+65	+40	—	+20	—	+7	0		+8	+12	+20	−2+Δ	—	−8+Δ	−8	−15+Δ	0
24	30	+300	+160	+110	—	+65	+40	—	+20	—	+7	0		+8	+12	+20	−2+Δ	—	−8+Δ	−8	−15+Δ	0
30	40	+310	+170	+120	—	+80	+50	—	+25	—	+9	0		+10	+14	+24	−2+Δ	—	−9+Δ	−9	−17+Δ	0
40	50	+320	+180	+130	—	+80	+50	—	+25	—	+9	0		+10	+14	+24	−2+Δ	—	−9+Δ	−9	−17+Δ	0
50	65	+340	+190	+140	—	+100	+60	—	+30	—	+10	0		+13	+18	+28	−2+Δ	—	−11+Δ	−11	−20+Δ	0
65	80	+360	+200	+150	—	+100	+60	—	+30	—	+10	0		+13	+18	+28	−2+Δ	—	−11+Δ	−11	−20+Δ	0
80	100	+380	+220	+170	—	+120	+72	—	+36	—	+12	0		+16	+22	+34	−3+Δ	—	−13+Δ	−13	−23+Δ	0
100	120	+410	+240	+180	—	+120	+72	—	+36	—	+12	0		+16	+22	+34	−3+Δ	—	−13+Δ	−13	−23+Δ	0
120	140	+460	+260	+200	—	+145	+85	—	+43	—	+14	0		+18	+26	+41	−3+Δ	—	−15+Δ	−15	−27+Δ	0
140	160	+520	+280	+210	—	+145	+85	—	+43	—	+14	0		+18	+26	+41	−3+Δ	—	−15+Δ	−15	−27+Δ	0
160	180	+580	+310	+230	—	+145	+85	—	+43	—	+14	0		+18	+26	+41	−3+Δ	—	−15+Δ	−15	−27+Δ	0
180	200	+660	+340	+240	—	+170	+100	—	+50	—	+15	0		+22	+30	+47	−4+Δ	—	−17+Δ	−17	−31+Δ	0
200	225	+740	+380	+260	—	+170	+100	—	+50	—	+15	0		+22	+30	+47	−4+Δ	—	−17+Δ	−17	−31+Δ	0
225	250	+820	+420	+280	—	+170	+100	—	+50	—	+15	0		+22	+30	+47	−4+Δ	—	−17+Δ	−17	−31+Δ	0
250	280	+920	+480	+300	—	+190	+110	—	+56	—	+17	0		+25	+36	+55	−4+Δ	—	−20+Δ	−20	−34+Δ	0
280	315	+1050	+540	+330	—	+190	+110	—	+56	—	+17	0		+25	+36	+55	−4+Δ	—	−20+Δ	−20	−34+Δ	0
315	355	+1200	+600	+360	—	+210	+125	—	+62	—	+18	0		+29	+39	+60	−4+Δ	—	−21+Δ	−21	−37+Δ	0
355	400	+1350	+680	+400	—	+210	+125	—	+62	—	+18	0		+29	+39	+60	−4+Δ	—	−21+Δ	−21	−37+Δ	0
400	450	+1500	+760	+440	—	+230	+135	—	+68	—	+20	0		+33	+43	+66	−5+Δ	—	−23+Δ	−23	−40+Δ	0
450	500	+1650	+840	+480	—	+230	+135	—	+68	—	+20	0		+33	+43	+66	−5+Δ	—	−23+Δ	−23	−40+Δ	0

続表 （续表）

基本偏差　上偏差 ES/μm　／　Δ②/μm

公差等级　≤7（P-ZC）　>7

注：在大于7级的相应数值上增加一个Δ值。

基本尺寸/mm 大于	至	P (≤7)	R	S	T	U	V	X	Y	Z	ZA	ZB	ZC	Δ 3	Δ 4	Δ 5	Δ 6	Δ 7	Δ 8
—	3	−6	−10	−14	—	−18	—	−20	—	−26	−32	−40	−60	0					
3	6	−12	−15	−19	—	−23	—	−28	—	−35	−42	−50	−80	1	1.5	1	3	4	6
6	10	−15	−19	−23	—	−28	—	−34	—	−42	−52	−67	−97	1	1.5	2	3	6	7
10	14	−18	−23	−28	—	−33	—	−40	—	−50	−64	−90	−130	1	2	3	4	7	9
14	18	−18	−23	−28	—	−33	−39	−45	—	−60	−77	−108	−150	1	2	3	4	7	9
18	24	−22	−28	−35	—	−41	−47	−54	−63	−73	−98	−136	−188	1.5	2	3	4	8	12
24	30	−22	−28	−35	−41	−48	−55	−64	−75	−88	−118	−160	−218	1.5	2	3	4	8	12
30	40	−26	−34	−43	−48	−60	−68	−80	−94	−112	−148	−200	−274	1.5	3	4	5	9	14
40	50	−26	−41	−43	−54	−70	−81	−97	−114	−136	−180	−242	−325	1.5	3	4	5	9	14
50	65	−32	−43	−53	−66	−87	−102	−122	−144	−172	−226	−300	−405	2	3	5	6	11	16
65	80	−32	−51	−59	−75	−102	−120	−146	−174	−210	−274	−360	−480	2	3	5	6	11	16
80	100	−37	−54	−71	−91	−124	−146	−178	−214	−258	−335	−445	−585	2	4	5	7	13	19
100	120	−37	−63	−79	−104	−144	−172	−210	−254	−310	−400	−525	−690	2	4	5	7	13	19
120	140	−43	−65	−92	−122	−170	−202	−248	−300	−365	−470	−620	−800	3	4	6	7	15	23
140	160	−43	−68	−100	−134	−190	−228	−280	−340	−415	−535	−700	−900	3	4	6	7	15	23
160	180	−43	−77	−108	−146	−210	−252	−310	−380	−465	−600	−780	−1000	3	4	6	7	15	23
180	200	−50	−80	−122	−166	−236	−284	−350	−425	−520	−670	−880	−1150	3	4	6	9	17	26
200	225	−50	−84	−130	−180	−258	−310	−385	−470	−575	−740	−960	−1250	3	4	6	9	17	26
225	250	−50	−94	−140	−196	−284	−340	−425	−520	−640	−820	−1050	−1350	3	4	6	9	17	26
250	280	−56	−98	−158	−218	−315	−385	−475	−580	−710	−920	−1200	−1550	4	4	7	9	20	29
280	315	−56	−108	−170	−240	−350	−425	−525	−650	−790	−1000	−1300	−1700	4	4	7	9	20	29
315	355	−62	−114	−190	−268	−390	−475	−590	−730	−900	−1150	−1500	−1900	4	5	7	11	21	32
355	400	−62	−126	−208	−294	−435	−530	−660	−820	−1000	−1300	−1650	−2100	4	5	7	11	21	32
400	450	−68	−132	−232	−330	−490	−595	−740	−920	−1100	−1450	−1850	−2400	5	5	7	13	23	34
450	500	−68	−132	−252	−360	−540	−660	−820	−1000	−1250	−1600	−2100	−2600	5	5	7	13	23	34

① 1mm 以下各级 A 和 B 均不采用

② 标准公差≤IT8 级的 K、M、N 及≤IT7 级的 P～ZC 时，从表的右侧选取 Δ 值。例：18～30mm 之间的 P7，Δ＝8μm，因此 ES＝−22μm＋8μm＝−14μm

表6-4 基本尺寸 D≤500mm 的轴的基本偏差数值（GB/T 1800.1—2009）

公差等级

基本尺寸/mm 大于	至	上偏差 es/μm 所有等级 a①	b①	c	cd	d	e	ef	f	fg	g	h	js	下偏差 ei/μm j 5,6	j 7	j 8	k 4—7	k ≤3>7
—	3	−270	−140	−60	−34	−20	−14	−10	−6	−4	−2	0		−2	−4	−6	0	0
3	6	−270	−140	−70	−46	−30	−20	−14	−10	−6	−4	0		−2	−4	—	+1	0
6	10	−280	−150	−80	−56	−40	−25	−18	−13	−8	−5	0		−2	−5	—	+1	0
10	14	−290	−150	−95	—	−50	−32	—	−16	—	−6	0		−3	−6	—	+1	0
14	18	−290	−150	−95	—	−50	−32	—	−16	—	−6	0	偏差等于±IT/2	−3	−6	—	+1	0
18	24	−300	−160	−110	—	−65	−40	—	−20	—	−7	0		−4	−8	—	+2	0
24	30	−300	−160	−110	—	−65	−40	—	−20	—	−7	0		−4	−8	—	+2	0
30	40	−310	−170	−120	—	−80	−50	—	−25	—	−9	0		−5	−10	—	+2	0
40	50	−320	−180	−130	—	−80	−50	—	−25	—	−9	0		−5	−10	—	+2	0
50	65	−340	−190	−140	—	−100	−60	—	−30	—	−10	0		−7	−12	—	+2	0
65	80	−360	−200	−150	—	−100	−60	—	−30	—	−10	0		−7	−12	—	+2	0
80	100	−380	−220	−170	—	−120	−72	—	−36	—	−12	0		−9	−15	—	+3	0
100	120	−410	−240	−180	—	−120	−72	—	−36	—	−12	0		−9	−15	—	+3	0
120	140	−460	−260	−200	—	−145	−85	—	−43	—	−14	0		−11	−18	—	+3	0
140	160	−520	−280	−210	—	−145	−85	—	−43	—	−14	0		−11	−18	—	+3	0
160	180	−580	−310	−230	—	−145	−85	—	−43	—	−14	0		−11	−18	—	+3	0
180	200	−660	−340	−240	—	−170	−100	—	−50	—	−15	0		−13	−21	—	+4	0
200	225	−740	−380	−260	—	−170	−100	—	−50	—	−15	0		−13	−21	—	+4	0
225	250	−820	−420	−280	—	−170	−100	—	−50	—	−15	0		−13	−21	—	+4	0
250	280	−920	−480	−300	—	−190	−110	—	−56	—	−17	0		−16	−26	—	+4	0
280	315	−1050	−540	−330	—	−190	−110	—	−56	—	−17	0		−16	−26	—	+4	0
315	355	−1200	−600	−360	—	−210	−125	—	−62	—	−18	0		−18	−28	—	+4	0
355	400	−1350	−680	−400	—	−210	−125	—	−62	—	−18	0		−18	−28	—	+4	0
400	450	−1500	−760	−440	—	−230	−135	—	−68	—	−20	0		−20	−32	—	+5	0
450	500	−1650	−840	−480	—	−230	−135	—	−68	—	−20	0		−20	−32	—	+5	0

基本尺寸/mm 大于	至	m	n	p	r	s	t	u	v	x	y	z	za	zb	zc
—	3	+2	+4	+6	+10	+14	—	+18	—	+20	—	+26	+32	+40	+60
3	6	+4	+8	+12	+15	+19	—	+23	—	+28	—	+35	+42	+50	+80
6	10	+6	+10	+15	+19	+23	—	+28	—	+34	—	+42	+52	+67	+97
10	14	+7	+12	+18	+23	+28	—	+33	—	+40	—	+50	+64	+90	+130
14	18	+7	+12	+18	+23	+28	—	+33	+39	+45	—	+60	+77	+108	+150
18	24	+8	+15	+22	+28	+35	—	+41	+47	+54	+63	+73	+98	+136	+188
24	30	+8	+15	+22	+28	+35	+41	+48	+55	+64	+75	+88	+118	+160	+218
30	40	+9	+17	+26	+34	+43	+48	+60	+68	+80	+94	+112	+148	+200	+274
40	50	+9	+17	+26	+34	+43	+54	+70	+81	+97	+114	+136	+180	+242	+325
50	65	+11	+20	+32	+41	+53	+66	+87	+102	+122	+144	+172	+226	+300	+405
65	80	+11	+20	+32	+43	+59	+75	+102	+120	+146	+174	+210	+274	+360	+480
80	100	+13	+23	+37	+51	+71	+91	+124	+146	+178	+214	+258	+335	+445	+585
100	120	+13	+23	+37	+54	+79	+104	+144	+172	+210	+254	+310	+400	+525	+690
120	140	+15	+27	+43	+63	+92	+122	+170	+202	+248	+300	+365	+470	+620	+800
140	160	+15	+27	+43	+65	+100	+134	+190	+228	+280	+340	+415	+535	+700	+900
160	180	+15	+27	+43	+68	+108	+146	+210	+252	+310	+380	+465	+600	+780	+1000
180	200	+17	+31	+50	+77	+122	+166	+236	+284	+350	+425	+520	+670	+880	+1150
200	225	+17	+31	+50	+80	+130	+180	+258	+310	+385	+470	+575	+740	+960	+1250
225	250	+17	+31	+50	+84	+140	+196	+284	+340	+425	+520	+640	+820	+1050	+1350
250	280	+20	+34	+56	+94	+158	+218	+315	+385	+475	+580	+710	+920	+1200	+1550
280	315	+20	+34	+56	+98	+170	+240	+350	+425	+525	+650	+790	+1000	+1300	+1700
315	355	+21	+37	+62	+108	+190	+268	+390	+475	+590	+730	+900	+1150	+1500	+1900
355	400	+21	+37	+62	+114	+208	+294	+435	+530	+660	+820	+1000	+1300	+1650	+2100
400	450	+23	+40	+68	+126	+232	+330	+490	+595	+740	+920	+1100	+1450	+1850	+2400
450	500	+23	+40	+68	+132	+252	+360	+540	+660	+820	+1000	+1250	+1600	+2100	+2600

基本偏差 下偏差 ei/μm 公差等级 所有等级

① 1mm以下各级 a 和 b 均不采用

4. 公差的表示方法

标准公差用 IT 表示,共分 20 个等级,用 01,0,1,2,…,18 表示。无论是孔、轴公差带代号,还是配合公差带代号中的数字(不包括基本尺寸数字),都是代表标准公差等级的。如 $\phi10h7$、$\phi20F7$、$\phi30M7$ 等标准公差都是"IT7"。其中的 h、F、M 代表基本偏差。

5. 配合性质的识别

配合是相互结合的孔和轴公差带之间的关系,因此配合性质不但取决于孔和轴的基本偏差,还与公差等级有关。当与基准件配合时,配合性质大致归纳如下:

(1) 从 a~h(A~H)不论公差等级高低,孔或轴的公差代号均属于间隙配合。

(2) 从 j~zc(J~ZC)均属于过渡配合或过盈配合。同一公差带在不同使用系列中,可能是过渡配合,也可能是过盈配合。但在国际优先系列中,j~n(J~N)为过渡配合,p~zc(P~ZC)为过盈配合。

公差与配合的国家标准可详见 GB/T 1800.1—2009《产品几何技术规范(GPS) 极限与配合 第 1 部分:公差、偏差和配合的基础》、GB/T 1800.2—2009《产品几何技术规范(GPS) 极限与配合 第 2 部分:标准公差等级和孔、轴极限偏差表》和 GB/T 1801—2009《产品几何技术规范(GPS) 极限与配合 公差带和配合的选择》。

6.3.4 公差与配合的应用

1. 基准制的选用

优先选用基孔制,特殊情况下也可选用基轴制或非基准制。基准制的选择与使用要求无关,不管选择基孔制还是基轴制,都可达到预期的目的,实现配合性质。但从工艺的经济性和结构的合理性考虑问题,对中、小尺寸应优先选用基孔制。

在下面情况下采用基轴制配合可能比较合理。

(1) 在农业机械和建筑机械等制造中,直接采用一定公差等级的冷拔钢材作销轴,不再经切削加工,此时应采用基轴制。

(2) 同一基本尺寸的轴上需要装配几个不同配合的零件时,应当选用基轴制,既有利于加工,又便于装配。

特殊情况下与标准件相配合的零件应根据标准件确定基准制。例如,与滚动轴承内圈配合的轴应选择基孔制,而与滚动轴承外圈配合的孔应选择基轴制。

此外,为了满足某些配合的特殊要求,国家标准允许采用任意孔、轴公差带组成的配合,即没有基准件的非基准制配合。

2. 公差等级的选择

选择公差等级就是解决制造精度与制造成本之间的矛盾。确定公差等级应综合考虑各种因素,在保证产品质量,满足使用要求的前提下,再考虑如何能更经济,选择比较合适的、尽量低的公差等级。

在确定公差等级时要注意以下几个问题:

(1) 一般的非配合尺寸要比配合尺寸的公差等级低。

(2) 遵守工艺等价原则——孔、轴的加工难易程度相当。在基本尺寸≤500mm 时,孔比轴要低一级;在基本尺寸>500mm 时,孔、轴的公差等级相同。这一原则主要用于中高精度(公差等级≤IT8)的配合。

（3）在满足配合要求的前提下,孔、轴的公差等级可以任意组合,不受工艺等价原则的限制。

（4）与标准件配合的零件,其公差等级由标准件的精度要求所决定。例如,与轴承配合的孔和轴,其公差等级由轴承的精度等级来决定。与齿轮孔相配的轴,其配合部位的公差等级由齿轮的精度等级所决定。

3. 配合的选择

配合的选择,实质上是对间隙和过盈的选择。确保孔、轴配合具有合理的间隙或过盈,满足使用要求,保证机器正常工作。

当基准制和公差等级确定后,基孔制或基轴制的公差带就确定了,关键就是选择配合件公差带的位置,即选择配合件的基本偏差代号。

选择配合件的基本偏差代号一般采用类比法,根据使用要求和工作条件,首先确定配合的类别。其主要原则是:对于相对运动速度高或次数频繁、拆装频率高、定心精度要求低、有相对运动或虽无相对运动却要求装拆方便的孔和轴,应该选用间隙配合;但定心要求高、传递转矩大、主要靠过盈保持相对静止或传递载荷的孔和轴,应该选用过盈配合;对于既要求对中性高又要求装拆方便的孔和轴,应选用过渡配合。

常用尺寸标准中规定了轴和孔的优先、常用和一般用途公差带,如图 6-5 和图 6-6 所示,图中带圆圈的公差带为优先的,带方框的公差带为常用的。

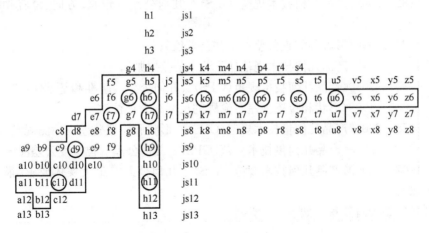

图 6-5 轴的优先、常用和一般用途公差带(尺寸≤500mm)

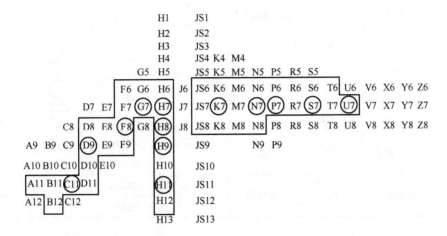

图 6-6 孔的优先、常用和一般用途公差带(尺寸≤500mm)

6.4 形位误差与表面粗糙度简介

6.4.1 几何公差

1. 几何公差的概念

在加工过程中,由于工件、刀具和机床的变形;相对运动关系的不准确;各种频率的振动、定位不准确以及各种力和热等因素,不仅会使工件产生尺寸误差,还会使几何要素的实际形状和位置相对理想形状和位置产生差异(包括宏观几何形状误差、波度和表面粗糙度、位置误差)。其中宏观几何形状误差就是形状和位置误差(简称形位误差)。

形位误差对于工件的使用往往会产生不利影响。几何要素的形位误差不仅影响该工件的互换性,而且也影响整个机械产品的质量和寿命。为了满足零件的使用性能,保证工件的互换性和制造的经济性,必须对工件的形位误差予以必要合理的限制,即规定形状和位置公差,即几何公差。

2. 几何公差的标准化

我国已将几何公差标准化,并颁布了一系列国家标准,参考如下:

GB/T 1182—2008《产品几何技术规范(GPS) 几何公差 形状、方向、位置和跳动公差标注》;

GB/T 1184—1996《形状和位置公差 未注公差值》;

GB/T 4249—2009《产品几何技术规范(GPS) 公差原则》;

GB/T 17851—2010《产品几何技术规范(GPS) 几何公差 基准和基准体系》;

GB/T 17852—1999《形状和位置公差 轮廓的尺寸和公差注法》;

GB/T 1958—2004《产品几何量技术规范(GPS) 形状和位置公差 检测规定》;

GB/T 13319—2003《产品几何量技术规范(GPS) 几何公差 位置度公差注法》;

GB/T 16671—2009《产品几何技术规范(GPS) 几何公差 最大实体要求、最小实体要求和可逆要求》。

几何公差特征项目及符号如表 6-5 所列。

表 6-5 几何公差特征项目及符号

公差类型	几何特征	符号	有无基准要求	公差类型	几何特征	符号	有无基准要求
形状公差	直线度	—	无	方向公差	平行度	//	有
	平面度	▱	无		垂直度	⊥	有
	圆度	○	无		倾斜度	∠	有
	圆柱度	⌭	无	位置公差	位置度	⊕	有或无
形状或位置公差	线轮廓度	⌒	有或无		同轴度	◎	有
					对称度	═	有
	面轮廓度	⌓	有或无	跳动公差	圆跳动	↗	有
					全跳动	↗↗	有

零件的形状特征各不相同,但均可将其分解成若干个基本的几何体。基本几何体都是由

点、线、面组合而成的,在零件图中点、线、面称为几何要素。图 6-7 所示的零件可以看成是由球体、截锥体、圆柱体和棱锥这些基本几何体组合而成的。构成零件的几何要素由点(如球心、锥顶)、线(如素线、轴线、棱线)、面(如球面、圆锥面、圆柱面、台阶面、棱锥面)等组成。

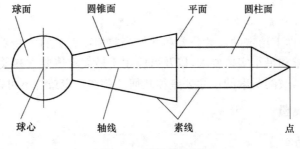

图 6-7　示例零件图

3. 几何公差的分类

为便于研究几何公差和形位误差,可从不同角度对零件几何要素进行分类。

1) 按结构特征分类

(1) 轮廓要素。是指构成零件外轮廓并能直接为人们所感觉到的点、线、面等要素。如图 6-7 所示零件上的球面、圆锥面、平面、素线和圆锥顶点等都属于轮廓要素。

(2) 中心要素。是指对称轮廓中心的点、线或面。如图 6-7 所示零件上的轴线、球心等都属于中心要素。中心要素不能为人们直接感觉,它随着轮廓要素的存在而客观存在。

2) 按存在的状态分类

(1) 理想要素。是指具有几何意义的要素。理想要素没有形位误差,是绝对正确的几何要素。

(2) 实际要素。是指零件上实际存在的要素。由于存在测量误差,所以完全符合定义的实际要素是测量不到的。生产中常用测得的要素来替代,它并非要素的真实情况。

3) 按检测关系分类

(1) 被测要素。是指零件设计图样上给出几何公差要求的要素,是检测的对象。

(2) 基准要素。是指用来确定被测要素的方向或位置的要素。理想的基准要素被称为基准。

4) 按功能关系分类

(1) 单一要素。是指仅对其要素本身提出形状公差要求的被测要素。

(2) 关联要素。是指对其他要素有功能要求而给出位置公差的被测要素。

6.4.2　公差原则

1. 独立原则

独立原则是指图样上给定的每一尺寸和形状、位置要求均是独立的,应分别满足要求。即尺寸误差由尺寸公差确定,形位误差由几何公差控制,彼此无关、互不联系。独立原则是尺寸公差和几何公差相互关系遵循的基本原则。因此采用独立原则时,图样上只需分别标注各自的要求,不需任何特殊符号。

独立原则主要用于要求严格控制要素的形位误差的场合。例如,齿轮箱轴承孔的同轴度公差和孔径的尺寸公差必须按独立原则给出,否则将影响齿轮的啮合质量;又如,要求密封性良好的零件,常对其形状精度提出较严格的要求,其尺寸公差与形状公差也应采用独立原则。

此外,对于退刀槽、倒角、没有配合要求的尺寸以及未注尺寸公差的要素,它们的尺寸公差与几何公差也应采用独立原则。

2. 相关要求

相关要求是指图样上给定的尺寸公差和几何公差相互有关的公差要求。相关要求分为包容要求、最大实体要求和最小实体要求,以及可应用于最大实体要求和最小实体要求的可逆要求。采用相关要求时,被测要素的尺寸公差和几何公差在一定条件下可以相互转化。

6.4.3 形状误差的测量

1. 直线度误差的测量

直线度误差是被测实际直线度对理想直线度的变动量。

理想直线可用平尺、刀口形直尺等标准量具拟定,与被测物体的直线处直接接触,使两者之间的最大光隙为最小,此时的最大光隙为被测直线的直线度误差。当间隙较小时,可按标准光隙来估读,当间隙较大时,可以用塞尺来测量。

2. 平面度误差的测量

平面度误差是被测实际物体表面对其理想表面的变动量。

平面度误差的测量方法有直接测量法和间接测量法两种。直接测量法是将被测实际表面与理想表面直接比较,两者之间的线值距离即为平面度误差。间接测量法是通过实际物体表面上若干个点的相对高度差或相对倾斜角度,经过数据处理后,求得其平面度误差。

3. 圆度误差的测量

圆度误差是指在回转体同一横截面内,被测实际圆对其理想圆的变动量。

圆度误差的测量方法有半径测量法(圆度仪测量)、直角坐标法(运用直角坐标测量)、特征参数测量法(用两点和三点组合测量)等。其中的特征参数测量法是一种特征近似的测量法,不符合国家标准中的有关圆度误差的测量方法,但由于该方法简单,测量方便,对一些精度要求不高的零件,采用此方法测量更为经济合理,从而被生产部门广泛使用。

6.4.4 位置误差的测量

位置误差有定向误差(平行度、垂直度等)、定位误差(同轴度、对称度等)和跳动误差(圆跳动、全跳动等)三种。各种位置误差都是工件的被测实际要素对其理想要素的变动量,在实际测量中,作为理想基准要素的点、线(包括轴线和中心线)、面等,可以用模拟法、直接法、分析法和目标法来实现。

采用实物模拟基准,如以平板、仪器平台的表面体现基准平面,以心轴线的轴线体现基准的轴线,以方箱体现基准平面或基准直角,以顶尖或 V 形块体现基准轴线等,位置误差的测量也是按照五项检测原则检测出各个被测实际要素对模拟实际要素的基准的变量。

6.4.5 表面粗糙度简介

1. 表面粗糙度概述

表面粗糙度(Surface Roughness)是指被加工的零件表面产生微小波峰和波谷,这些微小的高低程度和间距状态,称为表面粗糙度。

零件的表面粗糙度是反映被测零件表面微观几何形状误差的一个重要指标。它是由切屑分离时的塑性变形及工艺系统的高频振动、工件表面的刀痕及切屑瘤的分离和脱落等形成的。

表面粗糙度直接影响零件的精度、耐磨性、配合性质以及抗腐蚀等性能,从而影响产品的使用性能和寿命。

2. 表面粗糙度的标准化

我国已将表面粗糙度标准化,并颁布了一系列国家标准,参考如下:

GB/T 3505—2009《产品几何技术规范(GPS) 表面结构 轮廓法 术语、定义及表面结构参数》;

GB/T 1031—2009《产品几何技术规范(GPS) 表面结构 轮廓法 表面粗糙度参数及其数值》;

GB/T 131—2006《产品几何技术规范(GPS) 技术产品文件中表面结构的表示法》;

GB/T 7220—2004《产品几何量技术规范(GPS) 表面结构 轮廓法 表面粗糙度 术语参数测量》;

GB/T 6060.1—1997《表面粗糙度比较样块 铸造表面》;

GB/T 6060.2—2006《表面粗糙度比较样块 磨、车、镗、铣、插及刨加工表面》;

GB/T 6060.3—2008《表面粗糙度比较样块 第3部分 电火花、抛(喷)丸、喷砂、研磨、锉、抛光加工表面》。

3. 表面粗糙度的选用

为了降低加工成本,表面粗糙度值在满足零件功能要求的前提下,尽量选用较大的表面粗糙度的数值。选用的基本原则如下。

(1) 同一零件,工作表面粗糙度值应小于非工作表面粗糙度的值。

(2) 摩擦表面的粗糙度值小于非摩擦表面的粗糙度值;滚动摩擦表面的粗糙度值小于滑动摩擦表面的粗糙度值。

(3) 运动速度高、单位压力大的摩擦表面低于运动速度低、单位压力小的摩擦表面。

(4) 要求配合性质稳定时,都应取较小的表面粗糙度值。

(5) 受循环载荷的表面,特别是容易引起应力集中部分(如尖角、沟槽)应取的表面粗糙度值较小。

(6) 对防腐或密封要求的零件取得的表面粗糙度值比较小。

通常尺寸公差、表面形状公差偏小时,其表面粗糙度也小。但它们之间并不存在固定的关系,如手柄、手轮和仪器上的某些外表部位等,其尺寸和形位精度要求并不高,为了美观,其表面粗糙度值一般较小。

4. 表面粗糙度测量主要器具

(1) 表面粗糙度比较样块:又称表面粗糙度比较样板,是以比较法来检查机械零件加工表面粗糙度的一种工作量具。通过目测或放大镜与被测加工件进行比较来判断表面粗糙度的级别。

(2) 光切显微镜:以光切法测量零件加工表面的微观不平度。对于表面划痕、刻线或某些缺陷的深度也可用来进行测量。光切法的特点是在不破坏表面的状况下进行,是一种间接测量方法,即要经过计算后才能确定纹痕的不平度。

5. 表面粗糙度的测量

目前,检测表面粗糙度常用测量方法有四种:比较法、光切法、干涉法和感触法。

6.5 长度尺寸测量工具

6.5.1 简易量具

1. 钢直尺

钢直尺是用来测量长度的一种最常用的简单量具,可直接测量工件尺寸,如图 6-8 所示。可以用来测量工件的长度、宽度、高度和深度,有时还可以用来对一些要求较低的工件表面进行平面度检查。

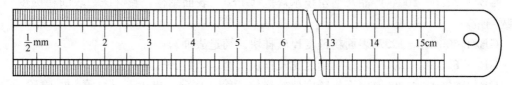

图 6-8 钢直尺

钢直尺测量范围基本取决于钢直尺的长度。它的长度有 150、300、500 和 1000 mm 四种规格,最小刻度一般为 0.5mm 或 1mm,测量结果不太准确。

实际测量工件时,应将钢直尺拿稳,用拇指贴靠工件。图 6-9(a)所示为正确的测量方法;图 6-9(b)所示为错误的测量方法。读数时,应使视线与钢直尺垂直,否则会影响测量的准确度。钢直尺起始端是测量的基准,应保持其轮廓完整,以免影响测量的准确度。如果钢直尺端部已经磨损,应以另一刻线作为基准。

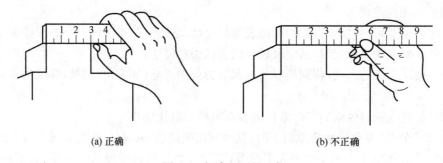

(a) 正确   (b) 不正确

图 6-9 钢直尺测量工件

2. 卡钳

卡钳是一种间接测量的简单量具,不能直接读出测量数值,必须与钢直尺或其他带有刻度的量具一起使用才行。用卡钳和钢尺测量长度尺寸时,测量精度为 0.5~1mm。适合测量铸、锻毛坯。

卡钳分为内卡钳和外卡钳两种。图 6-10 所示为用外卡钳测量外部尺寸(轴径)的方法;图 6-11所示为用内卡钳测量内部尺寸(孔径)的方法。

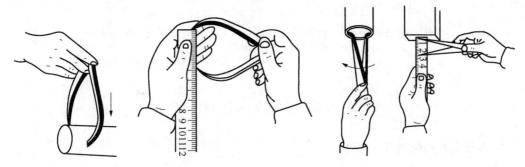

图 6-10 用外卡钳测量的方法   图 6-11 用内卡钳测量的方法

6.5.2 游标卡尺

1. 游标卡尺简介

游标卡尺(Vernier Calliper)是一种中等精度的量具,如图 6-12 所示。其结构简单、使用方便、测量范围大;可直接测量工件的外径、内径、长度、宽度、深度和孔距等尺寸。

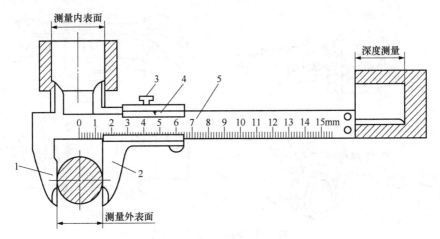

图 6-12 三用游标卡尺

1—固定量爪(卡脚);2—活动量爪(卡脚);3—紧固螺钉 4—游标(副尺);5—主尺

由于游标卡尺在生产中使用广泛、保养方便,其品种、结构和规格繁多。现以测量精度为 0.02mm、测量范围为 0~150mm 的三用游标卡尺为例加以说明。

2. 游标卡尺的刻线原理与读数方法

(1) 刻线原理。如图 6-13(a)所示,当主尺和游标(副尺)的卡脚贴合时,在主、副尺上刻一上下对准的零线,主尺刻度线间距为 1mm,游标在 49mm 的长度上等分 50 个刻度,其刻线间距为 49/50=0.98mm,主、副尺刻线间距为 1-0.98=0.02mm。这就是该尺的读数精度。

(2)读数方法。如图 6-13(b)所示,游标卡尺是以游标零线为基准进行读数,其步骤如下。

① 读整数:读出游标零线左面主尺上的整毫米数(图示为 23mm)。

② 读小数:根据游标与主尺对齐的刻度线乘以 0.02 读出小数(图示第 12 条对齐)。

③ 求和:将两项读数值相加,即为被测尺寸。如图 6-13(b)中的读数为

$$23mm+12\times0.02mm=23.24mm$$

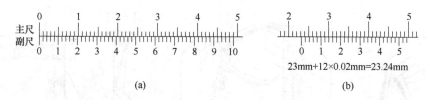

23mm+12×0.02mm=23.24mm

(a)　　　　　　　　　　(b)

图 6-13　1/50 游标卡尺的刻线原理和读数方法

3. 游标卡尺的使用注意事项

（1）应按工件的尺寸及精度要求选用合适的游标卡尺。不能用游标卡尺测量铸锻件的毛坯尺寸，也不能用游标卡尺去测量精度要求过高的工件。

（2）使用前要检查游标卡尺量爪和测量刃口是否平直无损，两量爪贴合时有无漏光现象，主副尺零线是否对齐（如没有对齐则要记取零误差）。

（3）测量外尺寸时，量爪应张开到略大于被测尺寸，以固定量爪贴住工件，用轻微压力把活动量爪推向工件，卡尺测量面的连线应垂直于被测量表面，不能偏斜，如图 6-14 所示。

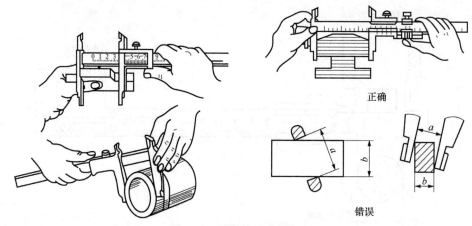

图 6-14　测量外尺寸的方法

（4）测量内尺寸或孔径时，量爪开度应略小于被测尺寸，测量时两量爪应在内尺寸的最大数值位置或孔的最大直径上，不得倾斜，如图 6-15 所示。

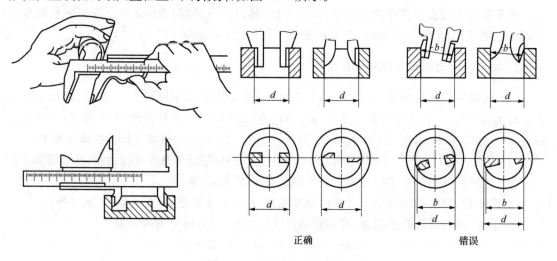

图 6-15　测量内尺寸的方法

（5）测量孔深或高度时，应使深度尺的测量面紧贴孔底，游标卡尺的端面与被测件的表面接触，且深度尺要垂直，不可前后左右倾斜，如图 6-16 所示。

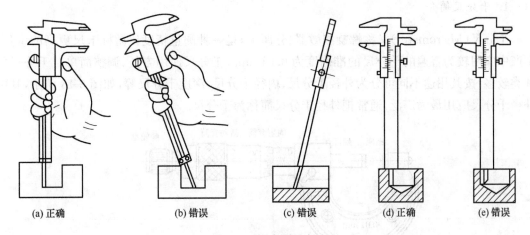

(a) 正确   (b) 错误   (c) 错误   (d) 正确   (e) 错误

图 6-16　深度测量方法

（6）读数时，游标卡尺置于水平位置，视线垂直于刻线表面，避免视线歪斜造成读数误差。

（7）使用后，应及时将卡尺擦拭干净，两量爪测量面需涂防护油，不要将量爪测量面完全接触贴合，必须保持一定距离，将卡尺放入盒内保存。

4. 其他游标卡尺简介

图 6-17 所示为专用于测量深度和高度的深度游标卡尺和高度游标卡尺。高度游标卡尺除用于测量工件的高度以外，还用于钳工精密划线。

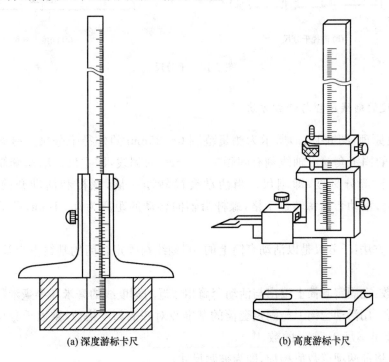

(a) 深度游标卡尺   (b) 高度游标卡尺

图 6-17　深度、高度游标卡尺

6.5.3 千分尺

1. 千分尺简介

千分尺(Micrometer)又称螺旋测微器、分厘卡,是一种测量精度比游标卡尺更高的量具。生产中应用较为普遍的千分尺的准确度为 0.01mm。千分尺使用方便、调整简单。千分尺的种类较多,按其用途不同可分为外径千分尺、内径千分尺、深度千分尺等,如图 6-18 所示,其中外径千分尺应用最为广泛,通常把外径千分尺简称为千分尺。

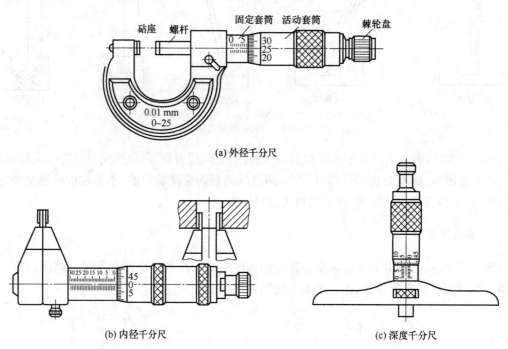

(a) 外径千分尺

(b) 内径千分尺

(c) 深度千分尺

图 6-18 千分尺

2. 千分尺的刻线原理与读数方法

(1) 刻线原理:图 6-18(a)所示为测量范围 0～25mm 的外径千分尺。弓架左端装有固定砧座,右端的固定套筒沿轴线刻有间距为 0.5mm 的刻线,即主尺。活动套筒(微分筒)沿圆周刻有 50 格等分刻度,即副尺。当活动套筒转动一周,螺杆和活动套筒沿轴向移动 0.5mm。因此,活动套筒每转过 1 格,螺杆沿轴向移动的距离为 0.01mm,即千分尺的读数精度。

(2) 读数方法:千分尺是以活动套筒上的"0"刻线与固定套筒的基线重合基准进行读数,其步骤如下。

① 读整数:在固定套筒上读出与活动套筒相邻近的刻度线的毫米和半毫米数值。

② 读小数:用活动套筒上与固定套筒的基准线对齐的刻度格数,乘以千分尺的测量精度(0.01mm),读出不足 0.5mm 的数。

③ 求和:将前两项读数值相加,即为被测尺寸。

图 6-19 所示为普通千分尺的读数示例。

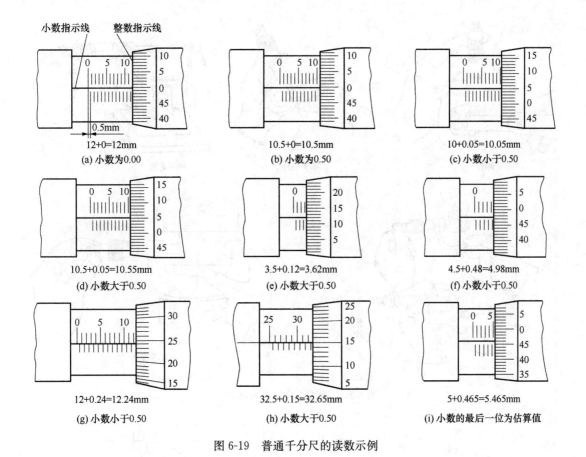

图 6-19　普通千分尺的读数示例

3. 千分尺的使用注意事项

（1）应按测量工件的尺寸范围，正确选择千分尺的规格。

（2）使用前，将千分尺与工件的测量面擦拭干净并校对零点（如零点未对齐，则要记取零误差）。

（3）掌握千分尺的操作方法，如图 6-20 所示。当测量螺杆快要接近工件时，必须拧动端部棘轮，当棘轮发出"嘎嘎"打滑声时，表示压力合适，停止拧动。严禁拧动活动套筒，以防用力过度致使测量不正确。

（4）正确选择测量面的接触位置，测量工件的外尺寸时，为了选到准确的测量接触位置，要在测量面相接触的同时，小幅度地左右晃动尺架，找出垂直于轴线的测量面；小幅度地前后晃动尺架，找出最大的尺寸部位，如图 6-21 所示；测量两个面之间距离时，按图 6-22 所示正确选择。

（5）测量不得在预先调好尺寸锁紧测量螺杆或用力卡过工件。这样用力过大，不仅测量不准确，而且会使千分尺测量面产生非正常磨损。

（6）严禁在毛坯工件上、正在运动着的工件或过热的工件上进行测量，以免损坏千分尺的精度或影响测得的尺寸精度。

（7）要保持千分尺的清洁，使用完毕后擦干净，同时还要在两测量面上涂一层防锈油并让两测量面互相离开一些，然后放在专用盒内，并保持在干燥的地方。

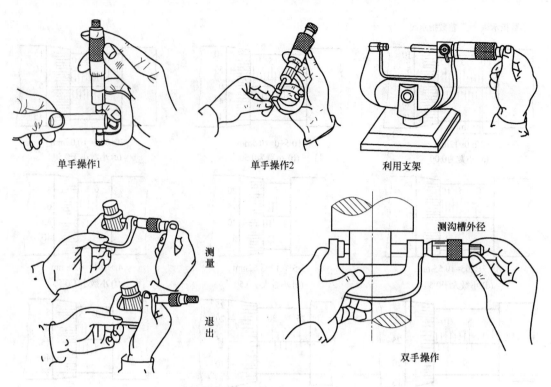

单手操作1　　　　　　　单手操作2　　　　　　　利用支架

测量

退出

测沟槽外径

双手操作

图 6-20　普通千分尺的操作方法

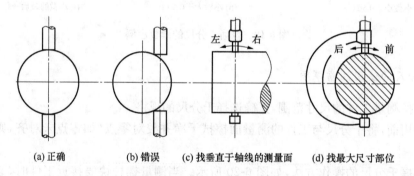

(a) 正确　　　(b) 错误　　　(c) 找垂直于轴线的测量面　　　(d) 找最大尺寸部位

图 6-21　测量外径时正确选择测量面的接触位置

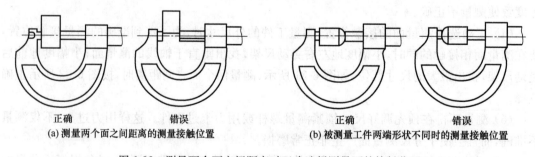

正确　　　　　　错误　　　　　　　　　　正确　　　　　　错误
(a) 测量两个面之间距离的测量接触位置　　　(b) 被测量工件两端形状不同时的测量接触位置

图 6-22　测量两个面之间距离时正确选择测量面的接触位置

4. 其他千分尺简介

(1) 内径千分尺。主要用来测量 50mm 以上的实体内部尺寸,也可用来测量槽宽和两个内端面间距。内径千分尺附有成套接长杆,用以扩大其量程。

(2)深度千分尺。主要用来测量孔和沟槽的深度及两平面间的距离。在测微螺杆的下面连接着可换测量杆,以增加量程。

(3)杠杆千分尺。用途与外径千分尺相同,但因其能进行相对测量,故测量效率较高,适用于较大批量、精度较高的中、小零件测量。

6.5.4 百分表

1. 百分表简介

百分表(Dial Gage)是一种应用广泛、精度较高的比较量具,如图 6-23 所示。其工作原理是借助齿轮、齿条的传动,将测量杆微小的直线位移,转变为指针的角位移从而使指针在表盘上指示出相应的示值。百分表的刻度盘沿圆周刻有 100 个刻度,测量杆移动 1mm,大指针沿着刻度盘转一圈,其测量的准确度为 0.01mm。刻度盘可以转动,供测量时大指针对零用。

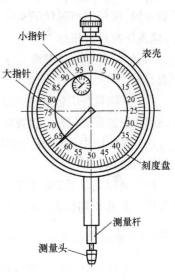

图 6-23　百分表

百分表的示值范围通常有 0～3mm、0～5mm 和 0～10mm 三种。它只能测出相对数值,不能测量绝对数值。百分表常安装在专用的百分表支架(常用磁性表座)上使用,常用于检验工件的径向和端面跳动、同轴度和平面度等,也用于工件的精密找正等。

2. 百分表的读数方法

测量过程与读数方法见图 6-24 的示例。

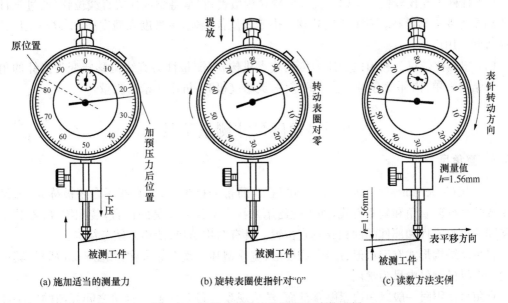

(a) 施加适当的测量力　　(b) 旋转表圈使指针对"0"　　(c) 读数方法实例

图 6-24　机械式百分表的调整和读数示例

3. 百分表的使用注意事项

(1) 使用前,先检查测量平台或测量平面、百分表的支架底面、被测量表面是否有毛刺、碰伤或脏物等,如有,应彻底进行清理。再检查并调整百分表的指针灵活性、稳定性等与表相关的技术项目,后固定在位置已进行粗调的支架上。

(2) 测量平面时,测量杆要与被测量表面垂直;测量圆柱形工件时,测量杆的轴线应与工件的直径方向一致,并垂直于工件的轴线;要根据被测量工件测量面的形状、粗糙度情况和材质的不同,选择适当形状的测量头。测量头开始与被测量表面接触时,为保持一定的初始量测力,应该使测量杆压缩 0.3~1mm,以免当偏差为负时,得不到测量数据。在测量范围大时,大、小指针的起始位置都要记住。读数时,要在指针停止摆动后开始读数,眼睛的视线要垂直于表盘。

(3) 对测量杆应轻提轻放,测量杆的行程不要超过它的测量范围。测量范围大时,大、小指针的起始位置都要记住。读数时,要在指针停止摆动后开始读数,眼睛的视线要垂直于表盘。

(4) 在使用中,要避免受到剧烈的振动和磕碰,不要敲打表的任何部位。严防水、油和灰尘等进入表内。

(5) 使用完毕后,要将其擦净并放入专用的盒内,要让测量杆处于放松状态,避免表内弹簧失效。如非长期保养,测量杆不允许涂凡士林或其他油类。

4. 其他指示表类量具简介

(1) 内径百分表。用于测量孔的直径和形状误差,特别适宜于深孔的测量。

(2) 杠杆百分表。体积小,杠杆测头的位移方向可以改变,对小孔的测量和在机床上校正零件时,由于空间限制,百分表放不进去或测量杆无法垂直于工件被测表面,使用杠杆百分表则十分方便。

(3) 千分表。用途、原理等与百分表相似,测量精度比百分表高,用于较高精度的测量。

(4) 杠杆齿轮比较仪。又称为杠杆齿轮式测微表,它是将测量杆的直线位移,通过杠杆齿轮传动系统变为指针在表盘上的角位移。由于该量仪轻便,灵敏度和精度高,所以在工厂计量室和车间应用广泛。

(5) 扭簧比较仪。利用扭簧作为传动放大机构,将测量杆的直线位移转变为指针的角位移。其结构简单,内部没有相互摩擦的零件,灵敏度极高,可用作精密测量。

6.6 角度尺寸测量工具

6.6.1 直角尺

钢直尺(Mechanical Square)又称 90°角尺,通常简称角尺,在有些场合还被称为"靠尺"。它主要用来检验直角和划垂直线,加工时还用来找正工件与夹具的位置,装配零件、安装设备时又用来检验零件和部件间的相互垂直位置。具有结构简单、使用方便等特点。

直角尺结构形式有刀口形、矩形、圆柱形、宽座型和铸铁型等多种,如图 6-25 所示,其中宽座角尺在机械测量中最为常用。

直角尺使用时一般以短边紧贴基准面,然后观察零件被测面与直角之间光隙的大小和位置,来判断零件的表面是否垂直和向哪边倾斜,也可用塞尺(厚薄规)量出间隙的数值。有刀口的直角尺对光隙很敏感,可以分辨出 0.01mm 的光隙。

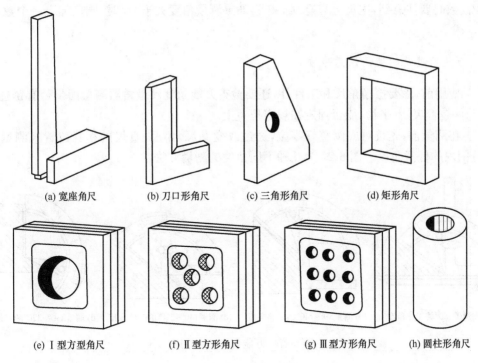

(a) 宽座角尺　　(b) 刀口形角尺　　(c) 三角形角尺　　(d) 矩形角尺

(e) Ⅰ型方型角尺　　(f) Ⅱ型方形角尺　　(g) Ⅲ型方形角尺　　(h) 圆柱形角尺

图 6-25　常用直角尺

6.6.2　万能角度尺

1. 万能角度尺简介

万能角度尺（Universal Bevel Protractor）又被称为角度规、游标角度尺和万能量角器，它是利用游标读数原理来直接测量工件角度或进行划线的一种角度量具，其结构如图 6-26 所示。适用于机械加工中的内、外角度测量，可测 0°～320° 外角及 40°～130° 内角。

2. 万能角度尺的刻线原理与读数

万能角度尺的刻线原理是主尺刻线每格为 1°，以零线为界左边刻有 40 格，右边刻有 80 格。游标刻线是取主尺的 29° 等分为 30 格，即每格所对的角度为 29°/30，即主尺 1 格与游标 1 格的差值为 2′，即万能角度尺的读数精度为 2′。

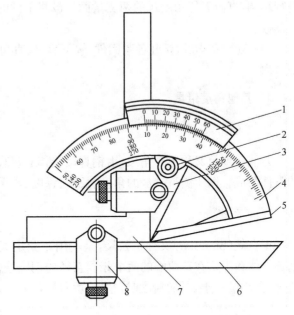

图 6-26　万能角度尺的结构
1—游标；2—制动器；3—扇形板；4—主尺
5—基尺；6—直尺；7—直角尺；8—卡块

万能角度尺的读数方法与游标卡尺基本相似，只是单位不同。先从扇形板主尺上读出游标零线左边的角度为"度"，再从游标上读出小数值为"分"，两者相加就是被测工件的角度数值。可归纳出下式

测量读数＝游标零线所指主尺上的整数＋游标与主尺对齐的格数×精度值

在读数时要注意到,主尺上只有 0°～90°,如果测量角度大于 90°时,则应加上一个数(90°、180°、270°)。

3. 万能角度尺的使用注意事项

(1) 使用前,除要擦净角尺和工件外,还要检查万能角度尺量角器测量面是否有锈迹和毛刺,活动件是否灵活、平稳,能否固定在规定位置上。

(2) 在测量前,先校对或调整好零位,通过改变基尺、角尺、直尺的相互位置来测量 0°～320° 范围内的任意角度。图 6-27 为几种不同角度的测量方法。

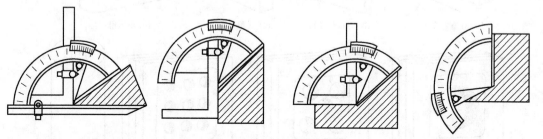

(a) 测量0°～50°的工件角度　(b) 测量50°～140°的工件角度　(c) 测量140°～230°的工件角度　(d) 测量230°～320°的工件角度

图 6-27　万能角度尺的使用

(3) 在使用时,应先松开制动器上的螺母,移动主尺进行粗调,然后转动游标背面的把手进行细调,直至万能角度尺的两测量面与被测工件的表面紧密接触,最后拧紧制动器上的螺母并读数。

(4) 测量完毕后,松开各紧固件,取下直尺、直角尺和卡块等,然后擦净,上防锈油,装入专用盒内。

6.6.3　其他角度量具

1. 万能角尺

万能角尺又称组合角尺,由钢直尺、活动量角器、中心角规和固定角规这 4 件不同用途的附件组成。用于测量一般的角度、长度、深度、水平度以及在圆形工件上定中心等。

2. 正弦规

正弦规(Sine Bar)又称正弦尺,是利用正弦定义测量角度和锥度等的量规。主要由一钢制长方体和固定在其两端的两个相同直径的钢圆柱体组成。正弦规一般用于测量小于 45°的角度,在测量小于 30°的角度时,精确度可达 3″～5″。

3. 水平仪

水平仪(Leveling Instrument)又称水准仪,以水准器作为测量和读数元件,用于测量小倾角的量具。在机械行业中,常用于测量相对于水平位置的倾斜角、机床类设备导轨的平面度和直线度、设备安装的水平位置和垂直位置等。按水平仪的外形不同可分为框式水平仪和尺式水平仪两种;按水准器的固定方式又可分为可调式水平仪和不可调式水平仪两种。

6.7 专用量具

6.7.1 专用量具简介

1. 专用量具的定义、分类和用途

专用量具是指那些只能测量一个或几个（一般为一个）量值，并且只能适用于一个或几个（一般为一个）测量对象的量具，由于其结构较简单，所以制造技术和要求也较简单，不一定成系列和规范化，可由专业生产企业制造，使用单位有能力也可自行制造。

专用量具中，有很大一部分被称之为"量规"。量规的结构形式很多，根据其用途的不同，可分为工作量规、验收量规和校对量规。在测量时常用验收量规，根据被检验工件的特点不同，可分为光滑极限量规、直线尺寸量规、圆锥量规、同轴度量规、孔位置度量规和螺纹量规等。

光滑极限量规包括卡规、塞规两大类。国家标准 GB/T 1957—2006《光滑极限量规 技术条件》和 GB/T 3177—2009《产品几何技术规范（GPS） 光滑工件尺寸的检验》规定了光滑极限量规的制作标准和用于检验的相关要求。

在很多情况下，专用量具不是用来得到准确的测量值，而是用来检查相关量是否符合有关要求。例如，对于工件的长度尺寸，是检查其是否在公差允许的范围之内，或者说是否在允许的极限尺寸之内，因此，这种类型的通用量具又常被称为"极限量规"，例如：检查外尺寸的"卡规"，检查内尺寸的"塞规"、"杆规（又称为量棒）"和"键规"等。

2. 专用量具"过端"和"止端"的定义和使用原则

大多数被称之为"××规"的通用量具都会按被检查工件的基本尺寸和公差带数值，设置两对测量面。其中一对测量面之间的距离为被检查工件的合格尺寸，即所谓"过端"或"通端"；另一对测量面之间的距离为超过被检查工件的合格尺寸的尺寸，即所谓"止端"。

图 6-28 形象地说明量规的通端和止端尺寸与被检尺寸的关系。

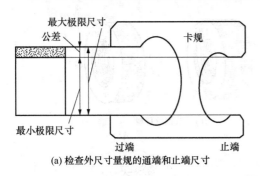

(a) 检查外尺寸量规的通端和止端尺寸

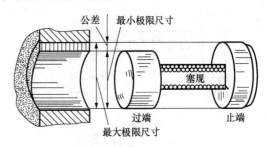

(b) 检查内尺寸量规的通端和止端尺寸

图 6-28　量规的通端和止端尺寸与被检尺寸的关系

量规的两对测量面一般设置在同一块骨架上，组成一付。在检查尺寸时，遵循一个判定被检尺寸合格的原则，叫做"过端过，止端止"。

专用量具结构简单、造价低、不易损坏、使用方便，并且不易出现人为读数错误等问题。在检查批量生产的工件时，和通用量具相比具有较大的优势；不足之处是不能定量地得到测量的准确数值。

3. 专用检测工装

专用检测工装是指那些为完成某些检测项目而特制的工装或辅助设备。

6.7.2 光滑极限量规

光滑极限量规(Plain Limit Gage)用通端和止端,检验光滑工件极限尺寸的量规。根据测量零件内外尺寸的不同,分为塞规和卡规。

塞规(Plug Gage)是检测零件的孔、槽等尺寸的孔用量规。

卡规(Snap Gage)是检测圆柱形零件尺寸的轴用量规。也可用来检测长方形、多边形等零件的尺寸。

6.7.3 螺纹规和螺纹样板

1. 螺纹连接的公差配合

螺纹按用途可分为紧固螺纹、传动螺纹和紧密螺纹;按其牙型可分为三角形螺纹、梯形螺纹、矩形螺纹和锯齿形螺纹等。国家标准 GB/T 192—2003《普通螺纹　基本牙型》、GB/T 193—2003《普通螺纹　直径与螺距系列》、GB/T 196—2003《普通螺纹　基本尺寸》、GB/T 197—2003《普通螺纹　公差》、GB/T 15756—2008《普通螺纹　极限尺寸》、GB/T 9144—2003《普通螺纹　优选系列》、GB/T 9145—2003《普通螺纹　中等精度、优选系列的极限尺寸》和GB/T 9146—2003《普通螺纹　粗糙精度、优选系列的极限尺寸》规定了螺纹的相关尺寸与公差及其选用等内容。

2. 螺纹的测量

螺纹的测量可分为综合测量和单项测量两类。

综合测量使用螺纹量规进行测量,判断螺纹的合格与否。适用于一般螺纹零件制造过程中的检验。用于检验 GB/T 196—2003《普通螺纹 基本尺寸》和 GB/T 197—2003《普通螺纹公差》用的螺纹量规,称为普通螺纹量规,简称螺纹量规。按国家标准 GB/T 3934—2003《普通螺纹量规　技术条件》制造,分为塞规与环规,如图 6-29 所示。

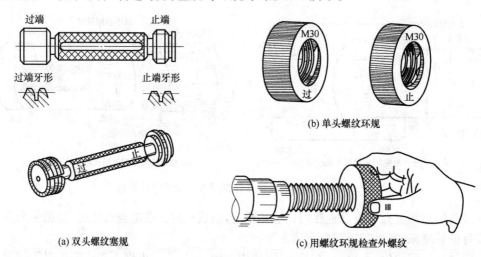

(b) 单头螺纹环规

(a) 双头螺纹塞规

(c) 用螺纹环规检查外螺纹

图 6-29　螺纹规

对低精度螺纹工件的螺距、牙形角检查,可采用螺纹样板。螺纹样板的结构形式如图 6-30 所示。

单项测量主要用于高精度的螺纹量规、各种测微螺钉、大螺纹制件以及对螺纹加工误差进行工艺分析时的测量。单项测量需对影响螺纹配合性质的螺距、中径与牙型半角等三个主要参数进行测量。常用螺纹千分尺、三针法测量外螺纹中径,用工具显微镜测量外螺纹参数。

6.7.4 半径样板(R 规)

半径样板(Radius Template),简称 R 规,是一种带有不同半径的标准圆弧薄片,用以与被检圆弧作比较来确定被检圆弧的半径。半径样板可分为检查凸形圆弧的凹形样板和检查凹形圆弧的凸形样板,如图 6-31 所示。

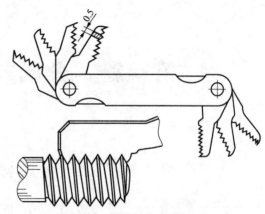

图 6-30　螺纹样板及使用方法

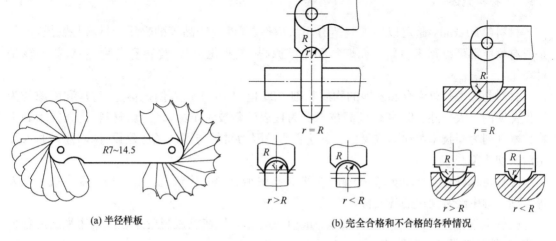

(a) 半径样板

(b) 完全合格和不合格的各种情况

图 6-31　半径样板和使用方法

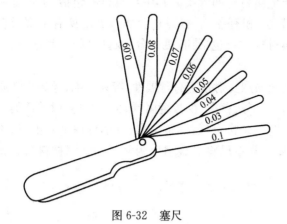

图 6-32　塞尺

6.7.5 塞尺

塞尺(Feeler)是指测量间隙的薄片量尺。主要用于测量组装件两表面之间间隙大小,也被称为"厚薄规"。测量范围一般为 0.02~1mm,由若干不同厚度的金属薄片合装在一起的,一般称为"一把",如图 6-32 所示。

使用塞尺测量时,可根据间隙的大小,选用 1 片或数片重叠在一起插入间隙内,插入深度应在 20mm 左右。

参 考 文 献

安改娣等. 2007.机械测量入门. 北京:化学工业出版社

才家刚. 2007.图解常用量具的使用方法和测量实例. 北京:机械工业出版社

刘新等. 2011.工程训练通识教程. 北京:清华大学出版社

张继东. 2011.机械测量入门与提高. 北京:机械工业出版社

第三篇 金属材料及热加工

第7章 金属材料及热处理

7.1 金属材料

7.1.1 材料概述

材料(Materials)是可以用来制造有用的构件、器件或物品等的物质。材料是物质,但不是所有物质都可以称为材料。如燃料和化学原料、工业化学品、食物和药物,一般都不算是材料。

材料是人类赖以生存和发展的物质基础。20 世纪 70 年代人们把信息、材料和能源誉为当代文明的三大支柱。80 年代以高技术群为代表的新技术革命,又把新材料、信息技术和生物技术并列为新技术革命的重要标志。这主要是因为材料与国民经济建设、国防建设和人民生活密切相关。

工程材料(Engineering Materials)主要是指机械、船舶、建筑、化工、交通运输和航空航天等各项工程中经常使用的各类材料。

机械工程材料(Mechanical Engineering Materials)是在机械制造工程领域用来制造各种结构、零件及工具的材料统称。

机械工程材料通常可分为金属材料和非金属材料两大类。其中金属材料包括:黑色金属(铁及以铁为基的合金,如碳钢、合金钢、铸铁等)和有色金属(黑色金属以外的所有金属及合金,如铝及其合金、铜及其合金等);而非金属材料主要包括:有机高分子材料(如工程塑料、橡胶等)、工业陶瓷和复合材料。

金属(Metal)是一种具有光泽(即对可见光强烈反射)、富有延展性、容易导电、导热等性质的物质。在自然界中,绝大多数金属以化合物的形式存在,少数金属(如金、铂、银)以单质的形式存在。我国古代将金属分为五类,俗称"五金",是指金(俗称黄金)、银(俗称白金)、铜(俗称赤金)、铁(俗称黑金)、锡(俗称青金)五类金属。现在已将五金引申为常见的金属材料及金属制品。

7.1.2 钢铁

钢铁是现代工业最重要和应用最为广泛的金属材料,通常把钢产量、品种和质量作为衡量一个国家工业、国防和科学技术发展水平的重要标志。

钢铁的基本组成元素是铁和碳,故称为铁碳合金。在冶炼时没有特意加入合金元素,且碳的质量分数<0.0218%的铁碳合金称为工业纯铁(Ingot Iron);碳的质量分数在 0.0218%~2.11%间的称为碳素钢(Carbon Steel),简称碳钢;碳的质量分数>2.11%的称为铸铁(Cast Iron)。

为了改善铁碳合金的性能,若在冶炼时特意加入合金元素就会得到合金钢(Alloy Steel)和合金铸铁(Alloy Cast Iron)。

1. 钢的分类及应用

1) 钢的分类

按国家标准 GB/T 13304.1—2008《钢分类 第1部分:按化学成分分类》和 GB/T 13304.2—2008《钢分类 第2部分:按主要质量等级和主要性能或使用特性的分类》钢有不同的分类法,列举如下。

(1) 按化学成分:可分为碳钢与合金钢。碳钢按碳的质量分数不同可分为低碳钢(ω_c<0.25%)、中碳钢(ω_c=0.25%~0.6%)和高碳钢(ω_c>0.6%)。合金钢按合金元素的质量分数的不同可分为低合金钢(合金元素的质量分数<5%)、中合金钢(合金元素的质量分数5%~10%)和高合金钢(合金元素的质量分数>10%)。

(2) 按质量等级(主要是硫和磷的质量分数):可分为普通碳素钢、优质碳素钢和高级优质碳素钢。

(3) 按使用特性:可分为结构钢、工具钢和特殊性能钢。

除上述分类外,按钢的制造加工形式不同分为铸钢、锻钢、热轧钢、冷轧钢和冷拔钢等;按供货形式分为型钢、钢板、钢带、钢管和钢丝等品种。

2) 碳钢的牌号、主要性能及用途

在实际生产中,对碳钢按用途和质量等级又可分为普通碳素结构钢、优质碳素结构钢、碳素工具钢和碳素铸钢等。我国的钢材牌号采用国际化学元素符号、汉语拼音字母和阿拉伯数字结合的方法表示,举例如下。

(1) 普通碳素结构钢:其牌号由代表屈服点的拼音字母"Q"、屈服点数值、质量等级符号、脱氧方法符号等四个部分按顺序组成。如"Q235-AF"表示屈服点为 235MPa,质量等级为 A级的沸腾钢。普通碳素结构钢由于焊接性好而强度不高,一般用来制造受力不大的机械零件,如地脚螺钉、钢筋、轴套、焊管及一些农机零件。另外,它也用于工程结构件,如桥梁、高压线塔和建筑构架等。

(2) 优质碳素结构钢:其牌号是用两位数表示碳的平均质量分数的万分比,且在锰的质量分数较高(0.7%~1.2%)的牌号数字后附加"Mn",如 08F,45,65Mn 等。这类钢中的低碳钢,如 08、10、15、20、25 钢主要用于冲压件与焊接件的制作;这类钢中的中碳钢,如 45 钢在制造业中应用最广,主要用于制造齿轮、轴类零件等机械零件;这类钢中的高碳钢,如 65Mn 钢经适当的热处理后,常用来制造弹簧等。

(3) 碳素工具钢:其牌号是用"碳"字汉语拼音字头 T 和数字表示。其数字表示平均含碳量的千分比,若为高级优质,则在数字后面加"A"。如 T7、T8 主要用于制造较高韧性的冲头、凿子等工具,T9、T10、T11 主要用于制造较中等韧性、高硬度的丝锥、锯条等刃具。

(4) 碳素铸钢:其牌号是用"铸钢"的汉语拼音字首"ZG"和二组数字(第一组表示屈服点,第二组表示抗拉强度)来表示,如 ZG200-400 等。铸钢是冶炼后直接铸造成形而不需锻轧成形的钢种。主要用于要求具有相当强度、形状复杂而难以用锻造和切削加工等方法成形的零件,如机车车架、曲轴、箱体等。

3) 合金钢的牌号、主要性能及用途

对合金钢常按用途分为合金结构钢、合金工具钢和特殊性能钢。这类钢的牌号采用"数字+化学元素符号+数字"的方法表示,举例如下。

（1）合金结构钢：其牌号头部两位数表示平均碳的质量分数的万分比，合金元素后面的数字表示合金的质量分数的百分比，当合金元素平均质量分数<1.5%时，只标明元素符号，不标质量分数，如20CrMnTi、40Cr、60Si2Mn等。这类钢主要用于制造承受载荷较重或截面尺寸较大的重要机械零件和工程构件。

（2）合金工具钢：其牌号头部数字表示碳的平均质量分数的千分比（当碳的质量分数>1.0%时不标出），后面标法同合金结构钢标法，如9SiCr、CrWMn、W18Cr4V等。这类钢主要用于制造模具、量具、刀具等工具。

（3）特殊性能钢：其牌号表示方法基本与合金工具钢相同。如2Cr13表示碳的平均质量分数为0.2%，铬的平均质量分数约为13%的不锈钢。这类钢具有特殊的物理或化学性能，用于制造有特殊性能要求的零件，如不锈钢、耐热钢和耐磨钢等。

有些特殊用钢则用专门的表示方法，如滚动轴承钢，其牌号以G表示，不标碳的质量分数，铬的平均含量用千分之几表示。例如GCr15表示铬的平均质量分数为1.5%的滚动轴承钢。

2. 铁的分类及应用

1）铁的分类

铁一般分为生铁（炼钢生铁和铸造生铁）、铁合金和铸铁三大类。生铁与铁合金主要用于钢铁冶炼。铸铁是将铸造生铁在炉中重新熔化，并加入铁合金、废钢进行成分调整而得到的。铸铁中碳的质量分数>2.11%。铸铁具有许多优良的力学性能且生产简便，成本低廉，是应用最为广泛的材料之一。

2）铸铁

铸铁的分类方法很多，按化学成分可分为普通铸铁和合金铸铁；按铸铁中碳的存在形式可分为白口铸铁和灰口铸铁；按生产方式可分为普通灰铸铁、蠕墨铸铁、球墨铸铁、孕育铸铁、可锻铸铁和特殊性能铸铁等。

灰铸铁（Gray Iron）因其断口的外貌呈浅灰色而得名。其抗压强度明显大于抗拉强度，同时还具有良好的切削加工性、减磨性和吸振性等特点；此外，普通灰铸铁的熔点低、流动性好、收缩小，因此铸造性能优异。加之价格便宜，在工业生产中应用最为广泛，占铸铁总产量80%以上，常用于制造机床床身、齿轮箱、皮带轮和底板等。灰铸铁的牌号是由"灰铁"的汉语拼音字首和后面的表示最低抗拉强度的数字组成，如HT-200。有关铸铁牌号详见国家标准GB/T 5612—2008《铸铁牌号表示方法》。

3. 钢铁材料的现场鉴别方法

钢铁材料的现场鉴别是对钢铁材料在现场进行一般性的认定，其方法包括火花鉴别、断口鉴别、音响鉴别和色标鉴别。

1）火花鉴别

火花鉴别是将钢铁材料轻轻压在旋转的专用砂轮上打磨，观察火花爆裂形状、流线、色泽和发火点等特征判断钢铁化学成分的鉴别方法。

火花形状由火花束、流线、节点、爆花和尾花组成。

火花束是指被测材料在砂轮上磨削时产生的全部火花，一般由根部、中部和尾部三部分组成，如图7-1所示。

流线是指火花束中的线条状火花，每条流线都有节点、爆花和尾花，如图7-2所示。

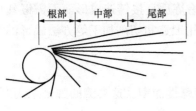

图7-1　火花束

节点就是流线上火花爆裂的原点,是流线上最明亮的点。

爆花就是在节点处爆裂的火花,由更多的小流线(芒线)及点状火花(花粉)组成。通常爆花可分为一次爆花、二次爆花和三次爆花等,如图7-3所示。

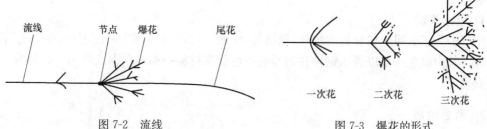

图7-2　流线　　　　　　　　　　　　　　　图7-3　爆花的形式

尾花就是流线尾部的火花。钢的化学成分不同,尾花的形状也不同。通常含钨元素的钢材为狐火花;含钼元素的钢材为枪尖尾花。

钢铁材料含碳量不同,其火花形状也不同。对碳素钢:含碳量越高,则流线越多,火花束变短,爆花和花粉增多,火花亮度增高,硬度也增高。图7-4所示为20钢的火花特征,火花束长,颜色橙黄带红,流线呈弧形,芒线多叉,为一次爆花;图7-5所示为45钢的火花特征,火花束稍短,颜色橙黄,流线细长且多,芒线多叉,花粉较多,为二次爆花;图7-6所示为T12钢的火花特征,火花束短粗,颜色暗红,流线细密,碎花,花粉多,为多次爆花。对铸铁:火花束较短,颜色多为橙红带橘红,流线较多,尾部较粗,下垂呈弧形,花粉较多,打磨试验时手感较软,一般为二次爆花。图7-7所示为HT200的火花特征图。

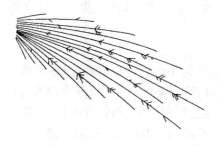

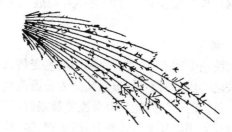

图7-4　20钢的火花特征　　　　　　　　　图7-5　45钢的火花特征

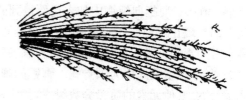

图7-6　T12钢的火花特征　　　　　　　　图7-7　HT200的火花特征

观察火花是鉴别钢的简便方法。对于碳素钢的鉴别比较轻易,但对合金钢,尤其是多种合金元素的合金钢,各合金元素对火花的影响不同,它们互相制约,情况比较复杂。

2) 断口鉴别

材料或零件因破断所形成的自然表面称为断口。生产现场经常根据断口的自然形态来判断材料的韧脆性,也可用来判断相同热处理状态的材料含碳量的高低。常用钢铁材料的断口特点大致如下:低碳钢不易敲断,断口边缘有明显的塑性变形特征,有微量颗粒;中碳钢的断口边缘的塑性变形特征没有低碳钢明显,断口颗粒较细、较多;高碳钢的断口边缘无明显塑性变形特征,断口颗粒很细密;铸铁极易敲断,断口无塑性变形,晶粒粗大,呈暗灰色。

3) 音响鉴别

当材料混放时,由于铸铁敲击时声音较低沉,而钢则发出较清脆的声音,由此可进行初步的音响鉴别。

4) 色标鉴别

生产中为了表明金属材料的牌号、规格等,常做一定的标记,常用的方法有涂色、打钢印和挂牌等。其中涂色法是以表示钢种和钢号的颜色涂在材料一端的端面或外侧。具体方法参照各企业规定。

7.1.3　有色金属

有色金属也称非铁金属,具有许多特殊性能,如导电性和导热性好、密度及熔点较低或较高、力学性能和工艺性能良好等,是现代工业不可缺少的材料。常用的有色金属有铜及其合金、铝及其合金、钛及其合金、轴承合金等。

1. 铜及其合金

铜及铜合金包括紫铜(纯铜)、黄铜、青铜和白铜,后三者又称为杂铜,生产成本比纯铜低。

1) 纯铜

纯铜(Pure Copper)就是含铜量最高的铜,因表面形成氧化膜后呈紫色,又名紫铜(Red Copper)。其具有优良的导电性、导热性及抗大气腐蚀性能,主要用于制造电线、电缆、电刷、铜管铜棒和配置合金。但因铜不宜制造受力较大的机器零件,因此工业上广泛应用的是铜合金。

2) 黄铜

向纯铜中加入锌,就会使铜的颜色变黄,这就是黄铜(Brass),所以黄铜的主要成分是铜和锌。按化学成分的不同,黄铜又分为普通黄铜和特殊黄铜;按生产工艺可分为加工黄铜和铸造黄铜。黄铜的力学性能和耐磨性能都很好,可用于制造精密仪器、船舶的零件、子弹和炮弹的弹壳等。黄铜敲起来声音好听,因此锣、钹、铃、号等乐器都是用黄铜制作的。普通黄铜的牌号是用"黄"字汉语拼音字头 H 和数字表示,数字表示铜的平均质量分数。

3) 青铜

青铜(Bronze)原指向纯铜中加入锡而得到的铜合金,加入锡后就会使铜合金的颜色变青,故称为青铜。现在除黄铜、白铜以外的铜合金均称青铜,并常在青铜名字前冠以另外添加元素的名称。常用青铜有锡青铜、铝青铜、铍青铜、硅青铜和铅青铜等。其中,工业用量最大的为锡青铜和铝青铜,强度最高的为铍青铜。青铜的牌号是用"青"字汉语拼音字头 Q、主加元素符号及其质量分数、其他元素的质量分数组成,如为铸造青铜,牌号前加 Z。

青铜一般具有较好的耐蚀性、耐磨性、铸造性和优良的力学性能,常用于制造精密轴承、滑动轴承、船舶上耐海水腐蚀的机械零件,以及各种板材、管材、棒材等。由于青铜的熔点比较低(约 800℃),硬度高(为纯铜或锡的两倍多),所以容易熔化和铸造成形。青铜还有一个反常的特性——"热缩冷胀",常用来铸造艺术品。

4) 白铜

向纯铜中加入镍,就会使铜的颜色变白,这就是白铜(Cupronickel)。白铜较其他铜合金的力学性能、物理性能都好,且硬度高,色泽美观,耐蚀性好,常用于制造钱币、电器、仪表零件和装饰品。

2. 铝及其合金

铝及铝合金包括纯铝、铝合金(变形铝合金、铸造铝合金)。

1) 纯铝

纯铝按含铝质量分数的多少分为高纯铝、工业高纯铝和工业纯铝。工业纯铝(Commercial Purity Aluminum)具有铝的一般特点,密度小,导电、导热性能好,抗腐蚀性能好,塑性加工性能好,可加工成板、带、箔和挤压制品等,可进行气焊、氩弧焊、点焊。工业纯铝主要用作配制铝基合金,还可以用于制作电线、铝箔等。

2) 变形铝合金

变形铝合金(Deforming Aluminum Alloy)是通过冲压、弯曲、轧、挤压等工艺使其组织、形状发生变化的铝合金。用作铝合金门窗、饮料容器和锅等。常用的变形铝合金有防锈铝合金(LF)、硬铝铝合金(LY)和锻铝铝合金(LD)。

3) 铸造铝合金

铸造铝合金(Cast Aluminum Alloy)是指可用金属铸造成形工艺直接获得零件的铝合金。广泛应用于航空、仪表及机械制造等工业部门。按主加元素不同,分为铝硅合金、铝铜合金、铝镁合金和铝锌合金四类。铸造铝合金的代号用"铸铝"两字汉语拼音字头 ZL 加 3 位数字表示。

3. 其他有色金属

1) 钛及其合金

钛具有强度高、耐高温、耐超低温和容易加工等特点。其氧化物二氧化钛(钛白)被称为"颜料之王"。钛合金具有许多其他合金无法匹敌的功能,如钛镍合金的记忆功能;铌钛合金的超导功能等。钛合金主要用于航空、航天领域。

2) 锌及其合金

锌在常温下表面易生成一层薄而致密的保护膜,可阻止进一步氧化,有很好的防护作用,锌的最大用途是用于电镀工业,压铸是锌的另一个重要应用领域,用于汽车、建筑、家用电器和玩具等的零部件生产。锌能和许多有色金属形成合金,其中锌常和铝制成合金,以获得强度高、延展性好的铸件。

3) 镁及其合金

镁是地球上储量丰富的轻金属元素之一,密度 $1.74g/cm^3$,只有铝的 2/3,钛的 2/5,钢的 1/4。镁合金常用作汽车零部件。

4) 镍及其合金

镍是十分重要的金属原料,主要用途是制造不锈钢、高镍合金等,广泛应用于军工制造业;在民用领域,用镍制成结构钢、耐酸钢和耐热钢,大量用于各种机械制造行业、石油行业。

5) 金及其合金

金除了用作装饰品和货币储备之外,在工业与科技上也有广泛应用,可用作表面涂层和钎料、精密仪器的零件或镀层等。

6) 银及其合金

在所有金属中,银具有最好的导电性、导热性和对可见光的反射性,并有良好的延展性和可塑性,易于抛光和造型,还能与许多金属组成合金。在机电方面,银主要以纯银、银合金的形式用作电接触材料、电阻材料、钎焊材料和测温材料等。

7）铅及其合金

铅是人类最早使用的金属之一，现主要用于制造铅蓄电池等。铅对 X 射线和 γ 射线有良好的吸收性，广泛用作 X 射线机和核能装置的保护材料。铅与锑合金用于制造熔丝。

8）锡及其合金

锡是人类最早发现和使用的金属之一。金属锡的一个重要用途是用来制造镀锡铁皮以达到耐腐蚀、防毒。

7.2　金属材料的性能

金属材料的性能包括使用性能和工艺性能。使用性能反映材料在使用过程中所表现出来的特性，如物理性能、化学性能和力学性能等；工艺性能是指材料对于相应加工工艺适应的性能，如铸造性、可锻性、可焊性、切削加工性及热处理等。通常情况下，以材料的力学性能作为主要依据来选用金属材料。

7.2.1　金属材料的力学性能

金属材料的力学性能是指金属在力的作用下所显示的与弹性与非弹性反应相关或涉及应力-应变关系的性能。主要力学性能有强度、塑性、硬度、韧性等。金属材料的力学性能（或称为机械性能）指标是零件在设计计算、选材、工艺评定以及材料检验时的主要依据。主要指标及含义见表7-1。

表 7-1　金属材料的力学性能的定义和力学性能常用指标的具体含义及表示方法

载荷类型	力学性能指标				
	名称		表示符号	单位或范围	内涵	特点及用途
静载荷	强度（材料抵抗永久变形和断裂的能力）	屈服点	R_{el}	MPa	塑性材料产生屈服时的最低应力值	评定材料优劣指标；检验材质合格与否的标准；机械零件设计、选材的定量依据
		屈服强度	$R_{p0.2}$	MPa	无屈服点材料产生2%变形时的应力值	
		抗拉强度	R_m	MPa	材料断裂前所能承受的最大应力值。脆性材料设计计算的依据	
	硬度（材料或零件局部抵抗压入变形的能力）	布氏硬度	HBS HBW	<450 450～650	通过测量球形压痕直径计算精度	测量误差小，数据稳定，常用来测毛坯或半成品零件，压痕大，不宜测成品
		洛氏硬度	HRA HRB HRC	20～70 20～100 20～88	通过测量残余压痕深度增量获得硬度	测量简便、压痕小，适宜测较硬材料及成品零件，不宜测组织不均材料
	塑性（材料抵抗永久变形而不断裂的能力）	断后伸长率	δ	%	试样拉断后标距长度伸长的百分率	零件设计选材的参考依据；安全工作的可靠保证。一般 $\delta>5\%$、$\varphi>10\%$ 可满足大多数零件的使用要求
		断面收缩率	φ	%	试样断裂处横截面积收缩的百分率	

载荷类型	力学性能指标				
	名称	表示符号	单位或范围	内涵	特点及用途
冲击载荷	韧性（材料断裂前吸收变形能量的能力） 冲击吸收功	A_k	J/m³	材料抗冲击而不破坏的能力	受冲击零件选材、检验依据，防止零件低应力脆断设计依据
交变载荷	疲劳强度（材料抵抗循环交变应力的能力） 疲劳极限	σ_{-1}	MPa	材料抵抗对称循环弯曲应力的能力	承受循环交变应力零件的选材、检验依据

7.2.2 金属材料的物理、化学性能

1. 物理性能

金属材料的主要物理性能有密度、熔点、热膨胀性、导热性和导电性等。用于不同场合下的机器零件，对所用材料的物理性能要求是不一样的。

2. 化学性能

金属材料在室温或高温时抵抗各种化学作用的能力即为化学性能，如耐酸性、耐碱性和抗氧化性等。

7.3 金属热处理

7.3.1 热处理的概念

金属热处理（Heat Treatment of Metal）是利用固态金属相变规律，采用加热、保温、冷却的方法，改善并控制金属所需组织与性能（物理、化学及力学性能等）的技术。热处理的基本工艺过程可用温度-时间关系曲线表示，如图 7-8 所示。

金属热处理可分为整体热处理、表面热处理和化学热处理。整体热处理包括退火、正火、淬火和回火等；表面热处理和化学热处理主要有表面淬火、渗碳和渗氮等工艺。

热处理可以消除上一工艺过程所产生的金属材料内部组织结构上的某些缺陷，改善切削性能，还可以进一步提高金属材料的性能，从而充分发挥材料性能的潜力。因此，大部分重要的机器零件都要进行热处理。

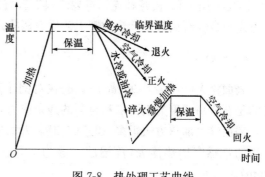

图 7-8 热处理工艺曲线

7.3.2 常用热处理方法

1. 退火

退火（Annealing）是将金属加热到适当温度（对碳钢一般加热至 780℃ ～900℃），保温一

定时间,然后缓慢冷却(通常是随炉冷却)的热处理工艺。根据钢的成分和性能要求的不同,退火可分为以下几种。

(1)完全退火:一般称为退火或重结晶退火,常用于碳的质量分数<0.8%的碳素钢。主要目的是通过重结晶使铸件、锻件、焊接件内部粗大、不均匀的组织均匀和细化,消除残余应力,降低硬度,改善切削加工性能。

(2)球化退火:主要用于碳的质量分数>0.8%的工具钢。目的是降低硬度,提高塑性,改善切削加工性,并为以后的淬火作组织准备。

(3)去应力退火:为了去除由于一些铸铁件、焊接件和冷变形加工件内残存的很大内应力而进行的退火。

2. 正火

正火(Normalizing)是将金属加热到某一温度(对碳钢一般加热至800℃～930℃),保温一定时间后,在静止的空气中冷却的热处理工艺。正火的作用与退火类似,但冷却速度比退火快,获得的组织比退火后更细,因此,同样的钢件在正火后的强度、硬度比退火后要高些,但清除内应力不如退火彻底。正火时金属在炉外冷却,不占用设备,生产效率较高。低碳钢零件常采用正火代替退火以改善切削加工性能;对于比较重要的零件,正火可作为淬火前的预备热处理;对于性能要求不高的碳钢零件,正火也可作为最终热处理。

3. 淬火与回火

淬火(Quenching)是将金属加热到某一温度(对碳钢一般加热至760℃～820℃),保温一定时间,然后在水或油中快速冷却,以获得高硬度组织的热处理工艺。其目的在于提高钢件的硬度和耐磨性。但淬火后,钢件的脆性增加,并产生很大的内应力。为了减少淬火钢的脆性,消除内应力,并获得各种需要的性能,必须进行回火。

回火(Tempering)是将淬火钢重新加热到某一温度,保持一定时间,然后以适当的速度冷却的热处理工艺。其目的是稳定组织,减少内应力,降低脆性。根据回火时加热温度不同,可分为低温回火(150℃～250℃,主要用于各种工、模具和滚动轴承等要求高耐磨性的钢件)、中温回火(350℃～500℃,主要用于热锻模和各种弹簧等要求高韧性的钢件)和高温回火(500℃～650℃,主要用于轴、齿轮和连杆等要求具有较好的综合力学性能的重要机械零件)。通常将钢件淬火及高温回火的复合热处理工艺称为调质处理。

4. 表面淬火

表面淬火(Surface Quenching)是仅对钢件表层进行淬火而心部仍保持原状态的工艺,其目的是获得高硬度的表面层和有利的残余应力分布,提高钢件的硬度和耐磨性。

表面淬火加热方法很多,如感应加热、火焰加热、电接触加热和激光加热等,目前生产中最常用的是感应加热淬火(淬透层一般为1.5～15mm)和火焰加热淬火(淬透层一般为2～6mm)。

7.3.3 化学热处理

化学热处理是将金属工件置于一定温度的活性介质中保温,使一种或几种元素渗入工件表层,以改变其化学成分、组织和性能的热处理工艺。常用的化学热处理有渗碳、渗氮、碳氮共渗和渗金属元素等。

1. 渗碳

渗碳将工件在渗碳介质中加热和保温,使碳原子渗入钢表层的化学热处理工艺。渗碳工件一般为低碳钢或低合金钢。渗碳只改变工件表面的化学成分,为了提高工件表面的硬度、耐磨性和疲劳极限。渗碳后还需对工件进行淬火和低温回火处理。

2. 渗氮

渗氮(又称氮化)是在一定温度下与一定的介质中使活性氮原子渗入工件表层的化学热处理工艺。与渗碳相比,氮化后表面具有更高的硬度、耐磨性和疲劳强度,而且具有一定的耐蚀性。常用的氮化钢一般含有铬、钼和铝等元素,因为这些元素可以形成各种氮化物,如38CrMoAlA。氮化后不需淬火,广泛用于精密齿轮、磨床主轴等重要精密零件。

3. 渗铝

渗铝是指向工件表面渗入铝原子的过程。渗铝件具有良好的高温抗氧化能力,主要适用于石油、化工、冶金等方面的管道和容器。

4. 渗铬

渗铬是指向工件表面渗入铬原子的过程。渗铬零件具有耐蚀、抗氧化、耐磨和较好的抗疲劳性能,兼有渗碳、渗氮和渗铝的优点。

5. 渗硼

渗硼是指向工件表面渗入硼原子的过程。渗硼零件具有高硬度、高耐磨性和好的热硬性(可达 800℃),并在盐酸、硫酸和碱内具有抗蚀性。渗硼应用在泥浆泵衬套、挤压螺杆、冷冲模及排污阀等方面,能显著提高使用寿命。

7.3.4 其他热处理

1. 时效处理

为了消除精密量具或模具、零件在长期使用中尺寸、形状的变化,常在低温回火后精加工前,把工件重新加热到 100℃~150℃,保持 5~20h,这种稳定精密制件质量的处理,称为时效处理。

2. 形变热处理

把压力加工形变与热处理时效紧密地结合起来进行,使工件获得很好的强度、韧性配合的方法称为形变热处理。此方法不但能够得到一般加工处理所达不到的高强度、高塑性和高韧性的良好配合,而且还能大大简化钢材或零件的生产流程,从而带来相当高的经济效益。

3. 表面形变强化

表面形变强化是使钢件在常温下发生塑性变形,以提高其表面硬度并产生有利的残留压应力分布的表面强化工艺。表面形变强化工艺简单、成本低廉,是提高钢件抗疲劳能力、延长其使用寿命的重要工艺措施。

7.4 金属材料的选用

合理选择材料是一项十分重要的工作,直接关系到机器设备的性能、寿命和成本。在设计新产品、改进产品结构设计、设计工艺装备以及寻找代用材料时都需要选择材料,而对标准件,只需选用某一规格的产品,一般不涉及选材问题。

7.4.1 选材的一般原则

合理选择材料,首先要满足零件的使用性能,其次要求材料具有良好的工艺性能和经济性,使零件便于加工,成本低。

1. 按使用性能选材

从零件的工作条件找出对材料的使用性能要求,这是选材的基本出发点,如对化工容器常有耐蚀性要求,对一般零件来说主要应满足力学性能要求。力学性能指标的选取应根据零件的工作条件和失效形式来确定。必要时,通过试验来验证材料的可靠性。

2. 按工艺性能选材

选择的材料必须适合于加工并容易保证加工质量,容易加工的实质是讲究经济性。尤其是大批量生产时,工艺性能有可能成为选材的决定因素。如对于锻压成形的零件,应采用钢材等塑性材料,而不能采用铸铁等脆性材料;形状复杂的零件一般要采用铸造毛坯,当力学性能要求一般时用灰铸铁件,力学性能要求较高时选用铸钢件;用于焊接的结构材料应采用可焊性良好的低碳钢,不要采用可焊性差的高碳钢、高合金钢和铸铁等材料。

3. 按经济性选材

重视经济性是生产管理的基本法则。选择材料时,在满足使用性能和工艺性能的前提下,应尽量选用价格低廉的材料。同时,应对所选材料进行性价比分析,不单纯看价格。

7.4.2 常用零件的选材举例

1. 齿轮类

在设计齿轮时,通常按照其失效形式选择材料。

(1) 低速(1～6m/s)、轻载齿轮,开式传动,可采用灰铸铁、工程塑料制造。

(2) 低速、中载轻微冲击齿轮,可采用 40、45、40Cr 等调质钢制造。对软齿面(≤350HBW)齿轮,可采用调质或正火,对硬齿面(>350HBW)齿轮,齿面应表面淬火或氮化。

(3) 中速(6～10m/s)、中载或重载、承受较大冲击载荷的齿轮,可采用 40Cr、30CrMo、40CrNiMoA 等合金调质钢或氮化钢及 38CrMoAlA 等制造。

(4) 高速(10～15m/s)、中载或重载、承受较大冲击载荷的齿轮,可采用 20CrMnTi、12Cr2Ni4A 等合金渗碳钢制造,经渗碳和淬火、回火后,具有高的表面硬度及较高的疲劳强度和抗剥落性能。一般汽车、矿山机械中的齿轮,均采用这类材料制造。

2. 轴类

轴类零件通常都用调质钢制造,采用整体调质和局部表面淬火热处理工艺。对于扭矩不大、截面尺寸较小、形状简单的轴,一般采用40、45、50等优质非合金钢;对于扭矩较大、截面尺寸超过30mm、形状复杂的轴,如机床主轴,则采用淬透性较好的合金调质钢,如40Cr、30CrMoA、40CrMnMo等。

目前,对于小型内燃机曲轴,大都采用球墨铸铁制造成形代替钢材锻造成形,并已广泛应用于轿车发动机用曲轴。

3. 箱体类

普通箱体材料一般采用灰铸铁HT150、HT200等。对受力复杂、力学性能要求高的箱体可采用铸钢ZG230-450等。要求质量轻、散热良好的箱体,多采用铝合金铸造,如ZL105等。在单件生产箱体时,可采用Q235A、20、Q345(16Mn)等钢板或型材焊成箱体。无论是铸造或焊接箱体,在切削前或粗加工后,应进行去应力退火或自然时效。

参 考 文 献

陈永.2011.金属材料常识普及读本.北京:机械工业出版社

沈莲.2011.机械工程材料.3版.北京:机械工业出版社

汤忠义等.2011.金属材料与热处理.北京:北京理工大学出版社

朱世范.2003.机械工程训练.哈尔滨:哈尔滨工程大学出版社

第8章 铸 造

8.1 铸 造 概 述

铸造(Foundry)是将金属熔炼成符合一定要求的液体并浇进铸型里,经冷却凝固、清整处理后得到有预定形状、尺寸和性能的铸件的工艺过程。

铸件是指采用铸造方法获得的金属毛坯或零件。铸件一般为毛坯,经切削加工后才能成为零件。用于铸造成形的金属材料有铸铁、铸钢和有色金属,其中以铸铁最多。

铸造属液态成形,与其他成形方法相比具有的优点有:

(1) 可以生产形状复杂,特别是内腔复杂的毛坯及零件,如各种箱体、机架、床身等,能获得一般机械加工设备难以加工的复杂型腔。

(2) 铸件尺寸和重量不受限制。铸件的质量可由几克到几百吨;壁厚由 0.3~1m。

(3) 成本低,节约资源。所用原材料来源广泛,价格低廉,并可直接利用废机件。

(4) 生产批量范围大。既可以单件生产,也可以大批量生产。

(5) 通过精密铸造等一些现代铸造方法生产出来的铸件质量已接近锻件,可实行少、无切削加工。

铸造也存在缺点,主要有:

(1) 铸造组织疏松,晶粒粗大,内部易产生缩孔、缩松、气孔等缺陷,会导致铸件的力学性能特别是冲击韧度低;由于铸造生产过程中的工艺控制较困难,因而铸件质量不稳定,废品率较高。

(2) 铸造劳动强度大、工作条件差、环境污染严重。

由于铸造具有上述特点,所以被广泛应用于机械零件的毛坯制造。在各种机械和设备中,铸件在质量上占有很大比例。在金属切削机床、内燃机中,铸件占机床重量的 70%~80%。但由于铸造易产生缺陷,力学性能不高,因此多用于制造承受应力不大的零件。

铸造按生产方式的不同,分为砂型铸造和特种铸造,目前最常用的是砂型铸造。

8.2 砂 型 铸 造

8.2.1 砂型铸造概述

砂型铸造(Sand Casting)是指用型砂紧实成铸型并用重力浇注的铸造方法。砂型铸造不受合金种类、铸件形状和尺寸的限制,是应用最为广泛的一种铸造方法。砂型铸造具有操作灵活、设备简单、生产准备时间短等优点,适用于各种批量的生产。目前,我国砂型铸造件占铸件总产量的 80% 以上。但砂型铸造件尺寸精度低,质量不稳定,容易形成废品,不适用于铸件精度要求较高的场合。

砂型铸造的生产过程如图 8-1 所示。

砂型铸造的工艺流程如图 8-2 所示。

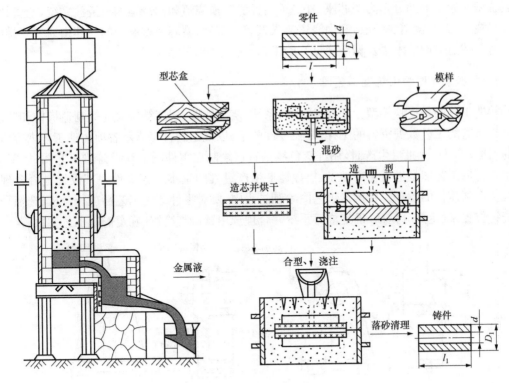

图 8-1 砂型铸造的生产过程

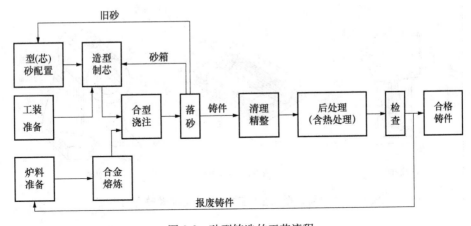

图 8-2 砂型铸造的工艺流程

8.2.2 砂型制作过程

  砂型铸造的工艺过程中,在合型之后、浇铸之前砂箱中各个部分组成砂型,如图 8-3 所示。型砂被春紧在上、下砂箱中,与砂箱一起分别构成上砂型和下砂型;砂型中取出模样后留下的空腔称为型腔;上下砂型间的结合面称为分型面;使用型芯的目的是铸出零件的内孔,型芯的外伸部分称为芯头,用来定位和支承型芯;型腔

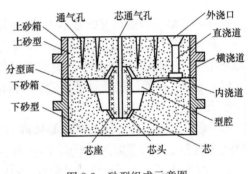

图 8-3 砂型组成示意图

中放置型芯芯头的部分称为型芯座;外浇道、直浇道、横浇道和内浇道构成浇注系统,金属液从外浇口浇入,经直浇道、横浇道和内浇道流入型腔。型砂、型芯及型腔中的气体由通气孔排出。

有关铸造方面的术语及标准详见 GB/T 5611—1998《铸造术语》。

1. 根据零件图绘制铸造工艺图

铸造工艺图是反映铸型分型面、浇冒口系统、浇注位置、型芯结构尺寸等制造模样和芯盒、造型等所需的工艺数据资料的图样;是在零件图上,以规定的符号表示各项铸造工艺内容所得到的图形。单件、小批量生产时,用红蓝色线条直接绘制在零件图上获得铸造工艺图,如图 8-4 所示。铸造工艺图是进行生产准备、指导铸造生产过程的基本工艺文件。其设计是否合理将直接关系到铸件的质量。在铸造工艺图绘制过程中,要对零件结构工艺性进行分析、选择合理的浇铸位置、确定好分型面、确定浇铸系统并合理选用冒口与冷铁、确定铸造工艺参数。

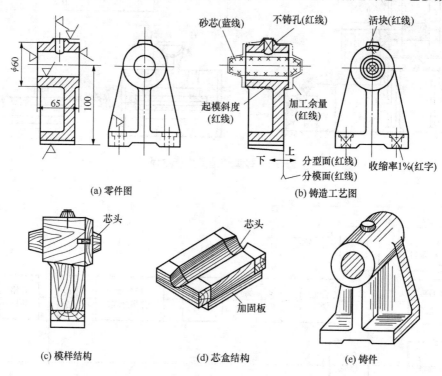

图 8-4 滑动轴承的铸造工艺图、模样、芯盒及铸件结构图

2. 确定模样和芯盒

模样和芯盒是制造铸型的基本工具。模样用来获得铸件的外形,而用芯盒制得的型芯主要用来获得铸件的内腔,因此各个尺寸都应与铸造工艺图相符。单件、小批量生产时,模样和芯盒常用木材等制造,大批量生产中常用铝合金等制造。设计模样时必须考虑以下几个问题:

(1) 选择分型面。选择时尽量做到既保证铸件质量,又有利于造型、起模,如图 8-4(b)中的分型面选择。

(2) 起模斜度。为了使模样容易从铸型中取出或型芯自芯盒脱出,凡平行于起模方向在模样或芯盒壁上的斜度即为起模斜度,一般为 0.5°~3°。

(3) 收缩余量。为了补偿铸件收缩,模样比铸件图纸尺寸增大额数值,称为收缩余量。它与合金的种类、铸件结构及铸型的退让性有关。灰口铸铁的线收缩率为 0.8%~1.2%,铸钢

为 1.5%～2%。模样、型腔、铸件和零件四者之间的关系参见表 8-1。

表 8-1　模样、型腔、铸件和零件之间的关系

特征＼名称	模样	型腔	铸件	零件
大小	大	大	小	最小
尺寸	大于铸件一个收缩率	与模型基本相同	比零件多一个加工余量	小于铸件
形状	包括型芯头、活块、外型芯等形状	与铸件凹凸相反	包括零件中小孔洞等不铸出的加工部分	符合零件尺寸和公差要求

3. 制备型砂和芯砂

砂型和型芯分别是用型砂和芯砂制造的。型(芯)砂由原砂(SiO_2)、黏结剂、水和附加物(煤粉、木屑等)按一定比例混合制成。根据所用黏结剂不同,可分为黏土砂、水玻璃砂、油砂、树脂砂等,混合过程一般在混砂机中完成。为防止铸件产生粘砂、夹砂、砂眼、气孔和裂纹等缺陷,型砂应具备合适的强度、透气性、耐火性和退让性等,芯砂还要具备低的吸湿性和发气性等。

4. 造型

利用制备的型砂及模样等制造铸型的过程称为造型。砂型铸造件的外形取决于型砂的造型,造型方法有手工造型和机器造型两种。

1) 手工造型

手工造型是全部用手工或手动工具完成的造型工序。手工造型操作灵活、适应性广、工艺装备简单、成本低,但其铸件质量不稳定、生产率低、劳动强度大、操作技艺要求高,所以手工造型主要用于单件、小批量生产,特别是大型和形状复杂的铸件。砂箱及手工造型常用的工具,如图 8-5 所示。常用的造型方法如表 8-2 所列。

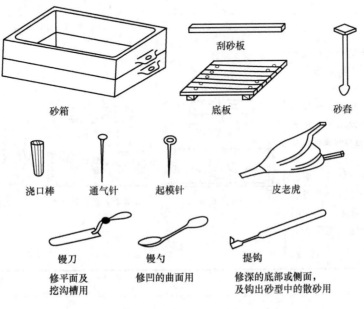

图 8-5　砂箱及造型工具

表 8-2　常用手工造型的方法、特点与应用

造型方法	模样结构及造型特点和应用	造型过程示意图
模型造型	模样是整体结构，最大截面在模样一端且为平面，分型面与分模面多为同一平面；操作简单。型腔位于一个砂箱，铸件形位精度与尺寸精度易于保证，用于形状简单的铸件生产，如盘、盖类、齿轮、轴承座等	
分模造型	模样被分为两半，分模面是模样的最大截面，型腔被分置在两个砂箱内，易产生因合箱误差而形成的错箱，适用于形状较复杂且有良好对称面的铸件，如套筒、管子和阀体等	
挖砂造型	当铸件的最大截面不在端部，模样又不便分开时（如模样太薄），仍做成整体模。分型面不是平面，造型时要将妨碍起模的型砂挖掉。操作复杂，生产率较低，只适用于单件小批量生产。主要用于带轮、手轮等零件	

造型方法	模样结构及造型特点和应用	造型过程示意图
假箱造型	当挖砂造型的铸件所需数量较多时,为简化操作,可采用假箱造型,预制的假箱只起底板作用,反复使用,不用于合箱。特点是效率高,当生产量更多时,还可用成型模板代替假箱造型	(a) 模样放在假箱上　(b) 造下型　(c) 翻转下型待造上型　(d) 假箱　(e) 成型底板　(f) 合箱
活块造型	铸件的侧面有凸台,阻碍起模。可将凸台做成活块,起模时,先取出主体模样,再从侧面取出活块。适用于侧面有凸台、肋条等结构妨碍起模的铸件,操作麻烦,生产率低	(a) 查检模样与活块配合是否过紧　(b) 造下型　(c) 造上型　(d) 起出模样主体部分　(e) 用通气针起出活块　(f) 开浇注系统、合型
刮板造型	用于与零件截面形状相应的特制刮板,通过旋转、直线或曲线运动完成造型的方法。特点:节省制模材料,降低制模成本。但造型操作复杂,对工人的操作技术要求较高,对单件大尺寸铸件尤为适用	(a) 刮制上砂型　(b) 刮制下砂型　(c) 合箱

造型方法	模样结构及造型特点和应用	造型过程示意图
三箱造型	铸件两端截面大，而中间截面小时，两箱造型无法起模。采用三箱造型(两个分型面)，即将模样从小截面处分开，即可从分型面处起出模样。特点：造型操作复杂，要求有高度适当的中箱。分型面多而使产生错箱的几率增大	(a) 铸件　　(b) 模样　　(c) 铸型
其他造型	如地坑造型、活砂造型、劈箱造型、叠箱造型、对结构复杂和大批量生产的铸件采用的组芯造型、对中小型铸件采用的脱箱造型等，都有其各自不同的使用条件，应合理选用	

2）机器造型

机器造型是指用机器全部完成(填砂、紧实、起模、下芯、合箱及铸型、砂箱的运输等工艺环节)或至少完成紧砂操作的造型工序。造型机主要是实现型砂的紧实和起模工序的机械化，至于合箱、铸型和砂箱的运输则由辅助机械来完成。不同的紧砂方法和起模方法的组合，组成了不同的造型机。按紧砂方法不同，造型机可分为振压式、振实式、压实式、射压式及气冲式造型机等。

机器造型铸件尺寸精确、表面质量好、加工余量小，但需要专用设备，投资较大，适用于大批生产。

5. 制芯

制芯方法有手工制芯和机器制芯两大类。多数情况下用芯盒制芯，芯盒的内腔形状与铸件内腔对应。芯盒结构如图8-4(d)所示。

型芯在铸型中的定位主要依靠型芯头(简称芯头)，如图8-4(c)所示。若铸件形状特殊，单靠芯头不能使型芯定位时，可用芯撑加以固定，芯撑材料应与铸件相同，浇注时芯撑和液态金属可熔焊在一起。

6. 设置浇注系统

为填充型腔和冒口而开设于铸型中的一系列通道称为浇注系统，其作用是：保证液态金属液平稳地流入型腔以免冲坏铸型；防止溶渣、砂粒等杂物进入型腔；补充铸件冷凝收缩时所需的液态金属。

浇注系统由浇口杯(外浇道)、直浇道、横浇道和内浇道4部分组成，如图8-6所示。

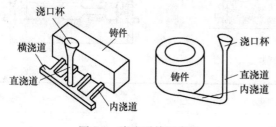

图8-6　浇注系统示意图

浇口杯(Pouring Basin)又称外浇道，其作用是承接浇注时的液态金属，减少对铸型的直接冲击，同时能使熔渣浮于表面。

直浇道(Sprue)，垂直布置的圆锥形通道，上大下小，其作用是利用本身的高度改变金属液的流动速度从而改善液态金属的充型能力。

横浇道(Runner),梯形截面的水平通道,一般开在铸型的分型面上。其作用是分配金属液进入内浇道并起挡渣作用。对小型铸件可不用横浇道。

内浇道(Ingate)又称内浇口,截面多为扁梯形、矩形等,一般在下分型面上开设,其作用主要是引导金属液平稳进入型腔,调节铸件各部分的冷却速度。为防止金属液冲毁型芯,应沿切线方向进入型腔,如图8-7所示。为便于清理,内浇道与铸件连接处带有缩颈,如图8-8所示。

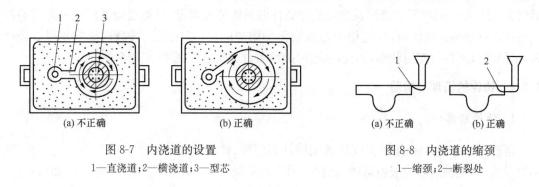

图8-7 内浇道的设置   图8-8 内浇道的缩颈
1—直浇道;2—横浇道;3—型芯   1—缩颈;2—断裂处

7. 放置冒口和冷铁

冒口(Riser)的主要作用是补充大铸件、铸件上厚大的部位在凝固收缩时所需的金属液,以避免产生缩孔缺陷以获得致密的铸件。冒口还有集渣、排气和观察作用,通常把冒口设在铸件壁厚处、最高处或最后凝固部位。

冷铁(Cold Metal)用于加速铸件某部分的冷却,使铸件各部分达到同时凝固的目的,从而避免因收缩不均而产生的内应力。冷铁通常放在铸件浇注位置下部无法用冒口补缩的厚截面处。冷铁通常用钢或铸铁制成。

冒口和冷铁在铸造工艺图中一般用绿线或蓝线绘制,并注明"冷铁"等。

8. 合型

合型(Mold Assembling)又称合箱,将铸型的各个组元如上型、下型、型芯等,组合成一个完整铸型的操作过程。

合型前,应对砂型和型芯的质量进行检查,若有损坏,需要进行修理;为检查型腔顶面与型芯顶面之间的距离,需要进行试合型(称为验型)。合型时,要保证铸型型腔几何形状和尺寸的准确及型芯的稳定。合型后,上、下型应夹紧或在铸型上放置压铁,以防浇注时上型被熔融金属顶起,造成抬箱、射箱(熔融金属流出箱外)或炮火(着火气体逸出箱外)等事故。

8.2.3 砂型浇注过程

1. 金属熔炼

熔炼(Melting)指通过加热使金属由固态转变到液态并使其温度、成分等符合要求的工艺过程。

在铸造生产中,熔炼铸铁常用冲天炉或电炉;铸钢的熔炼设备有平炉、转炉、电弧炉及感应电炉等;有色金属的熔炼一般采用坩埚炉。

2. 浇注

浇注(Pouring)指将熔融金属从浇包注入铸型的操作过程。金属液通过浇注系统进入型腔。浇注是铸造生产的一个重要环节,影响到铸件的质量、生产率和工作安全。

浇包(Ladle)是容纳、处理、输送和浇注熔融金属用的容器。浇包用钢板制成外壳,内衬为耐火材料。浇包是浇注时使用的工具,分为铁水包和钢水包等多种样式。

浇注温度和浇注速度是影响铸件质量的主要因素之一,必须加以控制。浇注温度过高,易产生气孔、缩孔、黏砂等缺陷;温度过低,则会产生浇不足、冷隔等缺陷。通常,灰口铸铁的浇注温度为 1200℃～1380℃。浇注速度应根据铸件的具体情况而定,可通过操纵浇包和布置的浇注系统进行控制。浇注前,应把熔融金属表面的熔渣除尽,以免浇入铸型而影响质量。浇注时,须使浇口杯保持充满状态,不允许浇注中断,并注意防止飞溅和满溢砂型。

8.2.4 铸件的清理与检验

1. 铸件的落砂

落砂(Shake-out)指用手工或机械使铸件和型砂、砂箱分开的操作。手工落砂用于单件、小批量生产;机械落砂一般由落砂机进行,用于大批量生产。落砂应在铸件充分冷却后进行,以免产生表面硬皮、内应力、变形和裂纹等缺陷。

2. 铸件的清理

铸件清理(Cleaning of Casting)是将落砂后的铸件清除掉本体以外的多余部分,并打磨精整铸件内外表面的过程。主要工作有清除型芯和芯铁,切除浇口、冒口、拉筋和增肉,清除铸件黏砂和表面异物,铲磨割筋、披缝和毛刺等凸出物,以及打磨和精整铸件表面等。

3. 铸件的后处理

铸件后处理 (Post Treatment of Casting)是对清理后的铸件进行热处理、整形、防锈处理和粗加工的过程。铸件后处理是铸造生产的最后一道工序。

(1)铸件热处理:为了改善或改变铸件的原始组织,消除内应力,保证铸件性能,防止铸件变形和破坏,铸件清理后,有的需要进行热处理。铸件热处理一般有淬火、退火、正火、铸态调质、人工时效(见时效处理)、消除应力、软化和石墨化处理等。

(2)整形:分为矫正、修补和表面精整 3 个方面。有些铸件在凝固、冷却以及热处理过程中产生变形,使部分尺寸超差,需用矫正的方法修复。矫正主要利用机械力量在室温或温态下进行。当变形量过大时,也可以在加热炉内利用铸件自重或外加压重进行高温矫正。铸件外部缺陷主要使用焊接手段修复。要求气密、液密的铸件的渗漏缺陷,则采用压入堵漏剂的方法解决。铸件表面粗糙和凹凸不平一般用悬挂砂轮和高速砂轮磨光精整。

(3)粗加工:铸件交货前,根据技术条件对局部进行粗加工。铸件经粗加工后,能及时发现缺陷予以解决,并能减轻重量,还可使废料和切屑能够就地分类回收利用。

(4)防锈处理:有些铸件和机床铸件,交货前要求进行防锈处理以防止运输和存放期间生锈。一般是在最后检验合格后刷上底漆。

4. 铸件的检验

处理完的铸件要进行质量检验,对于发生的废品及铸件上产生的缺陷要进行分析,以便找出主要原因,采取措施以防在后期的生产中再发生。一般铸件须进行外观质量检查,重要的铸件则须进行内部质量检查。

8.3 特种铸造

特种铸造(Special Casting)是指与型砂铸造不同的其他铸造方法。常用的有熔模铸造、金属型铸造、压力铸造和离心铸造等。特种铸造在提高铸件的精度与质量、提高生产率、改善劳动条件和降低铸件成本等方面均有其优势。近年来,特种铸造在我国发展迅速,方法不断增加。

8.3.1 熔模铸造

熔模铸造(Investment Casting)也称失蜡铸造,是精密铸造(Precision Casting)中较为常用的一种,是指用易熔材料如蜡料制成模样,在模样上包覆若干层耐火涂料,制成型壳,熔出模样后经高温焙烧,然后进行浇注的铸造方法。

熔模铸造的工艺过程包括蜡模制造(制造压模、压制蜡模、装配蜡模组)→结壳→脱蜡→熔化和浇注→落砂和清理等工序。

熔模铸造的特点与应用:

(1) 铸件精度高。造型时无起模斜度、无分型面,无合型操作,铸件清理后一般可直接进行装配使用,通常不再进行机加工。

(2) 适合生产复杂的薄壁(厚度达 0.3mm)的铸件,可铸出直径达 0.5mm 的小孔。如飞机的叶片、成形铣刀等难以用砂型铸造生产的铸件。

(3) 适合各种金属材料铸造,尤其适合生产高熔点合金及难以切削加工的合金铸件,如不锈钢、耐热钢、硬质合金等;生产批量不受限制。

(4) 生产工序复杂,生产周期长,成本高。受模壳强度限制,铸件不能太大、太长,最适合 25 kg 以下的小型精密铸件生产。

8.3.2 金属型铸造

金属型铸造(Metal Mould Casting)又称硬模铸造,是将液态金属浇入金属铸型,在重力作用下充填铸型,以获得铸件的方法。

为了保证铸型的使用寿命,制造铸型的材料应具有高的耐热性和导热性,反复受热不变形、不破坏,具有一定的强度、韧性、耐磨性,以及良好的切削加工性,在生产中,常选用铸铁、碳素钢或低合金钢作为铸型材料。由于金属型可反复使用,故又称"永久型铸造"。

金属铸型按结构可分为整体式、垂直分型式、水平分型式和复合分型式等,前二者应用较多。

金属型铸造的过程是:先使两个半型合紧,进行金属液浇注,凝固后利用简单的结构再使两半型分离,取出铸件。若需铸出内腔,可使用金属型芯或砂芯形成。

金属型铸造的特点与应用:

(1) 由于金属型可"一型多铸",提高了生产率,同时,铸件精度和表面质量高,故可以少切削加工或不加工。此外,由于冷却速度加快,铸件晶粒细化,提高了铸件的力学性能(冲击韧性除外)。

(2) 金属型铸造导热快,且无退让性,铸件易产生冷隔、浇不足、裂纹等缺陷,灰铸铁件还常出现白口组织,影响金属型寿命及表面质量。

(3) 成本高,加工周期长,主要用于大批量生产非铁合金铸件,如铝合金活塞、缸体、铜合金轴瓦等。

8.3.3 压力铸造

压力铸造(Die Casting)简称压铸,是指熔融金属在高压下高速充型,并在压力下凝固的铸造方法。它的基本特点是高压（常用的压射比压一般为 30～70MPa，最高达 200MPa）和高速（充填时间一般在 0.01～0.2s 内）。

压力铸造是在压铸机上进行的，冷压室式压铸机的工作过程如图 8-9 所示。

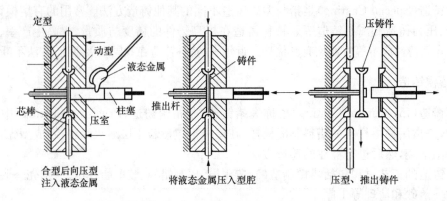

图 8-9　压铸的工作过程

压力铸造的特点与应用：

（1）生产率高，便于实现自动化；铸件精度和表面质量高，可直接铸出极薄铸件或带有小孔、螺纹的铸件；铸件冷却快，晶粒细小，表层紧实，铸件的强度、硬度高；便于采用嵌铸（又称镶铸法，是将各种金属或非金属的零件嵌放在压铸型中与压铸件铸合成一体）。

（2）压铸设备投资大，制造压铸模费用高、周期长，不适用单件、小批量生产。目前压铸不适合钢、铸铁等高熔点合金的铸造。

（3）由于压铸的速度高、凝固快，型腔内的气体难以排除，铸件内常有小气孔。压铸件机加工余量不能大，应尽量避免机械加工，也不能进行热处理，以免表层下小气孔中的高压气体受热膨胀，导致铸件表面变形或开裂。

压铸工艺特别适用于低熔点的有色金属（如锌、铝、镁等合金）的小型、薄壁、形状复杂铸件的大批量生产。

8.3.4　离心铸造

离心铸造（Centrifugal Casting）是指将液态金属浇入旋转的铸型里，在离心力作用下充型并凝固成铸件的铸造方法。

离心铸造在离心机上进行，按照铸型的旋转轴方向不同，离心铸造机分为卧式立式和倾斜式 3 种。离心铸造的铸型可用金属型，亦可用铸型、壳型、熔模样壳，甚至耐温橡胶型（低熔点合金离心铸造时应用）等。当铸型绕水平轴线回转时，浇注入铸型中的熔融金属的自由表面呈圆柱形，称为卧式离心铸造，常用于铸造要求均匀壁厚的中空铸件；当铸型绕垂直轴线回转时，浇注入铸型中的熔融金属的自由表面呈抛物线形状，称为立式离心铸造，如图 8-10 所示，主要用于铸造各种环形铸件和较小的非圆形铸件。

离心铸造的特点与应用：

（1）金属结晶组织致密，铸件没有或很少有气孔、缩孔和非金属类杂质，因而铸件的力学性能显著提高。

（2）一般不需要设置浇注系统和冒口，从而大大提高了金属的利用率。

（3）铸造空心圆筒铸件可以不用型芯，且壁厚均匀（卧式浇注时）。

（4）适应各种合金的铸造，便于铸造薄壁件和双金属件。

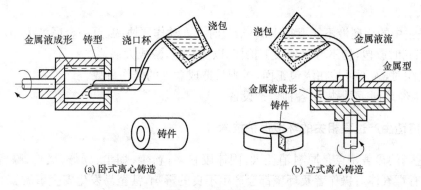

(a) 卧式离心铸造　　　　　(b) 立式离心铸造

图 8-10　离心铸造

（5）铸件内孔表面粗糙，孔径通常不准确；不适合比重偏析大的合金及铝、镁等轻合金。

离心铸造适用于大批量生产各种管状铸件（如铁管、缸套、双金属钢背铜套）和轮盘类零件（如泵轮、电机转子等）。

8.3.5　其他特种铸造方法及铸造技术的发展趋势

除上述特种铸造外，还有消失模铸造、陶瓷型铸造等。随着技术的发展，新的铸造方法还在不断出现。

随着科技的进步和国民经济的发展，对铸造提出优质、低耗、高效、少污染的要求，铸造技术向以下几个方面发展：

（1）高效率技术的应用。各种新的造型、制芯方法进一步开发和推广。铸造数控设备逐步得到应用。

（2）特种铸造工艺迅速发展。特种铸造工艺在向大型铸件、净成形铸件方向发展。铸造柔性加工系统逐步推广，复合铸造技术等一些全新的工艺方法逐步进入应用。

（3）特殊性能合金进入应用。

（4）计算机技术进入使用。体现在辅助设计（CAD）、辅助工程（CAE）和辅助制造（CAM）上。

8.4　铸造过程的安全及环境保护

8.4.1　铸造过程中的安全技术

铸造生产工序繁多，操作者时常与高温熔融金属相接触；车间环境一般较差（高温、高粉尘、高噪声、高劳动强度），安全隐患较多，既有人员安全问题，又有设备、产品的安全问题。因此，铸造的安全生产问题尤为突出。主要的安全技术有：

（1）进入铸造车间后，应时刻注意头上的吊车及脚下的工件与铸型，防止碰伤、撞伤及烧伤等事故。

（2）注意保管和摆放好造型工具，防止被埋入砂中踩坏，防止被起模针和通气针扎伤手脚。

（3）禁止用嘴吹分型砂，使用皮老虎吹时，要选择向无人的方向吹，以免砂尘吹入眼中。

（4）搬动砂箱和砂型时，一定要按顺序进行，注意安全。

（5）造型结束后，要认真清理工具和场地，砂箱要安放稳固，防止倒塌伤人毁物。

（6）在熔炼与浇注现场，严禁地面积水，以免高温金属液遇水爆炸。

（7）注意浇包及所有与铁水接触的物体都必须烘干、烘热后使用，以免产生水汽引起金属液飞溅伤人。

（8）浇包中的金属液不能盛得太满，抬包时二人动作要协调，万一金属液泼出，烫伤手脚，应招呼搭档同时放包，切不可单独丢下抬杠，以免翻包，酿成大祸。

（9）浇注时，人不可站在浇包正面，否则易造成意外的烧伤事故。

（10）未经培训，不得操作各种铸造设备。

8.4.2　与铸造生产过程相关的环境保护技术

铸造生产的显著特点是原料消耗大，固体废料多；粉尘、烟尘、爆炸、烫伤、噪音、振动、高温、辐射及有毒气体对操作者及环境都会产生不良的影响，甚至易发生安全事故。

1. 粉尘、烟尘的防止

（1）采用先进工艺方法，减少粉尘、烟尘产生，改善工作环境。
（2）水力消尘。水力清砂，水雾电弧气刨去飞边、毛刺。
（3）通风过滤排尘。

2. 噪声的防止

（1）控制和消除噪声源：用无振动或少振动紧实的自硬砂来代替黏土砂，减少振动噪声；用气冲紧实代替振实造型。对噪音源进行封闭隔离。
（2）合理设计和规划厂区：将产生噪音的工厂与居民区，噪音车间与非噪音车间隔一定距离设防护带（植树或建隔离墙）。
（3）做好个人防护，使用适当的防护品，保护听觉器官。

3. 振动的防止

（1）局部振动的预防方法主要通过改进工艺设备；如变振实造型为挤压、气冲造型。
（2）全身振动预防主要是采用隔离振动、减振；如对造型机、落砂机采用橡胶、弹簧等减振措施。

4. 辐射的防止

（1）高频电磁场的防护：保证高频设备接地良好，不打开机壳，采用场源屏蔽、远距离操作和合理布局等措施预防。
（2）微波的防护：主要是吸收微波辐射、合理配置工作位置和个体防护。

5. 有毒物的防止

（1）选择制芯、造型材料时，避免产生有毒、有害物质。
（2）采取通风、吸尘措施，严格控制有毒、有害物质的浓度。

参 考 文 献

姜不居.2011.铸造手册 第6卷 特种铸造. 北京：机械工业出版社

李新亚.2011.铸造手册 第5卷 铸造工艺. 北京：机械工业出版社

刘新等.2011.工程训练通识教程. 北京：清华大学出版社

巫世晶.2007.工程实践. 北京：中国电力出版社

朱世范.2003.机械工程训练. 哈尔滨：哈尔滨工程大学出版社

第 9 章　压 力 加 工

9.1　压力加工概述

压力加工(Press Working)又称塑性成形(Plastic Forming)，是利用材料在外力作用下所产生的塑性变形，来获得具有一定形状、尺寸和力学性能的原材料、毛坯或零件的生产方法。

压力加工种类较多，主要有锻造、冲压、轧制、拉拔和挤压。如图 9-1 所示，其中轧制、拉拔和挤压多用于生产各种型材、管材和板料等；锻造和冲压合称锻压，主要用于生产零件的毛坯或成品。本章主要介绍在机械加工中常用的锻造及冲压。

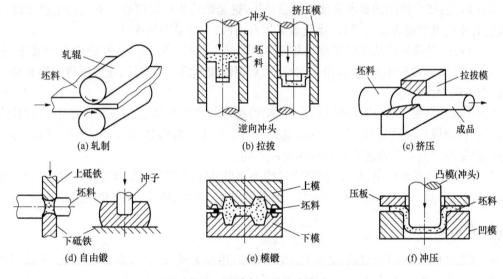

图 9-1　压力加工的生产方式

由于压力加工是使材料生产塑性变形，要求材料具有良好的塑性，低碳钢和多数有色金属及其合金可以压力加工；有些非金属材料和复合材料也可进行压力加工；铸铁则不能进行。

通过压力加工，材料内部组织致密、均匀，对力学性能要求较高的重要零件(如齿轮、传动轴等)一般都采用压力加工制坯。轧制、挤压、模锻属少、无切削加工，材料利用率、生产率高。但压力加工件形状的复杂程度不如铸件，生产成本比铸造高，工作环境差。

冲压件具有尺寸精确、结构轻、刚性好等优点，是金属板料成形的主要方法，一般不用进行切削就可以直接使用。

9.2　锻　　造

9.2.1　锻造生产过程简介

锻造(Forging)是指在锻压设备及工(模)具的作用下，使坯料或铸锭产生塑性变形，以获得一定几何尺寸、形状和质量的锻件的加工方法。

锻造的生产工艺过程一般为：下料→加热→锻造→冷却→热处理→检验。

（1）下料：锻造大型锻件都是用钢锭作坯料，可向厂方直接订货；中、小型锻件则常以经过轧制的钢材为原料，购进后用剪切、锯或气割等方法截取成一定尺寸的坯料。

（2）加热：锻前加热是为了提高金属的塑性。加热由火焰加热炉（燃料炉）和电加热炉（电炉）进行。温度控制在始锻温度（开始锻造时坯料的温度）与终锻温度（停锻时锻件的瞬时温度）间。常用金属材料的锻造温度范围见表 9-1。

表 9-1　常用金属材料的锻造温度范围

钢类	始锻温度/℃	终锻温度/℃	钢类	始锻温度/℃	终锻温度/℃
碳素结构钢	1200～1250	800	高速工具钢	1100～1150	900
合金结构钢	1150～1200	800～850	耐热钢	1100～1150	800～850
碳素工具钢	1050～1150	750～800	弹簧钢	1100～1150	800～850
合金工具钢	1050～1150	800～850	轴承钢	1080	800

（3）锻造：按锻件图的要求将坯料锻造成形，这是锻造生产的核心。不同的生产条件和生产规模有不同的锻造方法。单件、小批量采用自由锻；大批量则用模锻。

（4）冷却：是指锻件从终锻温度冷却到室温的状态过程。对塑性较好的中小型锻件，常采用空冷；对塑性较差的中型锻件，常采用坑冷；对塑性较差的大型锻件、重要锻件和形状复杂的锻件，常采用炉冷。

（5）热处理：锻后热处理指的是为了消除锻造过程中产生的缺陷或为了使锻后的其他工序容易进行而设置的热处理，比如正火、退火等就是用来消除锻造应力，均匀组织的。与为了保证锻件最终应具有的性能而进行的热处理不同。

（6）检验：从表面质量、尺寸、内部质量检查和机械性能检验等方面进行检验。其中，表面质量检查是通过目测或探伤来检查锻件表面有无烧痕、过烧、裂纹、折叠和凹陷等缺陷。

9.2.2　自由锻

自由锻（Open Die Forging）是指只用简单的通用性工具，或在锻造设备的上、下砧间直接使坯料变形而获得所需的几何形状及内部质量锻件的方法，如图 9-1（d）所示。

自由锻分手工自由锻和机器自由锻两种，手工自由锻操作灵活、效率低；外形简单的中小型锻件常用空气锤锻造；大锻件则用水压机。目前，手工自由锻已逐步为机器自由锻所取代。

自由锻时，锻件的形状是通过一些基本变形工序逐步锻成的。自由锻的基本工序有镦粗、拔长、冲孔、弯曲、扭转和切断等。

9.2.3　模锻

模锻（Open Die Forging）是指将加热后的金属坯料放在具有一定形状的锻模模腔内，利用模具使坯料变形而获得锻件的加工方法。模锻可批量生产中小型毛坯和日用五金工具。

按所使用的模锻设备不同，模锻分为锤上模锻和压力机模锻等，其中锤上模锻是常用的模锻方法。

与自由锻相比，锤上模锻具有生产率高，锻件形状较复杂，尺寸精度高，加工余量小，材料利用率高，操作简单及模具费用高等特点。锤上模锻多适用于中小锻件的大批量生产。

9.2.4　胎模锻

胎模锻（Loose Tooling Forging）是指在自由锻设备上使用可移动模具生产模锻件的一种

锻造方法。胎模锻一般采用自由锻方法制坯。然后在胎模中最后成形。与自由锻相比,胎模锻件的形状和尺寸基本与锻工技术无关,靠模具来保证;对工人技术要求不高,生产效率比自由锻高;胎模锻件在胎模内成型,锻件内部组织致密,纤维分布更符合性能要求,锻件加工余量小,节约了金属,减轻了后续加工的工作量。与模锻相比,模具结构简单,易于制造,不需要专用锻造设备等优点,但锻件质量没有模锻高,工人劳动强度大,胎模寿命短,生产率较模锻低。胎模锻适用于中、小批量生产,多用在没有模锻设备的中小型工厂中。

9.3 冲 压

9.3.1 冲压概述

冲压(Stamping)是指靠压力机和模具对板材、带材、管材和型材等施加外力,使之产生塑性变形或分离,从而获得所需形状和尺寸的工件(冲压件)的成形加工方法。板料冲压是应用最广的冲压加工方式。因板料冲压通常在常温下进行,使用又称冷冲压。

冲压的坯料主要是热轧和冷轧的钢板和钢带。塑性较高的有色金属薄板(如铜及其合金、镁合金等)、非金属板料(如石棉板、硬橡胶、胶木板、纤维板、绝缘纸、皮革等)也适用于冲压加工。用于冲压加工的板料厚度一般小于6mm,当板厚超过8mm时则采用热冲压。

冲压生产靠模具和压力机完成加工过程,与其他加工方法相比,在技术与经济上的特点如下。

(1)可以生产形状复杂的零件或毛坯。

(2)冲压制品尺寸精确、表面光洁、质量稳定和互换性好,一般不再进行切削加工即可装配使用。

(3)产品还具有材料消耗少、重量轻、强度高和刚度好等优点。

(4)冲压操作简单,生产率高,易于实现机械化和自动化。

(5)冲模精度要求高,结构较复杂,生产周期较长,制造成本较高,只适用于大批量生产场合。

在所有制造金属或非金属薄板成品的工业部门中都可采用冲压生产,尤其在日用品、汽车、航空、电器、电机和仪表等工业部门,应用更为广泛。

9.3.2 冲压设备

冲压所用的设备种类有多种,主要设备有剪床和冲床。

1. 剪床

剪床(Shearing Machine),又称剪板机(图9-2),是对板料进行剪切的设备。主要用于下料,将板料切成一定宽度的条料或块料,以供给冲压所用。剪切是使板料沿不封闭轮廓分离的工序。按传动的方式的不同可分为机械传动剪板机和液压传动剪板机。剪床的主要技术参数是它所能剪板料的厚度和长度。

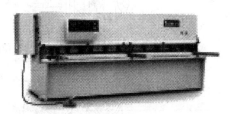

图9-2 剪板机

机械剪板机噪音大,间隙调整麻烦,但速度快。液压剪板机精度好,噪音小,间隙自动调整,但速度相对机械剪板机慢点,价格比机械剪板机略高。

2. 折弯机

折弯机(Bending Machine)是一种能够对薄板进行折弯的机器(图9-3),分为手动折弯

图 9-3 折弯机

机,液压折弯机和数控折弯机。手动折弯机又分为机械手动折弯机和电动手动折弯机,液压折弯机按同步方式又可分为扭轴同步、机液同步和电液同步。液压折弯机按运动方式又可分为上动式和下动式。下动式是工作台及工作台上的工件一起向上运动,滑块不动,目前国内市场上已经比较少见了,多数是上动式,上动式是工作台及工作台上的工件不动,滑块向下运动。

折弯机是目前对板料特别是大型板料进行钣金加工的首选机械,通过选配各种不同的模具,可以对板料进行弯边、拉伸、压圆和冲孔等。折弯机的主要技术参数是标称压力(kN)和工作台长度(mm)。

3. 冲床

冲床(Punching Machine)是进行冲压加工的基本设备,它可以完成除剪切外的绝大多数冲压基本工序。冲床按其结构可分为单柱式和双柱式、开式和闭式等;按滑块的驱动方式分为液压驱动和机械驱动两类。冲床的主要技术参数是公称压力,即冲床的吨位,以滑块运行至最低位置时能产生的最大压力表示,单位为 10kN。

图 9-4 所示为开式双柱式冲床的外形和传动简图。电动机通过减速系统带动大带轮转动。当踩下踏板后,离合器闭合并带动曲轴旋转,再经连杆带动滑块沿导轨作上、下往复运动,完成冲压动作。冲模的上模装在滑块的下端,随滑块上、下运动,下模固定在工作台上,上、下模闭合一次即完成一次冲压过程。踏板踩下后立即抬起,滑块冲压一次后便在制动器作用下,停止在最高位置上,以便进行下一次冲压。若踏板不抬起,滑块则进行连续冲压。

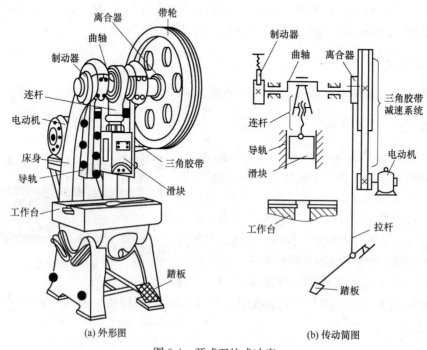

(a) 外形图　　　　　(b) 传动简图

图 9-4　开式双柱式冲床

9.3.3 冲模

冲模(Stamping Die)是指加压将金属或非金属板材或型材分离、成形或接合而得到制件的工艺装备。冲模种类繁多,在板料冲压中用的模具常称为冲压模具。

冲压模具(Stamping Tool)是指由金属和其他刚性材料制成的用于冲压成形的工具。其基本零部件包括凸模、凹模以及压边装置。通常把在冷冲压加工中,将材料(金属或非金属)加工成零件(或半成品)的一种特殊工艺装备,称为冷冲压模具(俗称冷冲模)。

冲压模具是冲压生产必不可少的工艺装备,是技术密集型产品。冲压件的质量、生产效率以及生产成本等,与模具设计和制造有直接关系。模具设计与制造技术水平的高低,是衡量一个国家产品制造水平高低的重要标志之一,在很大程度上决定着产品的质量、效益和新产品的开发能力。

冲压模具的形式很多,一般可按以下几个主要特征分类。

1. 根据工艺性质分类

(1) 冲裁模。沿封闭或敞开的轮廓线使材料产生分离的模具。如落料模、冲孔模、切断模、切口模、切边模和剖切模等。

(2) 弯曲模。使板料毛坯或其他坯料沿着直线(弯曲线)产生弯曲变形,从而获得一定角度和形状的工件的模具。

(3) 拉深模。是把板料毛坯制成开口空心件,或使空心件进一步改变形状和尺寸的模具。

(4) 成形模。是将毛坯或半成品工件按图凸、凹模的形状直接复制成形,而材料本身仅产生局部塑性变形的模具。如胀形模、缩口模、扩口模、起伏成形模、翻边模和整形模等。

2. 根据工序组合程度分类

(1) 单工序模。在压力机的一次行程中,只完成一道冲压工序的模具。

(2) 复合模。只有一个工位,在压力机的一次行程中,在同一工位上同时完成两道或两道以上冲压工序的模具。

(3) 级进模(也称连续模)。在毛坯的送进方向上,具有两个或更多的工位,在压力机的一次行程中,在不同的工位上逐次完成两道或两道以上冲压工序的模具。

图9-5所示典型的冲模结构,主要由凸模、凹模、导柱、导套、上模板、下模板等部分组成。凸模与凹模共同作用,使板料分离或变形;导板用以控制坯料的进给方向;定位销用以控制进给量的大小;卸料板的作用是在冲压后将废料从凸模上卸下;上模板用以固定凸模、模柄等零件,下模板用以固定凹模、送料和卸料构件等;导柱、导套是导向零件,用以保证凹凸模相互对准。

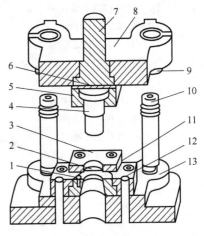

图 9-5 典型冲模的结构

1—定位销;2—导板;3—卸料板;4—凸模;
5—凸模压板;6—模垫;7—模柄;8—上模板;
9—导套;10—导柱;11—凹模;12—凹模压板;
13—下模板

9.3.4 冲压基本工序

冲压的基本工序可分为分离工序和成形工序。分离工序是使板料的一部分与另一部分相互分离的工序。成形工序是使冲压板料在不被破坏的条件下发生塑性变形,以获得所要求的工件形状和精度的工序。各工序的特点与应用如表 9-2 所列。

表 9-2 冲压工序的特点与应用

工序名称		定义	简图	应用类型
分离工序	剪裁	用剪床或冲模沿不封闭的曲线或直线切断		用于下料或加工形状简单的平板零件。如冲制变压器的矽钢片芯片
	落料	用冲模沿封闭轮廓曲线或直线将板料分离,冲下部分是成品,余下部分是废料		用于需进一步加工工件的下料,或直接冲制出工件,如平板型工具板头
	冲孔	用冲模沿封闭轮廓曲线或直线将板料分离,冲下部分是废料,余下部分是成品		用于需进一步加工工件的前工序,或冲制带孔零件,如冲制平垫圈孔
变形工序	弯曲	用冲模或折弯机,将平直的板料弯成一定的形状		用于制作弯边、折角和冲制各种板料箱柜的边缘
	拉伸	用冲模将平板状的坯料加工成中空形状,壁厚基本不变或局部变薄		用于冲制各种金属日用品(如碗、锅、盆、易拉罐身等)和汽车油箱等
	翻边	用冲模在带孔平板工件上用扩孔方法获得凸缘或把平板料的边缘按曲线或圆弧弯成竖直的边缘		用于增加冲制件的强度或美观
	卷边	用冲模或旋压法,将工件竖直的边缘翻卷		用于增加冲制件的强度或美观,如做铰链

9.3.5 数控冲压简介

数控冲压是通过编制程序,由控制系统发出数字信号指令实施控制的自动冲压工艺。实施数控冲压的机床称为数控冲床。按模具更换方式的不同分为数控步冲压力机和数控转塔冲床。

数控转塔冲床(NCT)集机、电、液、气于一体化,是在板材上进行冲孔加工、浅拉深成型的压力加工设备。数控转塔冲床由电脑控制系统、机械或液压动力系统、伺服送料机构、模具库、模具选择系统和外围编程系统等组成。数控转塔冲床是通过编程软件(或手工)编制的加工程序,由伺服送料机构将板料送至需加工的位置,同时由模具选择系统选择模具库中相应的模具,液压动力系统按程序进行冲压,自动完成工件的加工。

数控步冲压力机具有数控转塔冲床的使用功能,而价格仅是转塔冲床的三分之一,但由于数控步冲是手动换模具,与自动换模具的转塔冲床相比效率较低,自动化程度不如转塔冲床。

数控冲床的加工方式如下。

(1) 单冲:单次完成冲孔,包括直线分布、圆弧分布、圆周分布和栅格孔的冲压。

(2) 同方向的连续冲裁:使用长方形模具部分重叠加工的方式,可以进行加工长型孔、切边等。

(3) 多方向的连续冲裁:使用小模具加工大孔的加工方式。

(4) 蚕食:使用小圆模以较小的步距进行连续冲制弧形的加工方式。

(5) 单次成形:按模具形状一次浅拉深成型的加工方式。

(6) 连续成形:成型比模具尺寸大的成型加工方式,如大尺寸百叶窗、滚筋和滚台阶等加工方式。

(7) 阵列成形:在大板上加工多件相同或不同的工件加工方式。

9.4 压力加工新工艺简介

9.4.1 精密模锻

精密模锻是锻造方法之一,其锻件精度高,不需和只需少量切削。在普通设备上进行的精密模锻,锻件的尺寸公差等级可达 IT10,表面粗糙度值为 $Ra3.2\sim1.6\mu m$。其工艺特点是:对坯料的要求比普通模锻高;锻造流线分布合理,力学性能好。可生产少、无切削的零件,如齿轮、叶片和航空零件。

9.4.2 粉末锻压

粉末锻压(Powder Forging)是指将金属粉末和黏结剂混合后压制为预制坯,并在高温下烧结,再用烧结体作为锻压毛坯热锻成形的锻造方法。也可以直接将材料粉末热压成形,再经过高温烧结而成。粉末锻压是将传统粉末冶金和精密锻造结合起来的一种新工艺,并兼两者的优点。可以制取密度接近材料理论密度的粉末锻件,克服了普通粉末冶金零件密度低的缺点。使粉末锻件的某些物理和力学性能达到甚至超过普通锻件的水平,同时,又保持了普通粉末冶金少屑、无屑工艺的优点。通过合理设计预成形坯和实行少、无飞边锻造,具有成形精确,材料利用率高,锻造能量消耗少等特点。

粉末锻造的目的是把粉末预成形坯锻造成致密的零件。目前,常用的粉末锻造方法有粉末冷锻、锻造烧结、烧结锻造和粉末锻造四种。粉末锻造在许多领域中得到了应用。特别是在汽车制造业中的应用尤为突出。

9.4.3 超塑性成形

超塑性成形是利用金属在特定条件(一定的温度、变形速度和组织条件)下所具有的超塑性(高的塑性和低的变形抗力)来进行塑性加工的方法。其工艺特点是:易一次成形,加工精度高;工艺条件要求严格,成本高,生产率低。超塑性成形在板料深冲压、气压成形等方面得到了广泛应用,目前常用的超塑性成形的材料主要有铝合金、镁合金、低碳钢、不锈钢及高温合金等。

9.4.4 高速锻造

高速锻造是利用高压空气或氮气发射出来的瞬间膨胀气流,使滑块带动模具进行锻造或挤压的加工方法。高速锻造可挤压铝合金、钛合金、不锈钢等材料叶片,精锻各种回转体零件,并能适用于一些高强度、低塑性、难成形金属的锻造。

9.4.5 爆炸成形

爆炸成形是以化学火药或爆炸气体在爆炸瞬间时释放出的剧烈能量为能源,通过传能介质产生冲击波作用在坯料上使其急速变形的方法。一般冲压需要一对模具,而爆炸成形通常只有凹模,模具费用低、制造周期短、适应性强、制品质量高,广泛应用于小批量大型件的生产,如柴油机罩子、扩压管等。

9.4.6 摆动碾压

摆动碾压(简称摆碾)是指上模的轴线与被碾压工件(放在下模)的轴线倾斜一个角度,模具一面绕轴心旋转,一面对坯料进行碾压(每一瞬间仅压缩坯料横截面的一部分)的加工方法。摆动碾压时,摆头的母线在表面不断地滚动,瞬间变形是在坯料上的一个小面积里产生的,由于连续碾压,使坯料逐渐变形。这种方法可以用较小的设备碾压出大锻件,且噪声小,振动小,成品质量高,可实现少、无切削等特点。摆动碾压主要用于制造回转体的轮盘锻件,如齿轮毛坯、汽车半轴等。

9.5 锻压过程的安全及环境保护

9.5.1 锻造过程中的安全技术及环境保护

锻造过程中的安全技术及环境保护相关内容详见 GB 13318—2003《锻造生产安全与环保通则》。

9.5.2 冲压过程中的安全技术及环境保护

冲压过程中的安全技术及环境保护相关内容详见 GB 8176—2012《冲压车间安全生产通则》和 JB/T 6056—2005《冲压车间环境保护导则》。

参 考 文 献

姜不居. 2008. 锻压手册:冲压. 3 版. 北京:机械工业出版社
姜不居. 2008. 锻压手册:锻压车间设备. 3 版. 北京:机械工业出版社
刘新等. 2011. 工程训练通识教程. 北京:清华大学出版社
巫世晶. 2007. 工程实践. 北京:中国电力出版社
中国机械工程学会塑性工程学会. 2008. 锻压手册:锻造. 北京:机械工业出版社

第10章 焊 接

10.1 焊接概述

焊接(Weld)是指通过加热或加压,或两者并用,并且用或不用填充材料,使工件达到结合的一种方法。

焊接是目前应用极为广泛的一种永久性连接方法。在许多工业部门的金属结构制造中,焊接几乎取代了铆接;不少过去一直用整铸、整锻方法生产的大型毛坯改成焊接结构,大大简化了生产工艺,降低了成本。与铆接相比,可以节省大量金属材料,减少结构的质量;与铸造相比,不需要制作木模和砂型,也不需要专门熔炼、浇铸,工序简单、生产周期短,焊接结构比铸件节省材料;焊接还具有一些其他工艺方法难以达到的优点。焊接也有一些缺点,如产生焊接应力与变形,焊缝中存在一定的缺陷,焊接中会产生有毒有害物质等。

对于金属的焊接,按其工艺过程的特点分为熔焊、压焊和钎焊三大类。

熔焊(Fuse Welding),又称熔化焊,是将待焊处的母材金属熔化以形成焊缝的焊接方法。熔焊可以分为电弧焊、电渣焊、气焊、电子束焊和激光焊等。最常见的电弧焊又可以进一步分为焊条电弧焊(手工电弧焊)、气体保护焊、埋弧焊和等离子焊等。

压焊(Pressure Welding),又称压力焊,焊接过程中,必须对焊件施加压力(加热或不加热),以完成焊接的方法。包括固态焊、热压焊、锻焊、扩散焊、气压焊和冷压焊等。其中,是在加压条件下,使两工件在固态下实现原子间结合,称为固态焊接。常用的压焊工艺是电阻焊,当电流通过两工件的连接端时,该处因电阻很大而温度上升,当加热至塑性状态时,在轴向压力作用下连接成为一体。

钎焊(Soldering and Brazing)是利用熔点比母材(被钎焊材料)熔点低的填充金属(称为钎料或焊料),在低于母材熔点、高于钎料熔点的温度下,利用液态钎料在母材表面润湿、铺展和在母材间隙中填缝,与母材相互溶解与扩散,而实现零件间的连接的焊接方法。较之熔焊,钎焊时母材不熔化,仅钎料熔化;较之压焊,钎焊时不对焊件施加压力。钎焊形成的焊缝称为钎缝。钎焊所用的填充金属称为钎料。

焊接广泛应用于汽车、造船、飞机、锅炉、压力容器、建筑和电子等工业部门。世界上钢产量的 50%~60%都要经过焊接才能最终投入使用。

10.2 焊条电弧焊

10.2.1 焊条电弧焊简介

焊条电弧焊(Shielded Metal Arc Welding),俗称手工电弧焊(Manual Welding),简称手弧焊是指用手工操作焊条进行焊接的电弧焊方法。电弧焊是指利用电弧作为热源的熔焊方法,焊接电弧是在焊条端部与焊件之间的空气电离区内产生的一种强烈而持久的放电现象。通过电弧放电,可以将电能转换成热能,并伴有强烈的弧光,如图 10-1 所示。焊条电弧焊是目前生产中应用最多、最普遍的一种金属焊接方法。

焊接电弧由阴极区、阳极区和弧柱区三部分组成,如图 10-2 所示。在钢焊条的电弧中,电弧弧柱中心温度高达 6000～8000K,虽然弧柱区产生的热量仅占电弧热量的 21%,但其长度几乎等于电弧长度。

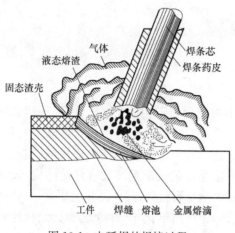

图 10-1 电弧焊的焊接过程

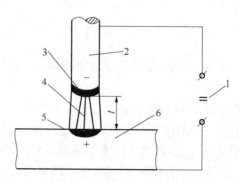

图 10-2 焊接电弧示意图

1—电源(直流);2—焊条;3—阴极区;
4—弧柱;5—阳极区;6—工件

手弧焊时,电弧产生的热量只有 65%～85% 用于加热和熔化金属,其余的热量则散失在电弧周围和飞溅的金属熔滴中。

10.2.2 焊接设备

手弧焊机是手弧焊的主要设备,也叫焊接电源(俗称电焊机或焊机)。焊接电源不但要求电压具有陡降特性,即焊接用的电源电压要求随负载增大而迅速降低以满足焊接引弧、稳弧的需要;还要求电流具有调节特性以满足不同厚度的焊件对电弧的热量需求。

手弧焊的电源设备常用的有交流弧焊机和直流弧焊机,交流弧焊机又称为弧焊变压器。

1. 交流弧焊机

交流弧焊机实际上是符合焊接要求的降压变压器。其采用交流电源,将电网 220V 或 380V 交流电降为 60～70V(即焊机的空载电压),以满足引弧的需要;焊接时,电压会自动下降到电弧正常工作时所需的工作电压 20～30V。根据焊接需要,输出电流可从几十到几百安的范围内进行调节。

这种焊机的特点是结构简单,价格低廉,使用可靠,维修方便;但在焊接时电弧稳定性较差,对有些种类的焊条不适用。图 10-3 所示为常见交流弧焊机的外形图。

2. 直流弧焊机

直流弧焊机分旋转式直流弧焊机和整流式直流弧焊机两类。目前应用较多的为整流式直流弧焊机(简称弧焊整流器),它是一种将交流电变为

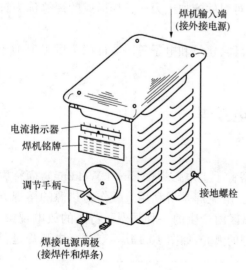

图 10-3 交流弧焊机外形图

直流电的焊接电源,其质量轻、结构简单、制造维护较为方便。其中的弧焊逆变器通过改变频率来控制电流、电压,不但具有整流焊机电弧燃烧稳定、运行使用可靠等特点,还具有高效节能、重量轻、体积小、调节速度快等优点。图10-4所示为逆变弧焊机的外形图。

使用直流弧焊机时,其输出端有固定的极性,即有确定的正极和负极,因此焊接导线的连接有两种接法:正接法(焊件接电源正极,焊条接负极)和反接法(焊件接电源负极,焊条接正极)。

焊接厚板时,一般采用直流正接;焊薄板时,一般采用直流反接。采用交流焊机焊接,不存在正反接问题。

图10-4 逆变弧焊机外形图

10.2.3 焊条电弧焊工具

常用焊条电弧焊工具有焊钳、面罩、清渣锤和钢丝刷(图10-5),以及焊接电缆和劳动保护用品。

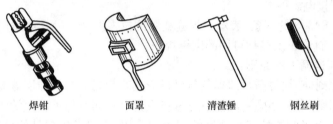

焊钳　　　　　　面罩　　　　　清渣锤　　　　钢丝刷

图10-5 焊条电弧焊工具

(1)焊钳。用来夹持焊条和传导电流的工具,常用的有300A和500A两种。

(2)面罩。用来保护眼睛和面部,免受弧光伤害及金属飞溅灼伤的一种遮蔽工具。面罩观察窗上装有可过滤紫外线和红外线的滤光片(又称护目镜),以其滤色深浅程度为其选用规格,自3～16号不同,焊接电流大时,所需护目镜应深(号大),常用为7～12号。

(3)清渣锤。用来清除焊缝表面的渣壳。

(4)钢丝刷。焊接前用来清除焊件接头处的污垢和锈迹,焊后清刷焊缝表面及飞溅物。

10.2.4 焊条

焊条(Electrode)就是涂有药皮的供焊条电弧焊使用的熔化电极。

1. 焊条的组成及作用

焊条由药皮和焊芯两部分组成,如图10-6所示。在焊条前端药皮有45°左右的倒角,这是为了便于引弧。在尾部有一段裸焊芯,约占焊条总长1/16,便于焊钳夹持并有利于导电。焊芯是焊条内被药皮包覆的金属丝,在焊接时有两个作用:一是作为电极,传导电流,产生电弧;二是与母材一起熔化后组成焊缝金属。药皮是压涂在焊芯上的涂料层,在焊接时起稳弧和保护焊缝的作用。

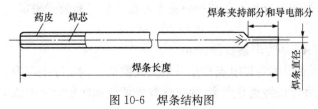

药皮　焊芯　　　　　　　　　　焊条夹持部分和导电部分

焊条长度　　　　　　　焊条直径

图10-6 焊条结构图

2. 焊条的分类、牌号与选用

焊条按其药皮化学性质分为酸性焊条和碱性焊条。酸性焊条具有良好的工艺适应性,对油、水、锈不敏感,交、直流电源均可用,因而广泛应用于一般结构件的焊接。与酸性焊条相比,用碱性焊条(又称低氢焊条)焊接的焊缝,其塑性、韧性与抗裂性均优于酸性焊条焊接;但碱性焊条工艺适应性差,仅适用于直流弧焊机,主要用于重要的钢结构或合金钢结构的焊接。

根据焊芯的材质不同,焊条按国家标准主要分为以下几类:非合金钢及细晶粒钢焊条(GB/T 5117—2012)、热强钢焊条(GB/T 5118—2012)、不锈钢焊条(GB/T 983—2012)、堆焊焊条(GB/T 984—2001)、铸铁焊条及焊丝(GB/T 10044—2006)、镍焊条(GB/T 13814—2008)、铜及铜合金焊条(GB/T 3670—1995)和铝及铝合金焊条(GB/T 3669—2001)等。

使用最为广泛的非合金钢及细晶粒钢焊条(也称碳钢焊条),根据 GB/T 5117—2012 规定,碳钢焊条的型号是以英文字母 E 后面加 4 位数字来表示。"E"表示焊条;前 2 位数字表示焊缝金属最低抗拉强度值;第 3 位数字表示焊条的焊接位置,其中"0"及"1"表示焊条适用于全位置焊接,"2"表示焊条适用于平焊和平角焊;"4"表示焊条适用于向下立焊;第 3、4 位数字组合表示药皮类型和使用的焊接电源种类。

例如,型号为 E4303 的焊条,表示其焊缝金属抗拉强度≥430MPa,适用于各种焊接位置,药皮为钛钙型,交、直流正反接均可用的碳钢焊条。

焊条的选用应遵循下列原则:

(1) 等强度原则(必须遵循),即焊条与母材应具有相同的抗拉强度等级。

(2) 等成分原则(必须遵循),即焊条与母材应具有相同或相近的化学成分。

(3) 同一强度等级的酸性焊条或碱性焊条的选用,主要考虑焊件的结构形状、钢材厚度、载荷性能和钢材抗裂性等因素。

(4) 焊条工艺性能要满足施焊操作需要,如在非水平位置焊接时,应选用适合于各种位置焊接的焊条。

10.2.5 焊接工艺

焊接时,为保证焊接质量,必须选择合理的工艺参数(焊接工艺规范)。手弧焊的焊接工艺规范包括:焊接电流、焊条直径、焊接速度、电弧长度和焊接层数等参数,其中电弧长度和焊接速度一般由焊工在操作中视实际情况自行掌握,而其他参数均在焊接前确定。

1. 焊条直径与焊接电流的选择

一般先根据工件厚度选择焊条直径,然后根据焊条直径选择焊接电流。焊条直径根据焊件厚度、接头形式、焊接位置和焊接层数等来选择。在立焊、横焊和仰焊时,焊条直径不得超过4mm,以免熔池过大,使熔化金属和熔渣下流。平焊对接时焊条直径的选择如表 10-1 所列。

表 10-1 焊条直径的选择

钢板厚度 / mm	≤1.5	2.0	3.0	4.0~7.0	8.0~12	≥13
焊条直径 / mm	1.6	1.6~2.0	2.5~3.2	3.2~4.0	4.0~5.0	5.0~6.0

焊接低碳钢时,焊接电流和焊条直径的关系可由下列经验公式确定

$$I = (30 \sim 60)d$$

式中,I 为焊接电流(A),d 为焊条直径(mm)。

根据以上公式所求得的焊接电流只是一个大概数值。在实际生产中,还要根据焊件厚度、接头形式、焊接位置和焊条种类等因素,通过试焊来调整和确定焊接电流大小。

2. 焊接接头形式

焊缝的形式是由焊接接头的形式来决定的。根据焊件厚度、结构形状和使用条件的不同，最基本的焊接接头（Welding Joint）形式有对接（Butt）、搭接（Lap）、角接（Corner）和丁字接（T-joint），如图10-7所示。

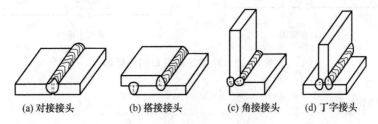

(a) 对接接头　　(b) 搭接接头　　(c) 角接接头　　(d) 丁字接头

图 10-7　四种常见的焊接接头形式

对接接头受力比较均匀，使用最多，重要的受力焊缝应尽量选用此种形式。搭接接头受力时将产生附加弯矩，而且消耗金属量大，但不需要开坡口，装配尺寸要求不高。

3. 坡口形式

当焊接厚度大于6mm时，焊接前两焊件间的待焊处按所需的几何形状加工成的沟槽，称为坡口（Groove）。坡口的作用是为了保证电弧能深入焊缝根部，使根部能焊透，便于清除熔渣，以获得较好的焊缝成形和保证焊缝质量。

对接接头常用的坡口形式有 I 形坡口（不开坡口）、Y 形坡口、X 形（双 Y 形）坡口和 U 形坡口等，如图10-8所示。

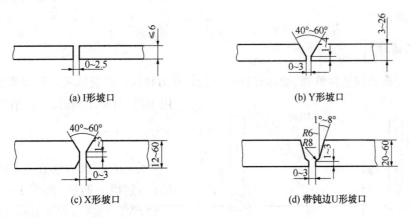

(a) I形坡口　　　　　　　　　　(b) Y形坡口

(c) X形坡口　　　　　　　　　(d) 带钝边U形坡口

图 10-8　常见对接接头的坡口形式及适用的焊件厚度

施焊时，对 I、Y、U 形坡口，可根据实际情况，采取单边焊或双面焊完成（图10-9）。一般情况下，若能双面焊时应尽量采用双面焊，因为双面焊容易保证焊透，并减小变形。

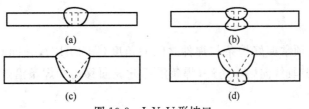

(a)　　　　　　　　　　　(b)

(c)　　　　　　　　　　　(d)

图 10-9　I、Y、U 形坡口

加工坡口时，通常在焊件端面的根部留有一定尺寸的直边（称为钝边，见图10-8），其作用是为了防止烧穿。接头组装时，往往留有间隙，这是为了保证焊透。

焊件较厚时，为了焊满坡口，要采用多层焊或多层多道焊，如图10-10所示。

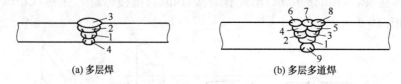

(a) 多层焊　　　　　　　　　　　(b) 多层多道焊

图 10-10　对接 Y 形坡口的多层焊

4. 焊接空间位置

按焊缝在空间的位置不同，可分为平焊（Flat）、立焊（Vertical）、横焊（Horizontal）和仰焊（Overhead）等。对接接头的各种焊接位置，如图10-11所示。平焊操作方便，劳动强度小，液态金属不会流散，易于保证质量，是最理想的操作空间位置，应尽可能地采用。

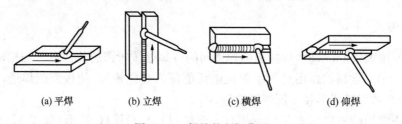

(a) 平焊　　　　　(b) 立焊　　　　　(c) 横焊　　　　　(d) 仰焊

图 10-11　焊缝的空间位置

10.2.6　基本操作

1. 接头清理

焊接前接头处应清除铁锈、油污，以便于引弧、稳弧和保证焊缝质量。除锈要求不高时，可用钢丝刷；要求高时，应采用砂轮打磨。

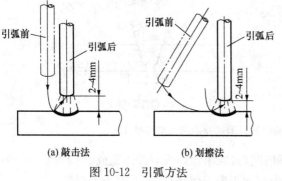

(a) 敲击法　　　　　(b) 划擦法

图 10-12　引弧方法

2. 引弧

常用的引弧方法有敲击法（也称撞击法）和划擦法两种，如图10-12所示。焊接时，焊条端部与焊件表面轻敲或划擦后迅速将焊条提前 2～4mm 的距离，电弧即被引燃。划擦法对初学者容易掌握，但易污染焊件表面。

3. 运条

引弧后，首先必须掌握好焊条与焊件之间的角度（图10-13），并同时完成三个基本动作（图10-14）：焊条沿其轴线向熔池送进，焊条沿焊缝纵向移动和焊条沿焊缝横向摆动（为了获得一定宽度的焊缝）。

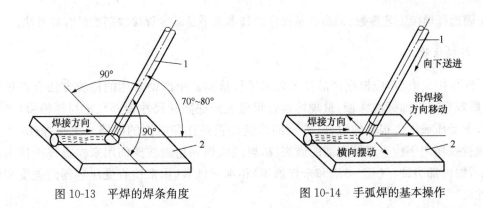

图 10-13　平焊的焊条角度　　　　　　图 10-14　手弧焊的基本操作

4. 收尾

收尾是指一条焊缝焊完后,应把收尾处的弧坑填满,否则容易产生弧坑,一般有划圈收尾法(适合厚板)、反复断弧收尾法(适用薄板和多层焊的底层焊中)和回焊收尾法(适用碱性焊条),如图 10-15 所示。

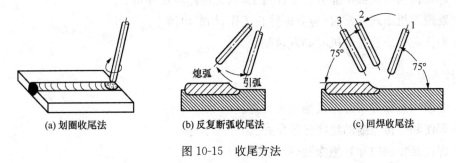

(a) 划圈收尾法　　　　　(b) 反复断弧收尾法　　　　　(c) 回焊收尾法

图 10-15　收尾方法

10.2.7　焊接缺陷及质量检测

1. 焊接缺陷

常见的焊接缺陷有焊缝尺寸及形状不符合要求、咬边、焊瘤、未焊透、夹渣、气孔和裂纹等,如图 10-16 所示。此外,对焊件而言,还存在焊接变形导致焊接结构的尺寸精度降低与焊件的报废。

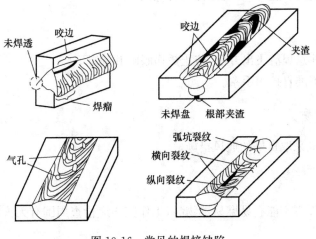

图 10-16　常见的焊接缺陷

正确选择焊接工艺参数、提高焊接操作的技术水平是减少焊接缺陷的最有效方法。

2. 焊接检验

焊件焊接完成后,应根据产品技术要求进行检验。生产中常用的检验方法有外观检查(用肉眼观察或借助标准样板、量规等检查焊缝表面缺陷和尺寸偏差)、密封性检验(主要用于检查不受压或压力很低的容器、管道的焊缝是否存在穿透性的缺陷)、无损探伤(渗透探伤与磁粉探伤用于检查焊接表面的微裂纹,射线探伤和超声波探伤用来检查焊接接头的内部缺陷,如内部裂纹、气孔、夹渣和未焊透等)和水压试验(用来检查受压容器的强度和焊缝致密性)。

10.2.8 焊条电弧焊安全技术

1. 焊接设备安全

(1) 线路各连接点必须接触良好,防止因松动接触不良而发热。
(2) 焊钳任何时候都不能放在工作台上,以免短路烧坏焊机。
(3) 发现焊机出现异常时,应立即停止工作,切断电源。
(4) 操作完毕或检查焊机时必须拉闸。

2. 防止触电

(1) 焊前检查弧焊机外壳接地是否良好。
(2) 焊钳和焊接电缆的绝缘必须良好。
(3) 焊接操作前应穿好绝缘鞋,戴电焊手套。
(4) 人体不要同时触及弧焊机输出端两极。
(5) 发生触电时,应立即切断电源。

3. 防止弧光伤害

(1) 穿好工作服、戴电焊手套,以免弧光伤害皮肤。
(2) 焊接时必须使用面罩,保护眼睛和脸部。
(3) 做好操作场地的遮光,以免弧光伤害他人。

4. 防止烫伤

(1) 清渣时要注意焊渣飞出方向,防止烫伤眼睛和脸部。
(2) 焊件焊后不准直接用手拿。

5. 防止烟尘中毒

焊接工作场地应采取良好的通风措施。

6. 防火、防爆

焊接工作场地周围不能有易燃易爆物品,工作完毕应检查周围有无火种。

10.3 气焊与气割

10.3.1 气焊概述

气焊(Oxyfuel Gas Welding,OFW)是指利用气体火焰作热源的焊接法。具体地说是利用可燃气体与助燃气体混合燃烧生成的火焰为热源,熔化焊件和焊接材料,待其冷却凝固后形成焊缝的一种焊接方法。

气焊所用的可燃气体很多,有乙炔、氢气、液化石油气和煤气等,而最常用的是乙炔气。乙炔气的发热量大,燃烧温度高,制造方便,使用安全,焊接时火焰对金属影响最小,火焰温度高达3100℃～3300℃。氧气作为助燃气,其纯度越高,耗气越少。因此,气焊也称为氧-乙炔焊。

10.3.2 气焊设备

气焊所用设备及气路连接,如图10-17所示。

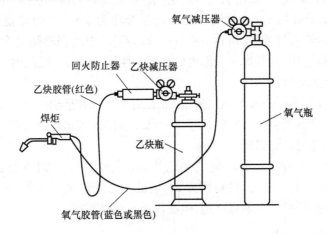

图 10-17　气焊设备连接示意图

焊炬(Torch),俗称焊枪。焊炬是气焊中的主要设备,是气焊时用于控制气体混合比、流量及火焰并进行焊接的手持工具,其外形与结构如图10-18所示。

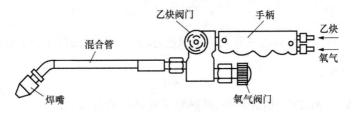

图 10-18　焊炬

乙炔瓶(Dissolved Acetylene Cylinder)是储存溶解乙炔的钢瓶。其外壳漆成白色,用红色写明"乙炔"字样。

氧气瓶(Oxygen Cylinder)是储存氧气的一种高压容器钢瓶。其外壳漆成天蓝色,用黑漆标明"氧气"字样。

回火防止器(Flashback Arrestor)又称回火安全器或回火保险器,它固定在乙炔减压器之后,用来防止火焰沿乙炔管路蔓延至乙炔瓶内引发爆炸。

减压器(Pressure Regulator)是将瓶内高压气体降为低压气体的调节装置。

10.3.3 气焊操作

1. 调压

先把氧气瓶和乙炔瓶上的总阀打开,转动减压器上的调节手柄将氧气与乙炔调到工作压力。氧气工作压力通常0.2～0.4MPa(瓶压15 MPa),乙炔工作压力0.04～0.15MPa(瓶压1.2 MPa)。

2. 点火与熄火

点火:先开乙炔→点火→后开氧气。
熄火:先关乙炔→后关氧气。

3. 气焊火焰

常用的气焊火焰是乙炔与氧混合燃烧所形成的火焰,也称氧-乙炔焰。氧-乙炔焰由三部分组成,即焰心、内焰和外焰。控制氧气和乙炔气的混合比,可以得到三种不同性质的火焰。

(1) 中性焰(Neutral Flame):氧气和乙炔的混合比为1～1.2时燃烧所形成的火焰,如图10-19(a)所示。内焰温度最高,可达3000℃～3200℃。中性焰燃烧完全,对红热或熔化了的金属没有炭化和氧化作用,气焊一般都可以采用中性焰。适用于低碳钢、中碳钢、低合金钢、紫铜、铝及合金等金属材料。

(2) 碳化焰(Carburizing Flame):氧气和乙炔的混合比<1时燃烧所形成的火焰,如图10-19(b)所示。由于燃烧不完全,火焰最高温度低于3000℃。用碳化焰焊接会使焊缝金属增碳,一般只用于高碳钢、铸铁等材料的焊接。

(3) 氧化焰(Oxidizing Flame):氧气和乙炔的混合比>1.2时燃烧所形成的火焰,如图10-19(c)所示。由于氧气充足,燃烧剧烈,火焰最高温度可达3100℃～3300℃。氧化焰对焊缝金属有氧化作用,一般气焊不宜使用,但在焊接黄铜时可用。

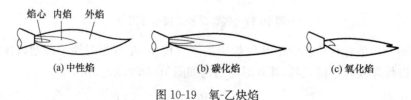

图10-19 氧-乙炔焰

气焊的三种火焰一般可通过观察火焰的颜色、长短等辨别,如图10-19所示。

10.3.4 气焊安全常识

(1) 气焊作业场地周围应清除易燃、易爆物品或进行覆盖、隔离。

(2) 氧气瓶、燃气(乙炔、液化石油气等)瓶必须经检验合格并且标志清晰有效,减压器、压力表等安全附件齐全好用。

(3) 气瓶严禁混杂,远离高温、明火。瓶间距2m以上;瓶与火在5m以上。

(4) 氧气瓶、氧气表及焊割工具严禁沾染油脂,以防燃烧爆炸。

(5) 搬运气瓶时,必须使用专用的抬架或小车,不得直接用肩膀扛运或用手搬运,严禁从高处滑下或在地面滚动,禁止用起重设备直接吊运,氧气瓶、燃气瓶应有防振胶圈,旋紧安全帽,避免碰撞和剧烈振动,并防止曝晒。冻结时应用热水加热,不准用火烤。氧气瓶、燃气瓶必须按规定单独摆放,使用时应直立放置。

（6）使用的气体胶管必须符合国家要求，保存和使用时保证胶管清洁和不受损坏，避免阳光曝晒、雨雪浸淋，防止与酸、碱、油类及其他有机溶剂等影响胶管质量的物质接触，氧气与燃气胶管不能混用和相互替代。

（7）作业人员必须按照要求佩戴劳动保护用品，防护眼镜必不可少。

（8）点火前应检查气路各连接处的严密性，焊嘴如有堵塞，用针捅通。

（9）操作中如发生回火现象应立即关闭乙炔阀，然后关闭氧气阀，待回火熄灭后，将焊嘴用水冷却，然后打开氧气阀，吹走焊炬内的烟灰后，再重新点火使用。

（10）工作完毕，应将氧气瓶、燃气瓶的气阀关好，氧气瓶应拧上安全罩。检查操作场地，确认无着火危险，方准离开。

10.3.5 气焊特点及应用

（1）设备简单、操作方便、适应性强、成本低、不用电。

（2）效率低（预热时间长）、质量不高（易变形）。

（3）适合焊接 3mm 以下的低碳钢薄板、有色金属及铸铁的焊补等。

10.3.6 气割

1. 气割的原理及应用

气割（Oxygen Cutting）是利用气体火焰的热能将工件切割处预热到一定温度后，喷出高速切割氧流，使材料燃烧并放出热量实现切割的方法。

气割过程实际上是被气割金属在纯氧的燃烧过程，是氧化过程，而不是气焊的熔化过程。由于气割所用设备与气焊基本相同，而操作也有近似之处，因此常把气割与气焊在使用上和场地上都放在一起。

能够进行气割的金属必须满足下列条件：

（1）金属熔点应高于燃点（即先燃烧后熔化）。

（2）氧化物的熔点应低于金属本身的熔点。

（3）金属氧化物应易熔化和流动性好，否则不易被氧气吹走，难以气割。

（4）金属的导热性不能太高，否则热量迅速扩散，使气割处热量不足，切割困难。

满足以上条件的金属材料有纯铁、低碳钢、中碳钢和低合金结构钢；而高碳钢、铸铁、高合金钢及铜、铝等有色金属及合金，均难以切割。

2. 割炬及气割过程

切割所需的设备与气焊类似，所不同的是气焊用焊炬，气割用割炬。割炬比焊炬多一根切割氧气管和一个切割氧阀门；此外，割嘴与焊嘴的构造也不同。割炬外形与结构如图 10-20 所示。

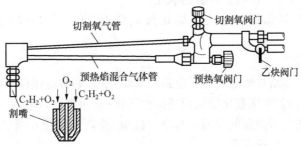

图 10-20　割炬外形与结构

气割操作:先开乙炔→点火→再开预热氧气→熔化后开切割氧气;操作完毕,先关切割氧气→再关乙炔→后关预热氧气。

3. 气割特点

与一般机械切割相比较,气割的最大优点是设备简单,操作灵活、方便,适应性强。它可以在任意位置、任何方向切割任意形状和厚度的工件,生产效率高;但切割不容易控制尺寸,切割表面质量差。一般适合 30mm 以下厚度的切割。

10.4 其他焊接方法

10.4.1 埋弧自动焊

埋弧自动焊(Submerged Arc Welding),简称埋弧焊,是电弧在焊剂层下燃烧,用机械自动引燃电弧并进行控制,自动完成焊丝的送进和电弧移动的一种电弧焊方法。

埋弧焊具有以下特点:

(1) 生产率高。埋弧焊所用焊接电流大,加上焊剂和熔渣的隔热作用,热效率高,熔深大,节省焊接工时与材料;焊丝连续自动送进,省去更换焊条的时间。

(2) 焊接质量好。埋弧焊的电弧和熔池被封闭在液体熔渣下,保护效果好,焊接规范自动控制,焊接质量稳定,焊缝成型美观。

(3) 劳动条件好。焊接过程的机械化操作显得更为便利,而且烟尘少,而且没有弧光辐射,劳动条件得到改善。

(4) 适应性差。只适用于中厚板(6～60mm)结构的长直焊缝与较大直径(一般不小于250mm)的环缝平焊,尤其适用于成批生产。

由于埋弧焊采用颗粒状焊剂,一般仅适用于平焊位置,其他位置的焊接则需采用特殊措施,以保证焊剂能覆盖焊接区,埋弧焊主要适用于低碳钢及合金钢中厚板的焊接,是大型焊接结构生产中常用的一种焊接技术。

10.4.2 气体保护焊

气体保护焊(Gas Shielded Arc Welding)是用外加气体作为电弧介质并保护电弧和焊接区的电弧焊。常用的气体保护焊有氩弧焊和 CO_2 气体保护焊两种。

1. 氩弧焊

氩弧焊(Argon Arc Welding),又称氩气体保护焊,就是在电弧焊的周围通上氩弧保护性气体,将空气隔离在焊区之外,防止焊区的氧化。

按使用电极不同,氩弧焊可分为非熔化极氩弧焊(钨极氩弧焊)和熔化极氩弧焊,如图 10-21所示。

1) 非熔化极氩弧焊

工作原理及特点:非熔化极氩弧焊是电弧在非熔化极(通常是钨极)和工件之间燃烧,在焊接电弧周围流过一种不和金属起化学反应的惰性气体(常用氩气),形成一个保护气罩,使钨极端头、电弧和熔池及已处于高温的金属不与空气接触,能防止氧化和吸收有害气体,从而形成致密的焊接接头,其力学性能非常好。

非熔化极氩弧焊多采用直流正接,以减少钨极的烧损,通常适用于焊接 4mm 以下的薄板。

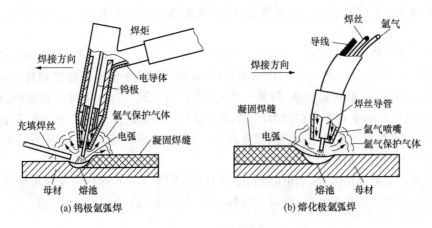

图 10-21 氩弧焊过程

2) 熔化极氩弧焊

工作原理及特点：焊丝通过丝轮送进，导电嘴导电，在母材与焊丝之间产生电弧，使焊丝和母材熔化，并用惰性气体氩气保护电弧和熔融金属来进行焊接的。它和钨极氩弧焊（在国际上简称为 TIG 焊或 GTAW 焊）的区别在于一个是焊丝作电极，并被不断熔化填入熔池，冷凝后形成焊缝；另一个是采用保护气体，随着熔化极氩弧焊的技术应用，保护气体已由单一的氩气发展出多种混合气体的广泛应用，如以氩气或氦气为保护气时，称为熔化极惰性气体保护电弧焊（在国际上简称为 MIG 焊）；以惰性气体与氧化性气体（O_2，CO_2）混合气为保护气体时，或以 CO_2 气体或 CO_2+O_2 混合气为保护气时，统称为熔化极活性气体保护电弧焊（在国际上简称为 MAG 焊）。从其操作方式看，目前应用最广的是半自动熔化极氩弧焊和富氩混合气保护焊，其次是自动熔化极氩弧焊。

为了使电弧稳定，熔化极氩弧焊通常采用直流反接；适用于焊接较厚（25mm 以下）的焊件。

氩弧焊用氩气保护效果好，电弧稳定，焊缝质量较高，热影响区较小，焊后变形小，又无渣壳，便于实现焊接过程机械化和自动化。但氩气成本高，氩弧焊设备复杂，目前主要用于铝、镁、钛及其合金，耐热钢和不锈钢等焊接。

2. 二氧化碳气体保护焊

二氧化碳气体保护焊（CO_2 Shielded Arc Welding），简称 CO_2 焊，是利用二氧化碳作为保护气体的气体保护焊。

CO_2 焊的焊接电源只能使用直流电源，用自动送进的焊丝作电极。CO_2 焊操作简单，适合自动焊和全方位焊接；在焊接时不能有风，适合室内作业。

CO_2 焊的主要优点是生产率高，工作时连续焊接，其生产率是焊条电弧焊的 1~4 倍；焊接成本低，其成本只有埋弧焊、焊条电弧焊的 40%~50%；操作简便，明弧，对工件厚度不限，可进行全位置焊接而且可以向下焊接。

CO_2 焊的主要缺点是焊缝成形差，飞溅大，设备较复杂，需采用含强脱氧剂的专用焊丝对熔池脱氧；保护气体容易受外界气流干扰，不易在户外使用。

CO_2 焊主要用于低碳钢和低合金钢的焊接。

10.4.3 电阻焊

电阻焊（Resistance Welding）是将被焊工件压紧于两电极之间，并施以电流，利用电流流经工件接触面及邻近区域产生的电阻热效应将其加热到熔化或塑性状态,使之形成金属结合的一种方法。

电阻焊的主要特点是焊接电压很低(1~12V),焊接电流很大(几千至几万安);完成一个焊接接头的时间极短(0.01至几秒),焊接质量好;焊接过程易于实现机械化和自动化(如机器人点焊),生产率很高;不需要焊丝、焊条等填充金属,以及氧、乙炔、氢等焊接材料,焊接成本低;由于目前还缺乏可靠的无损检测方法,焊接质量只能靠工艺试样和工件的破坏性试验来检查,以及靠各种监控技术来保证;此外,设备成本较高、维修较困难,并且常用的大功率单相交流焊机不利于电网的平衡运行。

电阻焊接的品质是由电流、通电时间、加压力和电阻顶端直径这四个要素决定的。

电阻焊基本形式可分为点焊、缝焊和对焊三种,如图10-22所示。

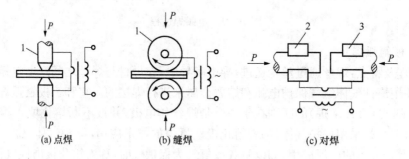

(a) 点焊　　　　　(b) 缝焊　　　　　(c) 对焊

图 10-22　电阻焊的基本形式
1—电极;2—固定电极;3—活动电极

1. 点焊

点焊(Spot Welding)是将焊件装配成搭接接头,并压紧在两柱状电极之间,利用电阻热熔化母材金属,形成焊点的电阻焊方法。点焊按一次形成的焊点数,可分为单点焊和多点焊。

点焊主要用于焊接厚度4mm以下无密封要求的薄板结构、冲压结构和钢筋结构。目前广泛应用于汽车、火车车厢和飞机等制造业。

凸焊(Projection Welding)是点焊的一种变形形式;在一个工件上有预制的凸点,凸焊时,一次可在接头处形成一个或多个熔核。

板件凸焊最适宜的厚度为0.5~4mm。焊接更薄的板件时,凸点设计要求严格,需要随动性极好的焊机,因此厚度小于0.25mm的板件更易于采用点焊。

凸焊主要用于焊接低碳钢和低合金钢的冲压件。凸焊的种类很多,除板件凸焊外,还有螺帽、螺钉类零件的凸焊、线材交叉凸焊、管子凸焊和板材T型凸焊等。

2. 缝焊

缝焊(Seam Welding)的过程与点焊相似,只是以旋转的圆盘状滚轮电极代替柱状电极,将焊件装配成搭接或对接接头,并置于两滚轮电极之间,滚轮加压焊件并转动,连续或断续送电,形成一条连续焊缝的电阻焊方法。

缝焊主要用于焊接焊缝较为规则、要求密封的结构(如油箱、管道等),板厚一般在3mm以下。

3. 对焊

对焊(Butt Welding)是利用电阻热将两工件沿整个端面同时焊接起来的一类电阻焊方法。按焊接工艺不同,对焊又可分为电阻对焊(Resistance Butt Welding)和闪光对焊(Flash Butt Welding)。电阻对焊主要用于截面简单、直径或边长小于 20mm 和强度要求不太高的焊件;闪光对焊常用于重要焊件的焊接,可焊同种金属,也可焊异种金属,可焊 0.01mm 的金属丝,也可焊 20000mm 的金属棒和型材。

10.4.4 钎焊

钎焊(Soldering and Brazing)是利用熔点比母材(被钎焊材料)熔点低的填充金属(称为钎料或焊料),在低于母材熔点、高于钎料熔点的温度下,利用液态钎料在母材表面润湿、铺展和在母材间隙中填缝,与母材相互溶解与扩散,而实现零件间的连接的焊接方法。

钎焊的特点是钎焊时母材不熔化,仅钎料熔化;钎焊时不对焊件施加压力。

根据钎料熔点的不同,钎焊分为软钎焊和硬钎焊。

1. 软钎焊

钎料熔点<450℃,接头强度一般不超过 70MPa 的称为软钎焊。属于这类的钎料有锡、铅等。软钎焊主要用于焊接受力不大和工作温度较低的工件,如各种电器导线的连接及仪器、仪表元件的钎焊(主要用于电子线路的焊接)。

2. 硬钎焊

钎料熔点在 450℃ 以上,接头强度在 200MPa 以上的称为硬钎焊。属于这类的钎料有铝基、铜基、银基、镍基等合金。硬钎焊主要用于焊接受力较大、工作温度较高的工件,如自行车架、硬质合金刀具和钻探钻头等(主要用于机械零、部件的焊接)。

参 考 文 献

陈作炳等.2010. 工程训练教程. 北京:清华大学出版社
杜国华.2012. 焊工简明手册. 北京:机械工业出版社
刘新等.2011. 工程训练通识教程. 北京:清华大学出版社
巫世晶.2007. 工程实践. 北京:中国电力出版社
中国机械工程学会塑性工程学会.2008. 焊接手册.3 版. 北京:机械工业出版社

第四篇 金属切削加工

第 11 章 切削加工基础知识

在机械制造中,为了获得较高质量的零件,绝大多数零件都要进行切削加工。切削加工约占全部机械制造工作量的三分之一。

金属切削加工是利用刀具切除金属毛坯上的多余材料,获得符合规定技术要求的机械零件的加工方法。传统的金属切削加工分为机械加工和钳工两大类。

机械加工(Machining)是由人工操作机床对工件进行切削加工。加工时零件和刀具分别装夹在机床对应的装置上,靠机床提供的动力和传动,通过刀具对零件进行切削加工。加工方式主要有车削、钻削、铣削、刨削、镗削、插削、拉削和磨削等,其相应的机床分别称为车床(Lathe Machine)、钻床(Drilling Machine)、铣床(Milling Machine)、刨床、镗床、插床、拉床和磨床(Grinding Machine)等。常见的机床加工方法如图 11-1 所示。

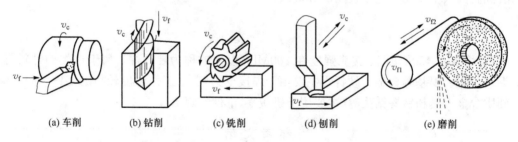

(a) 车削　　(b) 钻削　　(c) 铣削　　(d) 刨削　　(e) 磨削

图 11-1　切削成形的基本方法

钳工(Locksmith and Assemblage)是由人工手持工具对工件进行切削加工。钳工的劳动强度大,生产效率低,由于使用工具简单、加工灵活,是装配修理中不可缺少的加工方法,在现代加工中,钳工操作也逐渐向机械化发展。

由于机械加工劳动强度低、自动化程度高、加工质量好,是切削加工的主要方式。通常所说的金属切削加工就是指机械加工。

金属切削加工与铸造、锻压和焊接等热加工相对应,称为冷加工,应用非常广泛。

11.1　切削运动和切削用量

11.1.1　切削运动

切削运动(Cutting Motion)是指在切削加工中刀具与工件的相对运动,即表面成形运动。可分解为主运动和进给运动。

1. 主运动

主运动(Primary Motion)是切下切屑所需的最基本的运动,是提供主要切削速度的运动。其特征是消耗机床动力最大,速度最高。主运动只有一个,没有这个运动就没有切削,它可以是旋转运动(如车削时工件的旋转运动),也可以是平移运动(如刨削时刨刀的直线运动)。

2. 进给运动

进给运动(Feed Motion)是指提供连续切削的运动,也就是当主运动完成一个切削周期以后,使工件多余材料不断被切除的运动。进给运动可以有一个或几个,如车削时车刀的纵向或横向运动;刨削时工作台的间歇移动。

11.1.2 切削用量

1. 切削用量三要素

切削用量(Cutting Condition)用来表示机械加工中所需工艺参数的大小。例如在车削时,要确定车床的转速、车刀切入工件的深度和进给的快慢等。切削用量包括切削速度 v_c、进给量 f 和背吃刀量(切削深度)a_p,称为切削用量三要素。

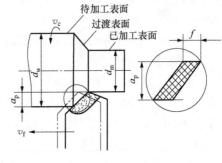

图 11-2 切削用量

现以车外圆(图 11-2)为例来说明其计算方法及单位。

1) 切削速度 v_c

切削速度(Cutting Speed)是指在单位时间内,工件与刀具沿主运动方向的相对位移量,单位为 m/s。即

$$v_c = \frac{\pi d_w n}{1000 \times 60}$$

式中,d_w 为工件待加工表面的直径(mm);n 为工件转速(r/min)。

2) 进给量 f

进给量(Feed Per Revolution or Stroke)是指主运动单位循环下(如车床工件每转一周),刀具与工件之间沿进给运动方向的相对位移量,单位为 mm/r。

3) 背吃刀量 a_p

背吃刀量(Back Engagement)是指工件已加工表面和待加工表面间的垂直距离,单位为 mm。即

$$a_p = \frac{d_w - d_m}{2}$$

式中,d_w 为工件待加工表面的直径(mm);d_m 为工件已加工表面的直径(mm)。

背吃刀量表示切削刃切入工件的深度,因而在切削用量手册中常称为切削深度。

切削用量是切削成形开始前调整机床所必须使用的参数,其选择合理与否,将直接关系到加工质量和生产效率。

2. 切削用量选择的一般原则

在实际生产中,切削用量三要素受加工质量、刀具耐用度、机床动力、机床和工件的刚度等

因素的限制,不可任意选取。

合理的切削用量是指充分利用刀具的切削性能和机床性能,在保证加工质量的前提下,获得高的生产率和低的加工成本的切削用量。

不同的加工性质,对切削加工的要求是不一样的。因此,在选择切削用量时,考虑的侧重点也应有所区别。粗加工时,应尽量保证较高的金属切除率和必要的刀具耐用度,故一般优先选择尽可能大的背切削量 a_p,其次选择较大的进给量 f,最后根据刀具耐用度要求,确定合适的切削速度 v_c。精加工时,首先应保证工件的加工精度和表面质量要求,故一般选用较小的进给量 f 和背吃刀量 a_p,而尽可能选用较高的切削速度 v_c。

1) 背吃刀量 a_p 的选择

背吃刀量 a_p 根据机床、工件和刀具的刚度来决定,在刚度允许的条件下,应尽可能选择较大的背吃刀量。粗加工时,除留下精加工余量外,一次走刀应尽可能切除全部余量;当加工余量过大时,可分多次走刀。切削表面层有硬皮的铸锻件时,应尽量使 a_p 大于硬皮层的厚度,以保护刀尖。半精加工和精加工的加工余量一般较小时,可一次切除,但有时为了保证工件的加工精度和表面质量,也可采用二次走刀。多次走刀时,应尽量将第一次走刀的切削深度取大些,一般为总加工余量的 $2/3 \sim 3/4$。在中等功率的机床上,粗加工时的切削深度可达 $8 \sim 10\text{mm}$,半精加工(表面粗糙度为 $Ra6.3 \sim 3.2\mu m$)时,切削深度取为 $0.5 \sim 2\text{mm}$,精加工(表面粗糙度为 $Ra1.6 \sim 0.8\mu m$)时,切削深度取为 $0.1 \sim 0.4\text{mm}$。

2) 进给量 f 的选择

背吃刀量选定后,接着就应尽可能选用较大的进给量 f。但在半精加工和精加工时,最大进给量主要受工件加工表面粗糙度的限制。工厂中,进给量一般多根据经验或资料数据选取,在有条件的情况下,可通过对切削数据库进行检索和优化。

3) 切削速度 v_c 的选择

在 a_p 和 f 选定以后,可在保证刀具合理耐用度的条件下,用计算的方法或用查表法确定切削速度 v_c 的值。在具体确定 v_c 值时,一般应遵循下述原则:

(1) 粗车时,a_p 和 f 均较大,故选择较低的切削速度;精车时,则选择较高的切削速度。

(2) 工件材料的加工性较差时,应选较低的切削速度。故加工灰铸铁的切削速度应较加工中碳钢低,而加工铝合金和铜合金的切削速度则较加工钢高得多。

(3) 刀具材料的切削性能越好时,切削速度也可选得越高。因此,硬质合金刀具的切削速度可选得比高速钢高度好几倍,而涂层硬质合金、陶瓷、金刚石及立方氧化硼刀具的切削速度又可选得比硬质合金刀具高许多。

此外,在确定精加工、半精加工的切削速度时,应注意避开积屑瘤和鳞刺产生的区域;在易发生振动的情况下,切削速度应避开自激振动的临界速度,在加工带硬皮的铸锻件时,加工大件、细长件和薄壁件时,以及断续切削时,应选用较低的切削速度。

11.2 切削刀具的基本知识

11.2.1 刀具材料的基本要求

刀具由夹持部分和切削部分组成。夹持部分是用来将刀具固定在机床上的部分;切削部分是刀具上直接参与工作的部分,在切削过程中要承受高温、高压、摩擦、冲击和振动,应具备良好的力学性能、物理性能和合理的几何形状。因此刀具材料应具备以下基本性能:

(1) 足够高的硬度。在常温下一般应达到 60HRC 以上。

（2）足够的强度和韧性。以承受切削力和切削中的冲击振动。

（3）良好的耐磨性。以抵抗切削过程中的磨损，保持正确的刀具角度。

（4）良好的耐热性。又称红硬性或热硬性，指刀具材料在高温下仍然保持较高硬度、强度和韧性的性能。

（5）良好的工艺性。以便于刀具的制造。

实际上，在选择刀具材料时，很难找到上述几方面性能都是最佳的，因为材料性能之间往往相互矛盾。如硬度高，韧性就低；耐磨性好，则可磨削性就差等。

11.2.2　常用的刀具材料

目前常用的刀具材料有碳素工具钢、合金工具钢、高速钢、硬质合金、陶瓷、金刚石、立方氮化硼等。碳素工具钢和合金工具钢因耐热性差，仅用于手工工具及切削速度较低的刀具。陶瓷、金刚石、立方氮化硼等仅用于特殊场合。用得最多的材料是高速钢和硬质合金。

1. 高速钢

高速钢（High-speed Tool Steels）是含钨、钼、铬、钒等合金元素较多的高合金工具钢（GB/T 9943—2008）。其强度和冲击韧性较好，具有一定的硬度（HRC60 以上）和耐磨性，刃磨后切削刃锋利，耐热性在 600℃左右。按照用途的不同，高速钢可分为通用型高速钢和高性能高速钢。在工厂中，高速钢亦被称为"风钢"或"锋钢"，意思是淬火时即使在空气中冷却也能硬化，并且很锋利；磨光的高速钢亦被称为"白钢"。

高速钢用于制造形状复杂的铣刀、拉刀、齿轮刀具和钻头等。车刀也常用高速钢制造，常用的牌号有 W18Cr4V、W6Mo5Cr4V2、W12Cr4V4Mo 等。

2. 硬质合金

硬质合金（Emented Carbide）是用高硬度、高熔点的金属碳化物的粉末和金属黏结剂在高压下成型后，在高温下烧结而成的粉末冶金材料。其硬度、耐磨性和耐热性都很高，许用切削速度远远超过高速钢，加工效率高，能切削诸如淬火钢一类的硬材料，但其抗弯强度低、冲击韧性差，工艺性不如高速钢。在工厂中，硬质合金亦被称为"钨钢"。

硬质合金难以制成形状复杂的刀具，一般制成各式刀片，然后通过焊接或机械方法固定在刀体上，形成镶齿刀具，如镶齿铣刀、高速切削车刀等。

切削工具用硬质合金按 ISO 标准可分为 P、M、K 三类。国产普通硬质合金按其化学成分的不同，可分为以下几种：

（1）钨钴类（WC＋Co）。合金代号为 YT，对应国际标准 K 类，主要用于加工短切屑的铸铁、有色金属及非金属材料。

（2）钨钛钴类（WC＋TiC＋Co）。合金代号为 YG，对应国际标准 P 类，主要用于加工长切屑的钢件等塑性材料。

（3）钨钛钽（铌）钴类（WC＋TiC＋TaC(NbC)＋Co）。合金代号为 YW，对应国际标准 M 类，此类硬质合金不但适用于加工冷硬铸铁、有色金属及合金的半精加工，也能用于高锰钢、淬火钢、合金钢及耐热合金钢的半精加工和精加工。

（4）碳化钛基类（WC＋TiC＋Ni＋Mo）。合金代号为 YN，对应国际标准 P01 类，一般用于精加工和半精加工，对于大而长且加工精度较高的零件尤其适合，但不适合有冲击载荷的粗加工和低速加工。

有关硬质合金分类等内容详见国家标准 GB/T 2075—2007《切削加工用硬切削材料的分类和用途　大组和用途小组的分类代号》。

11.2.3　刀具角度

切削刀具的种类很多,但其结构和几何角度有许多相同的特征,都是以普通外圆车刀切削部分的几何形状为基本形状。下面以普通外圆车刀为例介绍刀具的几何角度。

1. 刀具切削部分的组成

车刀的切削部分(即刀头)由"三面两刃一尖"组成,即由前刀面、主后刀面、副后刀面、主切削刃、副切削刃和刀尖组成,如图 11-3 所示。

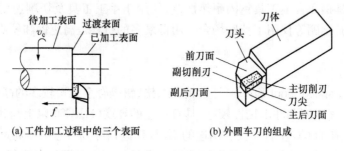

(a) 工件加工过程中的三个表面　　　　(b) 外圆车刀的组成

图 11-3　切削用量

(1) 前刀面:切屑流出时经过的表面。一般指车刀的上面。

(2) 主后刀面:与工件过渡表面相对的那个面。

(3) 副后刀面:与工件已加工表面相对的那个面。

(4) 主切削刃:前刀面与主后刀面的交线,担负主要的切削工作。

(5) 副切削刃:前刀面与副后刀面的交线,担负一定的切削工作,并起修光作用。

(6) 刀尖:主切削刃与副切削刃的交点。通常是一小段过渡圆弧,其目的是提高刀尖的强度和改善散热条件。

2. 刀具角度

刀具角度(Tool Angle)是把刀具当做一个实体来定义其角度时,即刀具在静止参考系中的一套角度,这些角度在设计、制造、刃磨及测量刀具时都是必需的。以假想的三个相互垂直的辅助平面(基面、切削平面、正交平面)作静止参考系,如图 11-4 所示。

(1) 基面:通过主切削刃某一点并与该点切削速度方向垂直的平面。

(2) 切削平面:通过主切削刃上某一点并与工件过渡表面相切的平面。

(3) 正交平面:通过主切削刃上某一点并与主切削刃在基面上的投影垂直的平面。

以外圆车刀为例,介绍车刀五个主要角度:前角、后角、主偏角、副偏角和刃倾角。如图 11-4所示。

(1) 前角 γ_0:是前刀面与基面间的夹角。增大前角,刀刃锋利,刀头强度下降,影响刀具寿命;一般粗加工选较小值,精加工选较大值。

(2) 后角 α_0:是主后刀面与切削平面间的夹角。后角的主要作用是减少后刀面与工件之间的摩擦,它也和前角一样影响刃口的强度和锋利程度。

(3) 主偏角 κ_r:是主切削刃在基面上的投影与进给运动方向间的夹角。主偏角的大小影

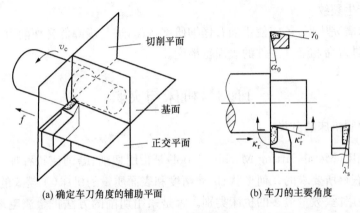

(a) 确定车刀角度的辅助平面　　　　　(b) 车刀的主要角度

图 11-4　车刀角度

响切削刃工作长度、背向力(旧称径向切削力)、刀尖强度和散热条件。

(4) 副偏角 κ_r'：是副后刀面在基面上的投影与进给运动反方向间的夹角。副偏角影响已加工表面的粗糙度。

(5) 刃倾角 λ_s：是切削平面内主切削刃与基面间的夹角。刃倾角影响切屑流动方向和刀尖强度。

3. 刀具的刃磨

刀具用钝后需要在砂轮机上重新刃磨,使刀刃锋利,且恢复刀具切削部分原来的形状和角度。磨高速钢刀具,用氧化铝砂轮(砂轮呈白色);磨硬质合金刀头,用碳化硅砂轮(砂轮呈绿色)。车刀初次刃磨的步骤如图 11-5 所示。

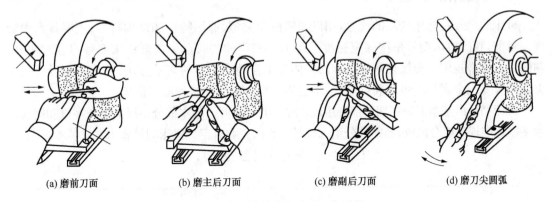

(a) 磨前刀面　　　　(b) 磨主后刀面　　　　(c) 磨副后刀面　　　　(d) 磨刀尖圆弧

图 11-5　刃磨外圆车刀的一般步骤

刃磨外圆车刀的一般步骤如下。

(1) 磨前刀面:目的是磨出车刀的前角和刃倾角。

(2) 磨主后刀面:目的是磨出车刀的主偏角和后角。

(3) 磨副后刀面:目的是磨出车刀的副偏角和副后角。

(4) 磨刀尖圆弧:在主切削刃与副切削刃之间磨出刀尖过渡圆弧。

车刀重磨时一般也按这四步进行,但主要目的是使刀刃锋利。

磨刀时,操作者应站在砂轮侧面,双手要拿稳刀具,用力要均匀,倾斜角度要合适,要在砂轮圆周面中间部位刃磨,并左右移动刀具。磨高速钢刀具,刀头磨热时,可放入水中冷却,避免刀具温升过高而软化。磨硬质合金刀具,刀头发热后可将刀体放入水中冷却,避免硬质合金刀片遇水急冷而产生裂纹。

刀具各面刃磨完毕后,还应使用油石仔细研磨各面,进一步降低各切削刃和各面的表面粗糙度,以提高刀具寿命和降低工件的表面粗糙度。

11.3　机床与夹具

11.3.1　金属切削机床的分类

金属切削机床(Metal-cutting Machine Tool)是指用切削、磨削或特种加工方法加工各种金属工件,使之获得所要求的几何形状、尺寸精度和表面质量的机床(手携式的除外)。金属切削机床是使用最广泛、数量最多的机床类别。因是采用切削的方法把金属毛坯加工成机器零件的机器,是制造机器的机器,所以又称为"工作母机"或"工具机",习惯上简称机床。

目前金属切削机床的品种和规格繁多,为便于区分、使用和管理,需对机床进行分类。最常用的分类方法是按机床的加工性质和所用刀具来分类;此外还可以根据车床万能性程度,机床工作精度、重量和尺寸,以及机床的自动化程度等进行分类。

(1)按加工性质和所用刀具可分为11大门类。分别为车床、钻床、镗床、磨床、齿轮加工机床、螺纹加工机床、铣床、刨插床、拉床、锯床和其他机床。

(2)按机床工作精度可分为普通机床、精密机床和高精度机床。

(3)按机床加工件大小和机床自身重量可分为仪表机床、中小型机床、大型机床、重型机床和特重型机床。

(4)按机床通用性可分为通用机床、专门化机床、专用机床和组合机床。

11.3.2　金属切削机床型号编制

机床的型号是机床产品的代号,用以表明机床类型、通用特性和结构特性、主要技术参数等。目前,我国机床型号是按国家标准 GB/T 15375—2008《金属切削机床型号编制方法》编制的。该标准规定了金属切削机床和回转体加工自动线型号的表示方法,适用于新设计的各类通用及专用金属切削机床和自动线,不适用于组合机床和特种加工机床。

机床型号由基本部分和辅助部分组成,中间用"/"隔开。基本部分由汉语拼音字母和阿拉伯数字按标准规定组合而成,辅助部分纳入型号与否由企业自定。机床型号表示方法参考图11-6。

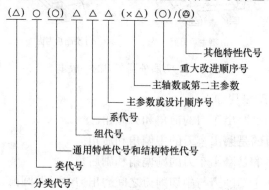

注: 1. 有"( )"的代号或数字,当无内容时不表示,若有内容则不带括号。
　　 2. 有"○"符号者,为大写汉语拼音字母。
　　 3. 有"△"符号者,为阿拉伯数字。
　　 4. 有"◎"符号者,为大写汉语拼音字母或阿拉伯数字,或两者兼而有之。

图 11-6　通用机床型号的表示方法

识读机床型号时,应从左往右依次读取各代号含义,若机床型号中有个别代号未标出或省略,可以不读。

机床型号至少由类别号(用大写汉语拼音字母表示。如:C 表示车床,Z 表示钻床,T 表示镗床,M 表示磨床,X 表示铣床,B 表示刨床等)、主代号(用一位阿拉伯数字表示)、系代号(用一位阿拉伯数字表示)、主参数或设计顺序号(用二位阿拉伯数字表示)组成。

11.3.3 机床附件

机床附件(Machine Tool Accessory)是用于扩大机床的加工性能和使用范围的附属装置。机床附件的种类有很多,其中与加工有关的附件主要有吸盘、工作台、卡盘、机床用虎钳(机用平口钳)、顶尖、夹头和分度头等。这些机床附件主要作夹具用。

11.3.4 夹具

夹具(Fixture)是用以装夹工件(和引导刀具)的装置。在工件切削加工中,常常要使工件在机床上具有正确的位置,称为定位;定位后还要使工件在加工过程中保持固定不动,称为夹紧。定位与夹紧统称为装夹。

机床夹具的分类如表 11-1 所示。

表 11-1 机床夹具的分类

分类标准	夹具名称
按使用范围	通用夹具、专用夹具、组合夹具
按动力源	手动夹具、气动夹具、液压夹具、电磁夹具、真空夹具
按机床类别	车床夹具、钻床夹具、铣床夹具、磨床夹具

下面简单说明以下几种夹具。

(1)(万能)通用夹具。其结构已定型,尺寸、规格已系列化,其中大多数已成为机床的一种标准附件。如机用虎钳、卡盘、吸盘、分度头和回转工作台等,有很大的通用性,一般无需调整或稍加调整就可用于不同工件的加工,适用于单件小批量生产。

(2)专用夹具。针对某一工件的特定工序而专门设计的夹具,一般为批量生产时使用。分为专用性夹具,如车床夹具、铣床夹具、钻模(引导刀具在工件上钻孔或铰孔用的机床夹具)、镗模(引导镗刀杆在工件上镗孔用的机床夹具)、随行夹具(用于组合机床自动线上的移动式夹具)和可调夹具(可以更换或调整元件的专用夹具)。

(3)组合夹具。由不同形状、规格和用途的标准化元件组成的夹具,适用于新产品试制和产品经常更换的单件、小批生产以及临时任务。

除虎钳、卡盘、分度头和回转工作台之类,还有一个更普遍的叫刀柄,一般说来,刀具夹具这个词同时出现时,大多这个夹具指的就是刀柄。

11.3.5 定位与基准

1. 定位

为了保证工件在夹具中正确、稳定的位置,需要限制工件对夹具的自由度。任何一个位于三维空间的刚体,都有六个自由度,因此,限制工件六个自由度的原理称为六点定位原理。用来限制工件自由度的几何体称为定位元件。

加工时一般要把六个自由度完全限制。在夹紧工件时不允许欠定位,欠定位是按工艺要求必须被限制的定位。一般情况下,不允许某个自由度被不同的定位元件同时限制,即过定位。

2. 基准

基准是确定零件或产品上的某些几何要素(如点、线、面)的位置时所依据的几何要素。按基准的作用和应用场合,基准可分为设计基准和工艺基准。

(1)设计基准:在零件图上用于确定其他点、线、面所依据的基准;即零件图上确定标注尺寸的起始位置。

(2)工艺基准:是在工艺过程中所使用的基准。工艺过程是一个复杂的过程,按用途不同工艺基准又可分为工序基准、定位基准、测量基准和装配基准。定位基准还可以分为粗加工基准(毛坯表面为定位基准)和精加工基准(机械加工过表面为定位基准)。

工序基准应尽量与设计基准重合,当考虑定位与试切测量方便时也可以与定位基准或测量基准相重合。

11.4 零件加工工艺

11.4.1 零件的生产和工艺过程

1. 生产过程

生产过程是指将原材料变为成品的所有劳动的全过程。它包括:原材料的运输和保管、生产的准备、毛坯的制造、零件的加工、部件和产品的装配,以及产品的检验、油漆、包装等。

2. 工艺过程

工艺过程(Manufacturing Process)指改变生产对象的形状、尺寸、相对位置和性质等,使其成为成品或半成品的过程。工艺过程又可分为:铸造、锻造、冲压、焊接、机械加工、热处理和装配等工艺过程。本节主要讲零件的机械加工工艺过程。

机械加工工艺过程是指用机械加工的方法改变毛坯的形状、尺寸、相对位置和性质使其成为合格零件的全过程,加工工艺是工人进行加工的一个依据。

零件依次通过的全部加工过程称为工艺路线或工艺流程,它表明工作顺序,是工艺过程的具体体现,也是进行车间分工的重要依据。

3. 工艺规程

把零件加工的全部工艺过程按一定格式写成的书面文件称为工艺规程。工艺规程常表现为各种形式的工艺卡片,有综合工艺过程卡片、机械加工工艺卡片、机械加工工序卡片和检验卡片等。工艺规程的繁简程度有很大差别,视生产类型而定。工艺卡片中应简明扼要地写明与零件加工有关的各种信息资料,如工艺路线、加工设备、刀具和量具的配备、切削用量及工序简图等。

11.4.2 工艺过程的组成

1. 工序

工艺过程一般是由若干个顺序完成的工序组成。所谓工序是指一个(或一组)工人,在一个工作地点(或一台机床上)对同一个零件(或一组零件)进行加工所连续完成的那部分工艺过程。工序是工艺过程的基本组成部分,工序是制订生产计划和进行成本核算的基本单元。

2. 工步

工序还可细分为工步,即工序是由一个或若干个工步组成。所谓工步是指在加工表面、切削刀具和切削用量(仅指机床主轴转速和进给量)都不变的情况下所完成的那部分工序。上述三个要素中(指加工表面、切削刀具和切削用量)只要有一个要素改变了,就不能认为是同一个工步。

为了提高生产效率,机械加工中有时用几把刀具同时加工几个表面,这也被看做是一个工步,称为复合工步。

3. 走刀

在一个工步中,有时被切削的材料层较厚,需分几次切除,则每切去一层材料称为一次走刀。走刀是指刀具相对工件加工表面进行一次切削所完成的那部分工作。显然,一个工步可包括一次走刀或几次走刀。

4. 安装和工位

安装是工件经一次装夹后所完成的那一部分工艺过程。在同一工序中,工件在工作位置可能只装夹一次,也可能要装夹几次。从减小装夹误差及减少装夹工件所花费的时间考虑,应尽量减少安装数。

在同一工序中,有时为了减少安装次数,常采用转位工作台或转位夹具,使工件在一次安装中先后处于几个不同的位置进行加工。在工件的一次安装中,工件相对于机床(或刀具)每占据一个确切位置中所完成的那一部分工艺过程称为工位。

11.4.3 零件切削加工过程

零件切削加工工序安排合理与否,对加工质量、生产率及成本有很大影响。零件的要求不同,工序安排也不同。对单件小批量生产小型零件的切削加工,常按以下步骤进行。

1. 阅读零件图

零件图是制造零件的依据。切削加工人员要完全读懂图样要求,并据此进行工艺分析,拟订加工方案,确定加工设备,为加工出合格零件做好前期技术准备工作。

2. 进行零件预加工

加工前,要对毛坯进行检查,有些零件还需要进行预加工,常见的预加工有划线和钻中心孔。划线往往针对由铸造、锻压、轧制和焊接等方法制成的毛坯;钻中心孔往往针对以锻压棒料做毛坯,在车床上加工较长轴类零件。

3. 选择加工机床及刀具

根据零件被加工部位的形状和尺寸,选择合适的机床;根据工序的要求选择刀具。

4. 安装零件

零件在切削加工之前,必须牢固地安装在机床上,并使其相对机床和刀具有一个正确位置。零件安装正确与否,对保证零件加工质量及提高生产率都有很大影响。零件安装方法主要有以下两种。

(1) 直接安装:零件直接安装在机床工作台或通用夹具上。这种安装方法简单、方便,常用于单件小批量生产。

(2) 专用夹具安装:零件安装在为其专门设计和制造的能正确迅速安装零件的装置中。用这种方法安装零件时,无须找正,而且定位精度高,夹紧迅速可靠,常用于大批量生产。

5. 进行零件切削加工

为高效率、高质量、低成本地完成零件各表面的切削加工,要视零件的具体情况,合理地安排加工顺序和划分加工阶段。

(1) 粗加工阶段:用较大的进给量和背吃刀量、较低的切削速度进行加工,可以用较少的时间切除零件上大部分加工余量,提高生产率,为精加工打下基础,同时还能及时发现毛坯缺陷,给予报废或修补。

(2) 精加工阶段:零件加工余量小,可用较小的进给量和背吃刀量、较高的切削速度进行切削。这样加工产生的切削力和切削热较小、变形小,很容易达到零件的尺寸精度、形位精度和表面粗糙度要求。

划分加工阶段有利于保证加工质量,合理地使用设备,即粗加工可在功率大、精度低的机床上进行,以充分发挥设备的潜力;精加工则在高精度机床上进行,有利于长期保持设备的精度。

当毛坯质量高、加工余量小、刚性好、加工精度要求不很高时,可不用划分加工阶段,而在一道工序中完成粗、精加工。

影响加工顺序安排的因素很多,通常考虑的原则是:基准先行、先粗后精、先主后次、先面后孔。

6. 检测零件

经过切削加工后的零件是否符合零件图要求,要通过用测量工具检测的结果来判断。

参 考 文 献

刘新等.2011.工程训练通识教程.北京:清华大学出版社

巫世晶.2007.工程实践.北京:中国电力出版社

杨叔子.2011.机械加工工艺师手册.2版.北京:机械工业出版社

原北京第一通用机械厂.2009.机械工人切削手册.7版.北京:机械工业出版社

张益芳等.2011.金属切削手册.4版.上海:上海科学技术出版社

第12章 车削加工

12.1 车削加工概述

12.1.1 车削加工简介

改变毛坯材料

车削加工(Turning Machining)是指在车床上用刀具对工件进行切削加工。通常工件作旋转运动(主运动),刀具作平面直线或曲线运动(进给运动)。不同的进给方式,车削形成不同的工件表面。从原理上看,车削所形成的工件表面总是与工件的回转轴线是同轴的。

车削特别适于加工回转表面,车削能形成的工件型面有内表面和外表面的圆柱面、端面、圆锥面、球面、沟槽、螺旋面和其他特殊型面等,车削加工范围如图 12-1 所示。车削加工精度一般可达 IT6~IT8,表面粗糙度 Ra 为 0.8~3.2μm。

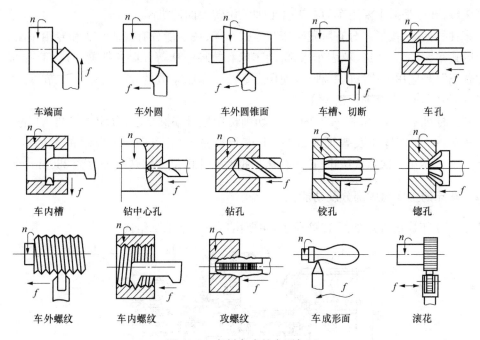

车端面	车外圆	车外圆锥面	车槽、切断	车孔
车内槽	钻中心孔	钻孔	铰孔	锪孔
车外螺纹	车内螺纹	攻螺纹	车成形面	滚花

图 12-1 车削完成的主要加工

车削是切削加工中最常用的一个工种,各类车床约占金属切削机床总数的一半。无论是批量生产还是维修生产中,车削都占很重要地位。

12.1.2 车削加工特点

车削加工与其他切削加工相比,有以下特点:

(1) 易于保证各加工面之间的位置精度。在一次安装加工零件各回转面时,各表面具有同一的回转轴线,可保证各加工表面的同轴度、平行度和垂直度等位置精度的要求。

(2) 切削过程比较平稳。车削加工时,刀具几何形状、背吃刀量和进给量一定时,切削面积就基本不变,因此,切削力基本上不发生变化。除加工断续表面外,切削过程要比铣削、刨削平稳。

（3）生产率高。一般情况下，车削过程是连续的，主运动为回转运动，避免了惯性力和冲击的影响，因而车削可选择较大的切削用量，进行高速切削或强力切削，使车削具有较高的生产率。

（4）生产成本低。车刀是比较简单的刀具之一，制造、刃磨和安装都比较方便。车床附件较多，生产准备时间短。

（5）适应性强。它是加工不同材质、不同精度的各种具有回转表面的零件不可缺少的工序；可加工钢、铸铁、有色金属和某些非金属材料，加工材料的硬度一般在 HRC30 以下，特别适于有色金属零件的精加工。车削一般用来加工单一轴线的零件，如台阶轴和盘套类零件等。采用四爪卡盘或花盘等装置改变工件的安装位置，也可加工曲轴、偏心轮或盘形凸轮等多轴线的零件。

12.2 车 床

12.2.1 车床分类与型号

车床（Lathe）是指主要用车刀在工件上加工旋转表面的机床。

车床种类繁多，按形式分有卧式车床与立式车床；按功能分有普通车床和专用车床。常见车床有卧式车床、立式车床、仪表车床、自动车床和数控车床等。卧式普通车床（简称"普通车床"或"普车"）是应用最广泛的一种，其使用台数约占车床总数的 60% 左右。本节以广州机床厂生产的 C6132A1 为例进行相关介绍。

按国家标准 GB/T 15375—2008《金属切削机床型号编制方法》规定，C6132A1 的 C 表示车床类机床，6 表示落地及普通车床组，1 表示普通车床系列，32 表示最大回转直径为 320mm，A1 表示第一次重大改进（广州机床厂把此车床的最大回转直径改为 350mm）。

12.2.2 车床的主要组成部分及功能

C6132A1 车床的外形如图 12-2 所示，主要由以下几个部分组成。

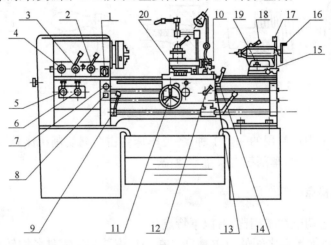

图 12-2　C6132A1 车床外形及操作手柄位置图

1、2、3—主轴变速手柄；4—左右螺纹变换手柄；5、6—螺距、进给量调整手柄；7—总停按钮；8—冷却泵开关；
9—正反开车手柄；10—小刀架进给手柄；11—床鞍纵向移动手柄；12—开合螺母手柄；13—锁紧床鞍螺钉；
14—纵横向进给手柄；15—调节尾座横向移动螺钉；16—顶尖套筒移动手柄；
17—尾座偏心锁紧手柄；18—顶尖套筒夹紧手柄；19—尾座锁紧螺母；20—横刀架移动手柄

1. 床头部分

(1) 主轴箱(Spindle Head)又称床头箱,是指装有主轴的箱形部件。其作用是带动主轴及卡盘转动;内置空心主轴及主变速机构,通过1、2、3、9手柄可选择主轴转速及正反转与停车。

(2) 卡盘(chuck)是指以均布在盘体上的活动卡爪的径向移动,将工件夹紧定位的机床附件。车床常用的是三爪卡盘,用来夹持工件随主轴一起转动。

2. 挂轮箱部分

挂轮箱(Gear Change Box)位于主轴箱与进给箱之间,内有二对滑移齿轮,通过手动调整滑移齿轮的轴向位置,使之得到四种不同的传动比。主要用于确定四种不同类型螺纹(公制螺纹、英制螺纹、模数螺纹、径节螺纹)的加工。

3. 进给部分

(1) 进给箱(Feed Box)又称走刀箱,是指装有进给变换机构的箱形部件。进给箱中装有进给运动的变换机构,通过4、5、6手柄可获得不同的进给量或螺纹导程,并能变换光杠或丝杠的运动。

(2) 光杠(Smoothbar)与丝杠(lead-screw)用以连接进给箱与溜板箱,并把进给箱的运动和动力传给溜板箱,使溜板箱获得纵向直线运动。丝杠是专门用来车削各种螺纹而设置的,在进行工件的其他表面车削时,只用光杠,不用丝杠。

4. 溜板部分

(1) 溜板箱(Glide Box)又称拖板箱,把光杠或丝杠的转动传给拖板;箱内装进给运动分向机构,调整12、14手柄位置,可实现纵向或横向机动进给,也可接通丝杠传来的运动,实现刀架车螺纹的运动。

(2) 拖板(Glide)又称溜板,包括大、中、小三层拖板,大拖板主要实现纵向移动,中拖板作横向移动,小拖板作微量移动,通过中、小拖板间的转盘可使小拖板作斜向运动。

(3) 刀架(Tool Post)主要用于安装刀具,并可作移动或回转的部件。装在小拖板上。

5. 尾座部分

尾座(Tailstock)是指用于配合主轴箱支承工件或工具的部件。由尾座体、底座、套筒等组成。在尾座套筒的锥孔里装上顶尖,可用来支顶较长的工件;装上钻头一类的孔加工工具可对工件的旋转中心进行孔加工。尾座可在导轨上纵向移动并固定在所需位置上。

6. 床体部分

(1) 床身(Bed)是指机床上用于支承和连接若干部件,并带有导轨的基础零件。车床床身使上述车床各部分之间有正确的相对位置。

(2) 床腿是用来把车床固定在地基上,左右床腿内安装有电动机、开关等电气装置。

此外,车床还包括各种附件,如中心架、冷却系统等。

12.2.3　车床的传动路线

机床的传动路线是指从电动机到机床主轴或刀架之间的运动传动的路线。C6132A1车床的传动路线如下:

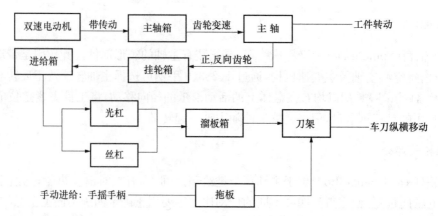

12.2.4 车床的基本操作

车床的操作主要是通过变换各自相应的手柄位置进行的。各手柄位置与功能详见图12-2。

(1) 开车前检查。参照本书第3章安全生产与环境保护/3.3劳动保护/3.3.4机械行业劳动保护的内容中的"通用安全操作规定和要求"、"车床安全操作要点"做好开车前检查及操作过程中的注意事项。特别注意在车床通电前,正反开车手柄(图12-2中手柄9)在停车位置上,纵横向手柄(图12-2中手柄14)在手动位置上,开合螺母手柄(图12-2中手柄12)在开位置上。

(2) 正确变换主轴转速。查看主轴箱上的标牌选择转速,变动主轴箱外面的变速手柄(图12-2中手柄1、2、3),可得到各种相对应的主轴转速。当手柄拨动不顺利时,用手稍转动卡盘即可。选定主轴转速后,拨动正反开车手柄(图12-2中手柄9)即可实现主轴的正反转及停止操作。注意:此时卡盘扳手不在卡盘上,机床已通电;车床未完全停止严禁变换主轴转速,否则发生严重的主轴箱内齿轮打齿现象甚至发生机床事故。

(3) 正确变换进给量。查看进给箱上的标牌选择进给量(注意挂轮箱滑移齿轮位置),变动进给箱外的变速手柄(图12-2中手柄5、6),可得到各种相对应的进给量。当手柄拨动不顺利时,利用主轴转动即可方便拨动。注意:左右螺纹变换手柄(图12-2中手柄4)必须明确位置,若在空挡上,无法自动进给;当手柄5(见图12-2)选择"M"时,变换的是螺纹导程,此时是丝杠在转动。

(4) 正确选择进给方式。当纵横向手柄(图12-2中手柄14)在手动位置时,左手握纵向移动手轮(图12-2中手柄11),右手握横向移动手柄(图12-2中手柄20)。分别顺时针和逆时针旋转,即可操纵刀架和溜板箱的移动方向;当纵横向手柄(图12-2中手柄14)在轴向或横向位置时,在主轴旋转情况下,刀架和溜板箱按选定的进给量作轴向或横向移动。注意:当手柄14在手动位置,手柄5选择"M",主轴旋转时,拨下开合螺母手柄(图12-2中手柄12),刀架按进给箱所选的螺纹导程作轴向移动。

(5) 其他操作熟悉。熟悉小拖板移动刀架的方法、刀架的转动、尾座的使用和各刻度值的含义。

12.3 车刀与工件的安装

12.3.1 车刀及其安装

1. 车刀的种类

车刀的种类繁多,常有以下几种分类方法。

（1）按刀头材质分：高速钢车刀与硬质合金车刀。

（2）按结构形式分：整体式车刀、焊接式车刀和机械夹固式车刀。

（3）按使用场合分：外圆车刀、偏刀、槽刀或切断刀、镗孔刀、螺纹刀和成形刀等。其中外圆车刀按主偏角大小不同分为多种，常见的有 45°、75°、90°车刀；90°车刀又可称为右手偏刀，简称偏刀。

2. 车刀的安装

车刀的安装如图 12-3 所示。车刀安装在方刀架上，刀尖与工件轴线等高（可用顶尖校对，在车刀下面放置垫片进行调整）。车刀伸出方刀架的长度通常不超过刀体高度的 1.5～2 倍。车刀位置装正后，应交替拧紧刀架螺丝并锁紧方刀架。

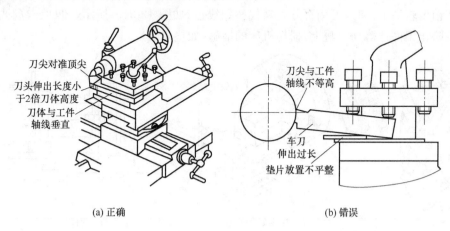

(a) 正确　　　　　　　　　　　　　　(b) 错误

图 12-3　车刀的安装

12.3.2　车削加工件的安装

在车床上安装工件要定位准确、夹紧可靠；能承受切削力，保证工作时安全。车床上常用三爪卡盘、四爪卡盘、顶尖、中心架、跟刀架、心轴和花盘等机床附件进行装夹。

1. 三爪卡盘装夹工件

三爪自定心卡盘（简称三爪卡盘）是车床上应用最广泛的通用夹具，如图 12-4 所示。卡盘上的三个爪是同步运动的。当扳手方榫插入小锥齿轮的方孔中转动时，小锥齿轮就带动大锥齿轮转动，大锥齿轮背面是平面螺纹，三个卡爪背面的螺纹与平面螺纹啮合，因此当平面螺纹

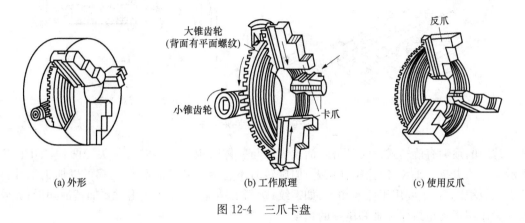

(a) 外形　　　　　　　　(b) 工作原理　　　　　　　　(c) 使用反爪

图 12-4　三爪卡盘

转动时,就带动三个卡爪同时作向心或离心移动。三爪卡盘可装成正爪或反爪。三爪卡盘能自动定心,工件装夹后一般不用找正,但定位精度不高,适合规则零件。

2. 四爪卡盘装夹工件

四爪单动卡盘(简称四爪卡盘)如图 12-5 所示,每个卡爪后面有半瓣内螺纹,转动螺杆时,卡爪就可沿槽单个移动。由于卡爪是分别调整,因此工件装夹时必须将加工部分的旋转轴线找正到与车床主轴中心线重合后才可车削。

四爪卡盘的优点是夹紧力大,因此适用于装夹大型或形状不规则的工件。每个卡爪都可装成正爪或反爪使用。装夹毛坯面进行粗加工时,一般用划线盘找正工件,如图 12-5(b)所示。安装精度较高工件时,可用百分表来代替划线盘,如图 12-5(c)所示。四爪卡盘调整工件时应采取防止工件掉落到导轨上,损伤机床的措施(如垫木板)。

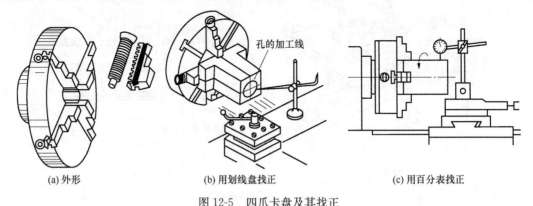

(a) 外形　　　　　　　　(b) 用划线盘找正　　　　　　　　(c) 用百分表找正

图 12-5　四爪卡盘及其找正

3. 用两顶尖装夹工件

用两顶尖装夹工件很方便,不需找正,安装精度高;但必须先在工件两端钻出中心孔(需要专门的中心钻)。

用两顶尖装夹工件如图 12-6 所示,将待加工的工件装在前后两个顶尖上,前顶尖装在主轴的锥孔内,后顶尖装在尾座套筒内用鸡心夹头装夹后通过拨盘带动工件旋转。

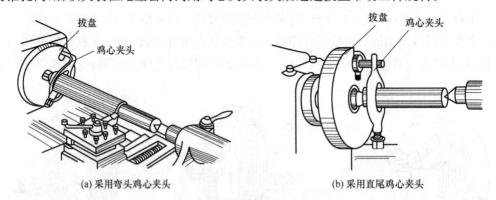

(a) 采用弯头鸡心夹头　　　　　　　　(b) 采用直尾鸡心夹头

图 12-6　两顶尖装夹工件

常用的顶尖有旋转式顶尖(俗称"活顶尖")与整体式顶尖(俗称"死顶尖")两种,如图 12-7 所示。活顶尖装有轴承,定位精度略差,但旋转时不容易发热,高速、低速都可以加工工件;死顶尖定位精度高,主要用于低速加工,如螺纹、蜗杆的精加工,加工使用时要加黄油润滑;此外,死顶尖还用于校正机床主轴和尾座的精度。

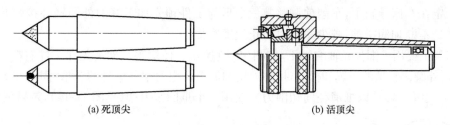

(a) 死顶尖　　　　　　　　　　　　(b) 活顶尖

图 12-7　顶尖

有时亦用三爪卡盘代替拨盘,若用三爪卡盘代替前顶尖、拨盘、鸡心架组合装夹工件称为"一夹一顶"装工件。

4. 用心轴装夹工件

精加工盘套类零件时,如孔与外圆的同轴度以及孔与端面的垂直度要求较高时,通常先将孔进行精加工,然后以孔定位安装在心轴上,再一起安装在两顶尖上进行外圆与端面加工,如图 12-8 所示。

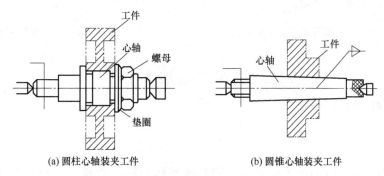

(a) 圆柱心轴装夹工件　　　　　　(b) 圆锥心轴装夹工件

图 12-8　心轴装夹工件

5. 中心架和跟刀架装夹工件

当车削长度为直径 15 倍以上的细长轴或端面带有深孔的细长工件时,由于工件本身刚性差,在背向力作用下易引起振动及车刀顶弯工件而使工件车成腰鼓形,需要用中心架或跟刀架作为辅助支承。

中心架主要用于加工有台阶或需要掉头车削的细长轴以及端面和轴心孔,如图 12-9 所示,

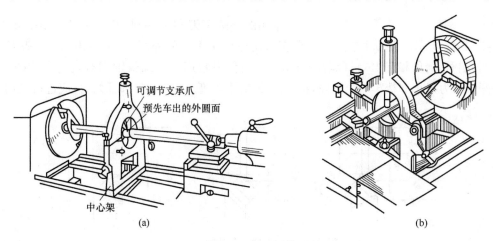

(a)　　　　　　　　　　　　　　(b)

图 12-9　用中心架车削外圆、内孔及端面

中心架固定在车床导轨上,车削前调整其三个爪与工件预先加工好的外圆轻轻接触并在车削时往接触处不断加润滑油,减少摩擦以防止过度磨损。

跟刀架主要用于细长光轴的加工,如图 12-10 所示。使用跟刀架需先在工件右端车削一段外圆,根据外圆调整爪的位置和松紧,接触处用油润滑。跟刀架一般带两个爪,固定在大拖板侧面上,随刀架纵向移动以抵消径向切削力。使用三个爪的跟刀架(见图 12-11),效果更好。

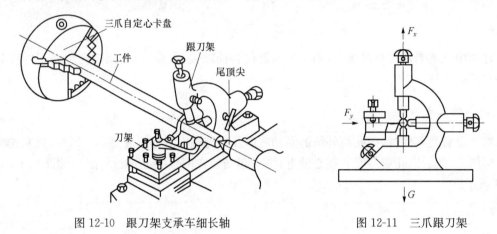

图 12-10　跟刀架支承车细长轴　　　　　图 12-11　三爪跟刀架

12.4　车削的基本工作

12.4.1　车端面、外圆及台阶

1. 车端面

车端面(Turning Front)是车削加工的必备操作。常用的端面车刀和车端面的方法如图 12-12所示。安装车刀时,刀尖应严格对准工件的中心,以免车出的端面在中心处留有凸台和挤崩刀尖。由于端面的直径从外到中心是变化的,切削速度也在不断变化,不易获得较低的表面粗糙度,因此工件的转速可比车外圆时略高一些。

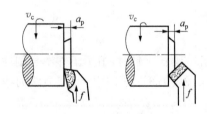

图 12-12　车端面

2. 车外圆与台阶

常用的外圆车刀和车外圆(Turning Outround)的方法如图 12-13 所示。尖刀主要用于车没有台阶或台阶不大的外圆,并可倒角;45°弯头刀用于车外圆、端面、倒角和有 45°斜台阶的外圆;90°右偏刀常用于车细长轴和有直角台阶的外圆。车外圆常分为粗车和精车两个阶段,精车阶段常用 90°偏刀,在车外圆开始时,应进行试切。

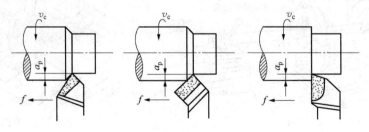

图 12-13　车外圆

台阶的车削实际上是车外圆和车端面的综合。其车削方法与车外圆没有显著的区别，但在车削时需要兼顾外圆的尺寸精度和台阶长度的要求。

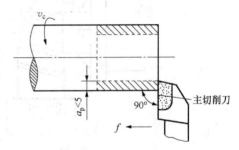

图 12-14　车低台阶

车削高度在 5mm 以下的低台阶，可在车外圆时同时车出，如图 12-14 所示。由于台阶面与工件轴线垂直，须用 90°右偏刀车削。装刀时要使主刀刃与工件轴线垂直。

车削高度在 5mm 以上的直角台阶，装刀时应使主偏角大于 90°，然后分层纵向进给车削；在末次纵向进给后，车刀横向退出，车出 90°台阶，如图 12-15 所示。

台阶的长度可用钢直尺确定，如图 12-16 所示。车削时先用刀尖车出切痕，以此作为加工界限。但这种方法不准确，切痕所定的长度一般应比要求的长度略短，以留有余地。台阶的准确长度可用游标卡尺上的深度尺测量，测量方法参见图 6-12。

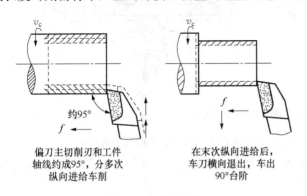

偏刀主切削刃和工件轴线约成 95°，分多次纵向进给车削

在末次纵向进给后，车刀横向退出，车出 90°台阶

图 12-15　车高台阶

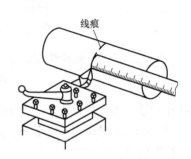

线痕

图 12-16　用钢直尺确定台阶长度

12.4.2　车圆锥

锥面有内、外锥面之分，锥面有配合紧密、传递扭矩大、定心准确、同轴度高和装拆方便等特点，因此应用广泛。锥面是车床上除内、外圆柱面之外最常加工的表面之一。车削锥面（Turning Taper Face）的方法有以下几种（图 12-17）。

(1) 宽刀法（Brood Tool Method）又称样板刀法：用与工件轴线成所需加工锥面斜角的平直切削刃直接车成锥面。此法方便、迅速，能加工任意角度和锥面，但径向切削力大，易引起振动，仅适用于批量生产中、短长度的内、外锥面加工。

(2) 转动小拖板法（Small Dragboard Indexing Method）：根据零件的圆锥角把小拖板下面的转盘旋转 1/2 圆锥角（即锥面斜角）后再锁紧。当用手缓慢而均匀地转动小拖板手柄时，刀尖则沿着锥面的母线移动，从而加工出所需要的锥面。

此法车锥面操作简便，可加工任意锥角的内外锥面。但加工长度受小拖板行程限制（C6132A1 车床小拖板行程为 100mm），不能自动走刀，需手动进给，劳动强度大，表面粗糙度不一。主要用于单件小批量生产中车削精度较低和长度较短的内外锥面。

(3) 偏移尾座法（Shift Tailstock Method）：工件安装在前后顶尖之间。将尾座体相对底座在横向偏移一个距离，使工件的旋转轴线与机床主轴轴线相交一个角，利用车刀的纵向进给，车出所需的圆锥面。

偏移尾座法只适用于在双顶尖上加工较长轴类工件的外锥面，可自动进给车削，但不能加

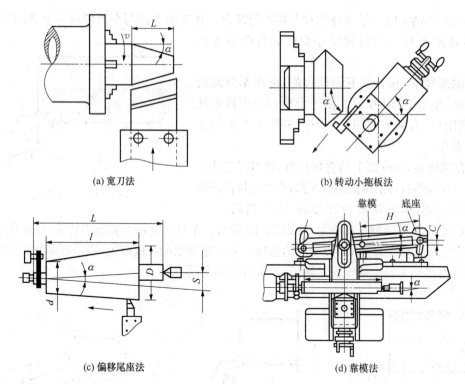

(a) 宽刀法　　　　　　　　　　　　(b) 转动小拖板法

(c) 偏移尾座法　　　　　　　　　　(d) 靠模法

图 12-17　圆锥面的车削方法

工锥孔和锥角很大的锥面(一般斜角<8°),而且精确调整尾座偏移量较费时。

（4）靠模法(Alongside Template Method):适宜于大量生产,可加工内外锥面,自动进给,加工精度较高。

12.4.3　车成形面

对带有表面轮廓为曲面的成形面如手柄、手轮等零件加工,称为成形加工。车成形面(Turning Shaped Face)方法有双手控制法、宽刀法、靠模法和数控法。其中宽刀法和靠模法与车削圆锥面的宽刀法和靠模法基本相同。双手控制法在单件生产中常用;批量生产常用数控法在数控机床上加工(详见第 17 章数控加工相关内容)。

12.4.4　车槽与切断

1. 车槽

车槽(Slot Turning)是指在工件表面车削沟槽的方法。按沟槽所处位置,可分为外槽、内槽与端面槽。车宽度 5mm 以下的窄槽,可以将主切削刃磨得和槽等宽,一次车出;车较宽槽时,应分几次车出。槽的深度一般用机床刻度盘控制。

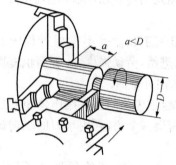

图 12-18　切断

2. 切断

切断(Turning Off)是指把棒料或工件分成两段或多段的车削方法。车断一般在卡盘上进行,避免用顶尖安装工件,车断处应尽可能靠近卡盘,如图 12-18 所示。安装切断刀时,刀尖必须与工件中心等高,否则车断处将留有凸台,且易损坏刀头。在保证刀尖能车到工件中心的前提下,刀伸出刀架之外的长度应尽可能短些,以保证刚度。

3. 车槽与切断的注意事项

(1) 切断刀一般比切槽刀窄些、长些。可用切断刀割槽,不能用车槽刀切断。

(2) 对毛坯表面,先用外圆车刀将工件车圆,或开始时尽量减少进给量,防止"扎刀"。

(3) 手动走刀,进给要均匀,选用比车外圆低的切削速度;用高速钢刀切钢料要加注切削液;在加工中,如要中途停车,应先把刀退出;在即将切断时,进给速度要更慢些,以免折断刀头。

(4) 对空心工件切断,断前用铁钩钩好工件内孔,以便断时接住;对实心件,至最后 $\phi 2 \sim \phi 3$ 时,可退出切断刀,折断工件。

12.4.5 车螺纹

1. 螺纹简介

按用途的不同,螺纹可分为连接螺纹与传动螺纹两类。前者主要用于零件的固定连接,常用的有普通螺纹和管螺纹,螺纹牙形多为三角形;传动螺纹用于传递动力、运动或位移,其牙形多为梯形或锯齿形。在所有螺纹中,普通公制三角形螺纹应用最广。

有关螺纹的几何要素及检测详见 6.7.3 节。

2. 车床加工螺纹

车螺纹(Turning Screw Thread)是指将工件表面车削成螺纹的方法。车削螺纹的基本技术要求是保证螺纹的牙形和螺距的精度,并使相配合的螺纹具有相同的中径。车床加工螺纹方法有:

(1) 在车床上能车普通螺纹、英制螺纹、模数螺纹(公制蜗杆)和径节螺纹(英制蜗杆)。

(2) 直径较小的内、外螺纹可用丝锥、板牙等工具安装在车床尾座上进行加工,加工时,要选用车床的最低转速,加油润滑。加工一个工件后,要及时清除工具内切屑。

(3) 对直径较大的螺纹、多头螺纹常采用车削加工。有高速钢车刀低速车削和硬质合金车刀高速车削两种方法,在普通车床上常用高速钢车刀低速车削方法。

3. 车三角形螺纹

1) 螺纹车刀及其安装

螺纹车刀是一种截面形状简单的成形车刀,在各种生产类型中都有应用。由于螺纹牙型角要靠螺纹车刀的正确形状来保证,因此,三角形螺纹车刀的刀尖角应为 $60°$,前角通常为 $0°$。

安装螺纹车刀时,刀尖必须与工件中心等高,且刀尖的角平分线与工件轴线垂直。为此,常用对刀样板安装螺纹车刀,如图 12-19 所示。

2) 单头外螺纹车削过程

首先,车好要加工这一段螺纹的端面、外圆和螺纹退刀槽(是否车槽按图纸要求)。一般外圆直径比公称直径小 0.1~0.2mm。

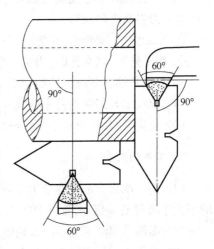

图 12-19 螺纹车刀形状及对刀方法

然后,根据螺距调整进给量箱操作手柄,变丝杠传动,换螺纹刀切削。先对刀,后合上开合螺母,选择合适的进给量(通常 0.1mm 左右)与切削方式车削螺纹。螺纹的中径是靠控制多次进刀的总切削深度来保证的,并用螺纹量规等进行检验。

注意:在车削中,用反车退刀,不能松开开合螺母以免"乱扣";要不断用切削液冷却润滑加工面;严禁用手触摸工件和以棉纱擦拭转动的螺纹。

12.4.6 滚花

滚花(Knurling)是指用滚花工具在工件表面上滚压出花纹的加工。滚花是在金属制品的捏手处或其他工作外表面滚压花纹的机械工艺,主要是防滑用。国家标准 GB/T 6403.3—2008《滚花》对一般用途的圆柱表面滚花形式和尺寸作了详细规定。

滚花一般是在车床上用滚花刀滚压而成的,如图 12-20 所示。滚花的径向挤压力很大,因此加工时工件的转速要低,要供给充足的切削液。

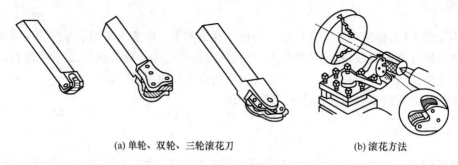

(a) 单轮、双轮、三轮滚花刀　　　　　　(b) 滚花方法

图 12-20　滚花刀及滚花方法

12.4.7 车削加工工艺守则

在车削加工中,要遵守相关的工艺守则,详见机械行业标准 JB/T 9168.2—1998《切削加工通用工艺守则　车削》。其主要内容如下:

1. 车刀的装夹

(1) 车刀刀杆伸出刀架不宜太长,一般长度不应超出刀杆高度的 1.5 倍(车孔、槽等除外)。

(2) 车刀刀杆中心线应与走刀方向垂直或平行。

(3) 刀尖高度的调整。

① 车端面、车圆锥面、车螺纹、车成形面及切断实心工件时,刀尖一般应与工件轴线等高。

② 粗车外圆、精车孔时,刀尖一般应比工件轴线稍高。

③ 车细长轴、粗车孔、切断空心工件时,刀尖一般应比工件轴线稍低。

(4) 螺纹车刀刀尖角的平分线应与工件轴线垂直。

(5) 装夹车刀时,刀杆下面的垫片要少而平,压紧车刀的螺钉要旋紧。

2. 工件的装夹

(1) 用三爪自定心卡盘装夹工件进行粗车或精车时,若工件直径小于 30mm,其悬伸长度应不大于直径的 5 倍,若工件直径大于 30mm,其悬伸长度应不大于直径的 3 倍。

(2) 用四爪单动卡盘、花盘,角铁(弯板)等装夹不规则偏重工件时,必须加配重。

(3) 在顶尖间加工轴类工件时,车削前要调整尾座顶尖轴线与车床主轴轴线重合。

(4) 在两顶尖间加工细长轴时,应使用跟刀架或中心架。在加工过程中要注意调整顶尖的顶紧力,死顶尖和中心架应注意润滑。

(5) 使用尾座时,套筒尽量伸出短些,以减少振动。

(6) 在立车上装夹支承面小、高度高的工件时,应使用加高的卡爪,并在适当的部位加拉杆或压板压紧工件。

(7) 车削轮类、套类铸锻件时,应按不加工的表面找正,以保证加工后工件壁厚均匀。

3. 车削加工

(1) 车削台阶轴时,为了保证车削时的刚性,一般应先车直径较大的部分,后车直径较小的部分。

(2) 在轴类工件上切槽时,应在精车之前进行,以防止工件变形。

(3) 精车带螺纹的轴时,一般应在螺纹加工之后再精车无螺纹部分。

(4) 钻孔前,应将工件端面车平。必要时应先打中心孔。

(5) 钻深孔时,一般先钻导向孔。

(6) 车削 $\phi 10 \sim \phi 20 mm$ 的孔时,刀杆的直径应为被加工孔径 $0.6 \sim 0.7$ 倍;加工直径大于 $\phi 20 mm$ 的孔时,一般应采用装夹刀头的刀杆。

(7) 车削多头螺纹或多头蜗杆时,调整好交换齿轮后要进行试切。

(8) 使用自动车床时,要按机床调整卡片进行刀具与工件相对位置的调整,调好后要进行试车削,首件合格后方可加工;加工过程中随时注意刀具的磨损及工件尺寸与表面粗糙度。

(9) 在立式车床上车削时,当刀架调整好后,不得随意移动横梁。

(10) 当工件的有关表面有位置公差要求时,尽量在一次装夹中完成车削。

(11) 车削圆柱齿轮齿坯时,孔与基准端面必须在一次装夹中加工。必要时应在该端面的齿轮分度圆附近车出标记线。

参 考 文 献

《实用车工手册》编写组 . 2009. 实用车工手册 . 2 版 . 北京:机械工业出版社

金福昌 . 2008. 车工(中级). 北京:机械工业出版社

刘新等 . 2011. 工程训练通识教程 . 北京:清华大学出版社

巫世晶 . 2007. 工程实践 . 北京:中国电力出版社

杨叔子 . 2011. 机械加工工艺师手册 . 2 版 . 北京:机械工业出版社

原北京第一通用机械厂 . 2009. 机械工人切削手册 . 7 版 . 北京:机械工业出版社

第 13 章　铣削加工

13.1　铣削加工概述

13.1.1　铣削加工简介

铣削加工(Milling Machining)是指在铣床上用刀具对工件进行切削加工。通常刀具作旋转运动(主运动),工件或刀具作直线或曲线运动(进给运动)。铣削加工所用刀具以铣刀为主,铣刀是多齿刀具,一般有几个齿同时参与切削。

铣削能形成的工件型面有各种平面、台阶面、沟槽、成形面、螺旋槽、齿轮和其他特殊型面等,如图 13-1 所示。铣削加工的经济精度一般可达 IT7~IT9,经济的表面粗糙度 Ra 为 3.2~6.3 μm。铣削一般属于粗加工或半精加工,是平面与沟槽加工的主要方式。

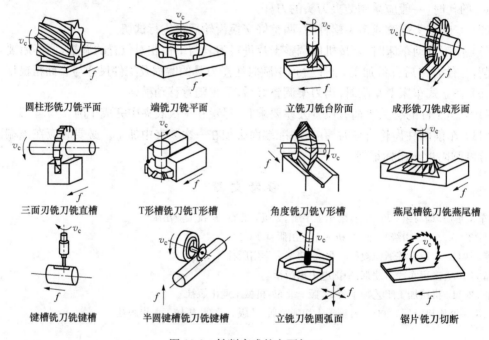

圆柱形铣刀铣平面　　端铣刀铣平面　　立铣刀铣台阶面　　成形铣刀铣成形面

三面刃铣刀铣直槽　　T形槽铣刀铣T形槽　　角度铣刀铣V形槽　　燕尾槽铣刀铣燕尾槽

键槽铣刀铣键槽　　半圆键槽铣刀铣键槽　　立铣刀铣圆弧面　　锯片铣刀切断

图 13-1　铣削完成的主要加工

13.1.2　铣削加工特点

铣削加工与其他切削加工相比,有以下特点:

(1) 生产率较高。铣削是多刀齿连续切削,总的切削宽度较大;铣刀作主运动,有利于高速铣削,所以铣削的生产率一般高于刨削。

(2) 刀齿散热条件较好。铣刀各刀齿周期性地参与间断切削,可以得到一定的散热冷却,但易磨损。

(3) 容易产生振动。由于每个刀齿在切削过程中的切削厚度是变化的,引起切削力和切削面积的变化,因此,铣削过程不平稳,易振动,限制了铣削加工质量和生产率的进一步提高。

13.2 铣 床

13.2.1 铣床分类与型号

铣床(Milling Machine)是指用铣刀在工件上加工各种表面的机床。

铣床种类繁多,最常用的是万能升降台卧式铣床(图 13-2)与立式铣床(图 13-3)。

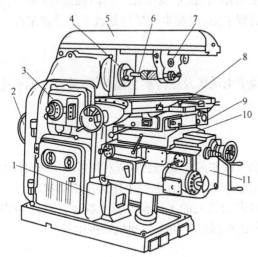

图 13-2　X6132 万能升降台卧式铣床
1—床身;2—电动机;3—主轴变速机构;
4—主轴;5—横梁;6—刀杆;
7—吊架;8—纵向工作台;9—转台;
10—横向滑座;11—升降台

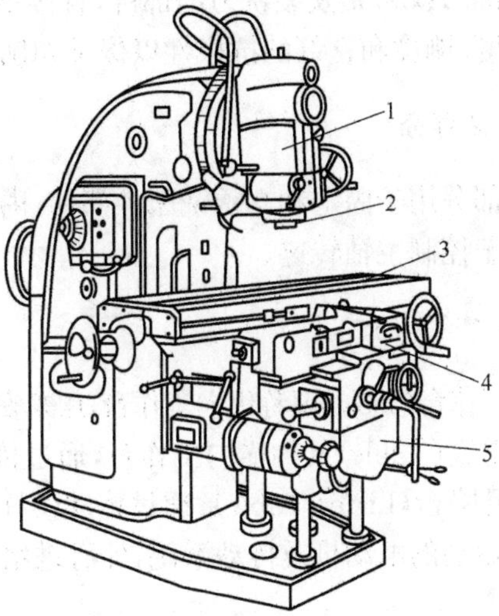

图 13-3　X5032 万能升降台立式铣床
1—立铣头;2—主轴;3—纵向工作台;
4—横向滑座;5—升降台

按国家标准 GB/T 15375—2008《金属切削机床型号编制方法》规定,卧式铣床 X6132 的 X 表示铣床类机床,6 表示卧式铣床组,1 表示万能升降台铣床系列,32 表示工作台面宽度为 320mm;立式铣床 X5032 的 X 表示铣床类机床,5 表示立式铣床组,0 表示立式升降台铣床系列,32 表示工作台面宽度为 320mm。

13.2.2 立式铣床与卧式铣床的区别

立式铣床与卧式铣床的主要区别是主轴的布置,立式铣床的主轴垂直安装;卧式铣床的主轴水平安装。除了主轴布置不同以外,还有以下一些主要不同。

立式铣床用的铣刀相对灵活一些,适用范围较广。可使用立铣刀、机夹刀盘和钻头等。可铣键槽、铣平面和镗孔等。卧式铣床也可使用上面各种刀具,但不如立铣方便,主要是可使用挂架增强刀具(主要是三面刃铣刀、片状铣刀等)强度。可铣槽、铣平面、切断等。

万能卧式铣床一般可带立铣头,虽然这个立铣头功能和刚性不如立式铣床强大,但可以应付小切削功率的立铣加工;此外,纵向工作台下面有转台,可使工作台在水平面内转动 45°以满足一些加工需要。这使得卧式铣床总体功能比立式铣床强大。立式铣床没有此特点,不能加工适合卧铣的工件。

立式铣床的生产率要比卧式铣床高。立式铣床是一种通用金属切削机床。机床的主轴锥孔可直接或通过附件安装各种圆柱铣刀、成型铣刀、端面铣刀和角度铣刀等刀具。

13.2.3 升降台铣床的主要组成部分及功能

升降台铣床主要有以下几个主要组成部分。

1. 铣头部分

虽然卧式铣床与立式铣床在铣头部分形状不同,但功能基本相同,主要用于安装主轴。主轴(Principal Axis)是安装铣刀的部件,直接承受切削力、扭矩及由此产生的振动,故必须具有足够的强度、刚度和良好的抗振性以保证切削过程平稳,因此主轴部件是铣床的关键部件。

2. 床身部分

床身部分用于固定和支承铣床各部件,内装主电动机及主传动变速系统,外有主轴变速操纵机构用于控制主轴转速。

3. 工作台部分

(1) 工作台(Table)又称纵向工作台,用来安装工件和夹具,通过传动丝杠可带动其纵向移动。
(2) 滑座(Table)又称横向工作台,通过传动丝杠可带动其上的工作台作横向移动。
(3) 升降台(Lifter Table),通过传动丝杠可带动其上的工作台作垂直移动。升降台内部装有进给运动的电动机及传动系统,外有进给变速操纵机构用于控制机动进给量。

4. 底座部分

底座(Base)用于支撑床身和升降台,内可储存切削液。

13.2.4 铣床的基本操作

铣床的操作主要是通过变换各自相应的手柄位置进行的。
(1) 开车前检查:参照本书第 3 章安全生产与环境保护/3.3 劳动保护/3.3.4 机械行业劳动保护的内容中的"通用安全操作规定和要求"、"铣床安全操作要点"做好开车前检查及操作过程中的注意事项。
(2) 正确变换主轴转速:操作床身侧面的手柄,转动主轴变速盘选择不同转速。注意:此时机床操作位置不应有人在操作。
(3) 正确变换进给量:通过操作升降台左下方的进给量变换手柄选择进给量。
(4) 正确选择进给方式:通过操作不同的手轮与按钮,使工作台在纵向、横向和垂直实现单向的手动、机动和快速进给。
(5) 其他熟悉:熟悉主轴正反转、三个方向的锁紧手柄位置和手轮刻度值的含义等。

13.3 铣刀与工件的安装

13.3.1 铣刀及其安装

1. 铣刀的分类

铣刀的种类繁多,常见有以下几种分类方法。
(1) 按铣削方式分:周铣刀(常为带孔铣刀,须装在心轴上,多用于卧式铣床)与端铣刀(常为带柄铣刀,柄分直柄与锥柄二种,多用于立式铣床)。

(2) 按用途分：铣平面铣刀、铣槽铣刀、铣成形面铣刀和铣成形槽铣刀。

大多数铣刀已标准化，根据其用途和铣削方式来命名。表 13-1 所列为常用铣刀的名称，其加工应用见图 13-1。

表 13-1　常用铣刀

	周铣刀	端铣刀
铣平面铣刀	圆柱铣刀	硬质合金镶片端铣刀、飞刀
铣槽铣刀	锯片铣刀、三面刃铣刀	立铣刀、键槽铣刀
铣成形面铣刀	盘形齿轮铣刀、凹凸半圆铣刀	指形齿轮铣刀
铣成形槽铣刀	角度铣刀、半圆键铣刀	T 形槽铣刀、燕尾槽铣刀

2. 铣刀的安装

(1) 周铣刀(带孔铣刀卧式铣床)安装：如图 13-4 所示，刀固定在刀杆上，刀杆的一头套入主轴锥孔中，用拉杆固定、端面键相连，为提高刚性，刀杆的另一头通过刀杆支架与横梁相连。根据需要，刀杆可装多把带孔铣刀；铣刀应尽量靠近主轴。

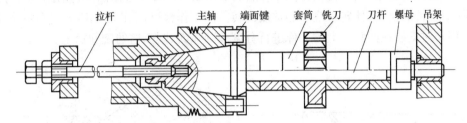

图 13-4　周铣刀(带孔铣刀卧式铣床)安装

(2) 端铣刀(带柄铣刀立式铣床)安装：如图 13-5所示，直柄铣刀直径较小(通常公称直径≤ϕ20mm)，可用弹簧夹头刀柄进行安装，刀柄套入主轴锥孔中，用拉杆固定。锥柄铣刀(通常公称直径≥ϕ20mm)的锥柄上有螺纹孔，可通过拉杆将铣刀拉紧，固定在主轴上。锥度为7：24的锥柄铣刀可直接或通过锥套安装在主轴上；其他锥柄则通过套入合适的过渡套后装入主轴。

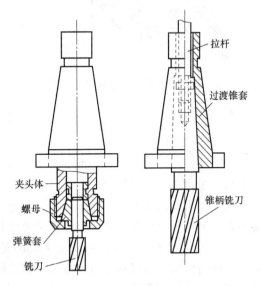

图 13-5　端铣刀(带柄铣刀立式铣床)安装

13.3.2　铣削加工件的安装

工件在铣床上常采用平口钳、压板螺栓和分度头等铣床附件进行安装。对批量大的零件。可采用专用夹具或组合夹具来装夹工件。

1. 平口钳装夹工件

平口钳(Machine Vise)又称机用虎钳，是一种通用夹具，常用于铣床、刨床和钻床等机床上小型、形状较规则的工件装夹。使用平口钳时，先把钳口找正并固定在机床工作台上，然后再安装工件。装夹时，工件的加工面应高于钳口；如果工件的高度不够，可用平行垫铁将工件垫高，并用手锤轻敲工件，保证垫铁垫实不虚，当垫铁用手不能拉动时工件则与垫铁贴紧。如

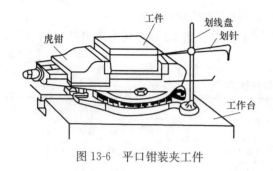

图 13-6 平口钳装夹工件

工件需要按划线找正,可用划线盘进行,如图 13-6 所示。

2. 工作台上直接装夹工件

对于大型工件或平口钳难以装夹的工件,可用压板、螺栓、垫铁和挡块将工件直接固定在工作台上,如图 13-7 所示。压板的位置要安排得当,压点要靠近切削面,压力大小要合适。

3. 回转工作台装夹工件

回转工作台(Rotary Table)简称转台或第四轴,是指可进行回转或分度定位的工作台。转台按功能的不同可分为通用转台和精密转台两类。通用转台是镗床、钻床、铣床和插床等重要附件,用于加工有分度要求的孔、槽和斜面,加工时转动工作台,则可加工圆弧面和圆弧槽等。通用转台按结构不同又分为水平转台、立卧转台和万能转台。

铣床上常用的是水平转台,又称圆工作台(Circular Table)。如图 13-8 所示,摇动手轮时,通过蜗轮蜗杆传动机构,使转台绕中心轴线回转。圆工作台可用 T 形螺栓固定在铣床工作台上,主要用来对安装在回转台上的工件进行分度和圆弧面、圆弧槽的铣削加工。

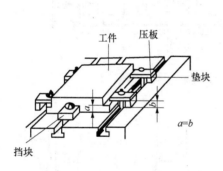

图 13-7 在工作台上直接装夹工件

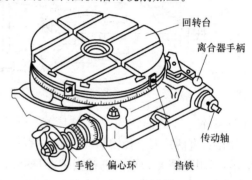

图 13-8 回转工作台

4. 分度头装夹工件

1) 分度头概述

分度头(Dividing Head)是指工件夹持在卡盘上或两顶尖间,并使其旋转和分度定位的机床附件。分度头主要用于铣床,也常用于钻床和平面磨床,还可放置在平台上供钳工划线用。分度头主要有通用分度头和光学分度头两类。通用分度头按其功能可分为万能分度头、半万能分度头和等分分度头。铣床上最常用的是万能分度头。

万能分度头(Universal Dividing Head)是指分度头主轴可以倾斜,可进行直接、间接和差动分度的分度头。与机动进给连接可作螺旋切削。万能分度头是安装在铣床上用于将工件分成任意等份的机床附件。

2) 万能分度头的结构与工作原理

万能分度头的结构如图 13-9 所示,分度头主轴的前端常装上三爪卡盘或顶尖;侧面有分度盘和分度手柄。分度时摇动手柄,通过蜗杆蜗轮带动分度头主轴旋转进行分度。图 13-10 所示为分度头的传动示意图。

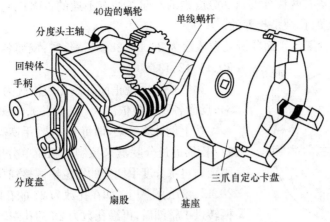

图 13-9　分度头的结构

由图 13-10 可知：分度头的蜗轮蜗杆传动比为 40∶1。只有当手柄转动 40 圈时，主轴带动工件转 1 圈。

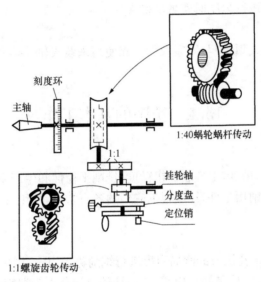

图 13-10　分度头传动示意图

如果要将工件的圆周等分为 Z 等分，则每次分度工件应转过 $1/Z$ 圈。设每次分度手柄的转数为 n，则手柄转数 n 与工件等分数 Z 之间有如下关系

$$1∶40=\frac{1}{Z}∶n$$

即

$$n=\frac{40}{Z}$$

这种分度方法称为简单分度。

例如：铣齿数 $Z=35$ 的齿轮，需对齿轮毛坯的圆周作 35 等分，每一次分度时，手柄转数为

$$n=\frac{40}{Z}=\frac{40}{35}=1\frac{1}{7}（圈）$$

分度时，如果求出的手柄转数不是整数，可利用分度盘上的等分孔距来确定。分度盘如

图 13-11 所示,一般备有两块分度盘。分度盘的两面各钻有不通的许多圈孔,各圈孔数均不相等,然而同一孔圈上的孔距是相等的。

分度头第一块分度盘正面各圈孔数依次为 24、25、28、30、34、37;反面各圈孔数依次为 38、39、41、42、43。

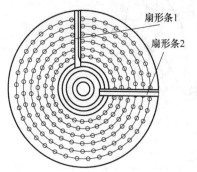

扇形条1
扇形条2

图 13-11 分度盘

第二块分度盘正面各圈孔数依次为 46、47、49、51、53、54;反面各圈孔数依次为 57、58、59、62、66。

按上例计算结果,即每分一齿,手柄需转过 8/7 圈,其中 1/7 圈需通过分度盘来控制。用简单分度法需先将分度盘固定。再将分度手柄上的定位销调整到孔数为 7 的倍数(如 28、42、49)的孔圈上,如在孔数为 28 的孔圈上。此时分度手柄转过 1 整圈后,再沿孔数为 28 的孔圈转过 4 个孔距。

$$n=1\frac{1}{7}=1\frac{4}{28}$$

为了确保手柄转过的孔距数可靠,可调整分度盘上的扇形条 1、2 间的夹角,使之正好等于分子的孔距数,这样依次进行分度时就可准确无误。

3) 装夹工件

通常用分度头卡盘(或顶尖)与尾座顶尖一起使用来装夹轴类零件,也可以仅用分度头卡盘直接装夹工件。

13.4 铣削的基本工作

13.4.1 铣削方式

铣削方式与铣刀的耐用度、工件表面粗糙度、铣削平稳性和生产率都有很大的关系。铣削时,除合理选择铣削的切削用量外,还应根据它们的各自特点,采用合理的铣削方式。

1. 周铣和端铣

如图 13-12 所示,用带孔铣刀的圆周刀齿进行铣削称为周铣;用带柄铣刀的端面刀齿进行铣削称为端铣。端铣的加工质量好于周铣,而周铣的应用范围较端铣广,能用多种形式的铣刀铣平面、沟槽、齿形和成形面等。

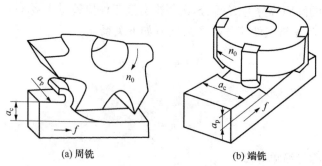

(a) 周铣   (b) 端铣

图 13-12 周铣和端铣

2. 顺铣和逆铣

顺铣(Down Milling):铣刀的旋转方向与工件的进给方向一致。

逆铣(Up Milling)：铣刀的旋转方向与工件的进给方向相反。

如图 13-13 所示，顺铣的垂直铣削分力将工件压向工作台，刀齿与已加工面滑行、摩擦现象小，有利于刀具的耐用度和工件装夹的稳定性；但由于顺铣的水平铣削分力推开使工作台纵向移动的丝杠螺母的贴合面，容易引起工作台窜动；此外，在铣削铸、锻件时，顺铣的刀齿首先接触工件硬皮，加剧刀具磨损。因此，顺铣的加工范围应限于无硬皮的工件，常用于精加工并要求铣床应具有消除丝杠与螺母之间间隙的装置；逆铣多用于粗加工、加工有硬皮的铸件、锻件毛坯，对铣床的丝杠螺母之间间隙没有很高的要求。

3. 对称铣和不对称铣

用端铣加工平面时，按工件对铣刀的位置是否对称，分为对称铣和不对称铣，如图 13-14 所示。采用不对称铣，可以调节切入和切出时的切削厚度。不对称顺铣的切削优点在于切出时切削厚度减小，粘在刀上的切屑较少，减轻了再次切入时刀具表面的剥落现象；不对称逆铣的切削

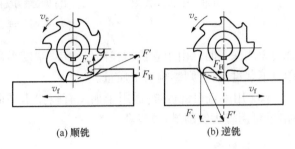

图 13-13　顺铣和逆铣

优点在于切削平稳，减少冲击，使加工表面粗糙度改善，刀具耐用度提高。

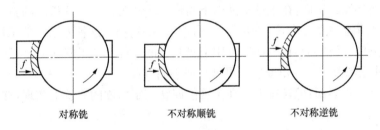

图 13-14　对称铣与不对称铣

13.4.2　铣平面

铣平面(Plain Milling)是指用铣削方法加工工件的平面。

1. 铣水平面和垂直面

铣水平面、垂直面及台阶面可在卧铣或立铣上进行，如图 13-1 所示。应根据工件的形状及加工要求选择铣刀，加工较大平面应选择端铣刀，加工较小的平面一般选择铣削平稳的圆柱螺旋铣刀。铣刀的宽度应尽量大于待加工表面的宽度以减少走刀次数。加工小台阶面常选择立铣刀、三面刃铣刀。

2. 铣台阶

台阶虽然也是由两个相互垂直的平面组成的，但在工艺上有其特点：一是两个平面是用同一把铣刀的不同部位同时加工出来，加工一个平面必须涉及另一个平面；二是两者是用同一基准。常用的方法有以下三种，如图 13-15 所示。

(1) 用三面刃铣刀铣台阶：对于两侧对称的台阶，用两把铣刀联合加工，易保证尺寸精度和提高效率。但此法使工艺系统负荷倍增，有变形影响工件加工。

(2) 用立铣刀铣台阶：适用于垂直面大于水平面的台阶，尤其当台阶位于壳体内侧，其他

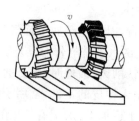
(a) 用三面刃铣刀铣台阶

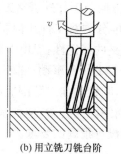
(b) 用立铣刀铣台阶

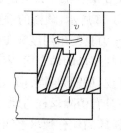
(c) 用端铣刀铣台阶

图 13-15　铣台阶

铣刀无法深入时。由于立铣刀径向尺寸小、刚度小,铣削中受径向力作用易"让刀"。因此铣削用量不宜过大,否则影响加工质量。

(3) 用端铣刀铣台阶:适用于加工有较宽水平面的台阶。由于铣刀直径大、长度短,又是端铣,可用较大铣削量,效率高。

3. 铣斜面

斜面虽属平面,但铣削方法与铣削一般水平面和垂直面有较大的差别。铣斜面常用的方法有以下三种,如图 13-16 所示。

(1) 使用斜垫铁铣斜面:在工件基准面下面垫一块斜角 α 与工件相同的斜垫铁,即可铣出所需斜面。改变斜垫铁的 α 角度,即可铣出不同角度的斜面。这种方法一般采用平口钳装夹。

(2) 使用分度头铣斜面:在一些适宜用卡盘装夹的工件上加工斜面时,可利用万能分度头装夹工件,将其主轴扳转一定角度后即可铣出所需斜面。

(3) 偏转铣刀铣斜面:偏转铣刀可在主轴能回转一定角度的立铣上实现,亦可在卧铣上利用万能铣头实现。

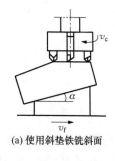
(a) 使用斜垫铁铣斜面

(b) 使用分度头铣斜面

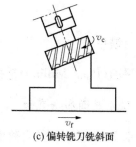
(c) 偏转铣刀铣斜面

图 13-16　铣斜面

13.4.3　铣沟槽

在铣床上能加工的沟槽有直角槽、V 形槽、燕尾槽、T 形槽、键槽和圆弧槽等,如图 13-1 所示。需要说明的是:在铣燕尾槽和 T 形槽之前,应先用立铣刀铣出宽度合适的直角槽;铣圆弧槽之前,必须使工件上圆弧槽中心与圆工作台(或分度头)回转中心重合。

一般传动轴上都有键槽,常见的有封闭式平键槽、敞开式平键槽和花键三种。对封闭式键槽,单件生产中一般在立式铣床上采用键槽铣刀或立铣刀加工;对敞开式键槽,一般用键槽铣刀或三面刃铣刀加工;对花键,则用三面刃铣刀加工。当加工批量较大时,则常在键槽铣床上加工。

利用键槽铣刀加工时,首先按键槽的宽度选取键槽铣刀,将铣刀中心对准轴的中心线(常用的对刀方法有切痕对刀法和划线对刀法),然后分层铣削,直到符合要求为止。

用立铣刀加工封闭式键槽时,因为立铣刀中心无切削刃,不能向下进刀,所以必须在槽的一端钻一个相同圆弧半径的落刀孔,才能用立铣刀铣键槽。

13.4.4　铣分度件

在铣削加工中,经常遇到铣六方、齿轮等工作。工件每铣过一面或一个槽之后,需要转过一定的角度再铣下一面或下一个槽,这种工作称为分度。分度工作常在万能分度头上进行。如图 13-17 所示的直齿圆柱齿轮铣削,铣削时,铣刀装在刀轴上作旋转运动以铣削齿形,工件随工作台作直线移动以切削齿宽。当加工完一个齿槽后,将分度头转过一定角度(分度),再切削另一个齿槽,直到全部齿槽切削完为止(铣齿主要用于在单件、小批量及修理生产中加工转速低、精度不高的齿轮)。

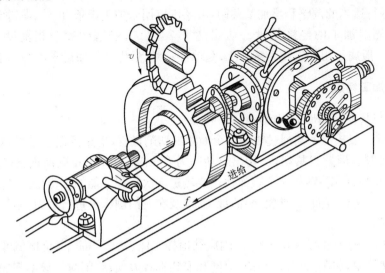

图 13-17　铣齿轮

13.4.5　切断

工件的切断可在卧式铣床上采用薄片圆盘形的锯片铣刀和开缝铣刀(又称切口铣刀)来完成,如图 13-1 所示。

锯片铣刀直径较大,一般都用作切断工作;开缝铣刀的直径较小,用来铣切口和零件上的窄缝,以及切断细小的或薄型的工件。

13.4.6　铣削加工工艺守则

在铣削加工中,要遵守相关的工艺守则,详见机械行业标准 JB/T 9168.3—1998《切削加工通用工艺守则　铣削》。

参 考 文 献

胡家富 . 2005. 铣工(中级). 北京:机械工业出版社

贾凤桐 . 2011. 简明铣工手册 . 2 版 . 北京:机械工业出版社

刘新等 . 2011. 工程训练通识教程 . 北京:清华大学出版社

巫世晶 . 2007. 工程实践 . 北京:中国电力出版社

杨叔子 . 2011. 机械加工工艺师手册 . 2 版 . 北京:机械工业出版社

原北京第一通用机械厂 . 2009. 机械工人切削手册 . 7 版 . 北京:机械工业出版社

第14章 刨削加工

14.1 刨削加工概述

14.1.1 刨削加工简介

刨削(Planing)是指刨刀与工件作水平方向相对直线往复运动的切削加工方法。刨削主要用来加工平面(包括水平面、垂直面和斜面),也广泛地用于加工直槽,如直角槽、燕尾槽和 T 形槽等,如果进行适当的调整和增加某些附件,还可以用来加工齿条、齿轮、花键和母线为直线的成形面等。刨削加工的经济精度一般可达 IT7～IT9,经济的表面粗糙度 Ra 为 $3.2\sim6.3\mu m$。刨削一般属于粗加工或半精加工,是单件、小批量生产平面最常用的加工方法。

14.1.2 刨削加工特点

刨削加工与其他切削加工相比,有以下特点:

(1) 生产率一般较低。刨削过程是一个断续的切削过程,工作行程速度慢,刨刀返回行程时一般不进行切削,因此刀具切入、切出时切削力有突变,有冲击和振动现象;刨刀是单刃刀具,实际参加切削的长度有限,一个表面往往要经过多次行程才能加工出来。刨削生产率一般低于铣削,但对于狭长表面(如导轨面)的加工,以及在龙门刨床上进行多刀、多件加工,其生产率可能高于铣削。

(2) 刨削加工通用性好、适应性强。刨床结构较车床、铣床等简单,价格低廉,调整和操作方便;刨刀形状简单,和车刀相似,制造、刃磨和安装都较方便;刨削时一般不需加切削液。

14.2 刨 床

14.2.1 刨床分类与型号

刨床按结构特征分为牛头刨床、龙门刨床和插床三大类。牛头刨床(Shaping Machine)应用最广。

按国家标准 GB/T 15375—2008《金属切削机床型号编制方法》规定,牛头刨床 B6050 的 B表示刨插类机床,6 表示牛头刨床组,0 表示牛头刨床系列,50 表示最大刨削长度为 500mm。

14.2.2 牛头刨床的主要组成部分及功能

B6050 牛头刨床的外形如图 14-1 所示,主要由以下几个部分组成。

1. 床身部分

床身用以支持和连接刨床的各部件。其顶面水平导轨供滑枕带动刀架进行往复直线运动,侧面的垂直导轨供横梁带动工作台升降。床身内部有主运动变速机构和摆杆机构。

2. 滑枕部分

滑枕前端装有刀架,实现刨刀的往复直线运动,即主运动。滑枕运动由床身内部的摆杆机

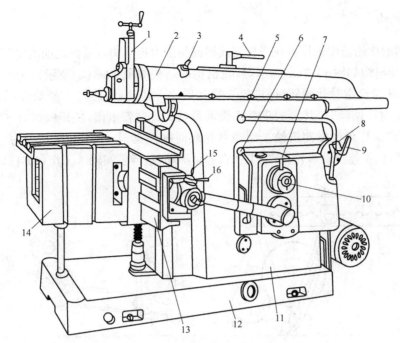

图 14-1　B6050 牛头刨床外形及操作手柄位置图

1—刀架；2—滑枕；3—调节滑枕位置手柄；4—紧定手柄；5—操纵手柄；
6—工作台快速移动手柄；7—进给量调节手柄；8、9—变速手柄；10—调节行程长度手柄；11—床身；
12—底座；13—横梁；14—工作台；15—工作台横向或垂直进给手柄；16—进给运动换向手柄

构来实现的,调节丝杠螺母机构,可以改变滑枕往复行程的长度和位置。

3. 刀架部分

刀架用以夹持刨刀。

4. 横梁部分

横梁可沿床身导轨作升降运动。端部有棘轮机构,可带动工作台横向进给。

5. 工作台部分

工作台用来安装工件,可随横梁作上下调整,沿横梁作水平进给运动。

14.2.3　牛头刨床的传动机构

B6050 牛头刨床的传动系统主要包括摆杆机构和棘轮机构。

1. 摆杆机构

摆杆机构的作用是将电动机通过变速机构传来的旋转运动变为滑枕的往复直线运动,结构如图 14-2 所示。摆杆 7 上端与滑枕内的螺母 2 相连,下端与支架 5 相连。摆杆齿轮 3 上的偏心滑块 6 与摆杆 7 上的导槽相连。当摆杆齿轮 3 由小齿轮 4 带动旋转时,偏心滑块就在摆杆 7 的导槽内上下滑动,从而带动摆杆 7 绕支架 5 中心左右摆动,于是滑枕便作往复直线运动。摆杆齿轮转动一周,滑枕带动刨刀往复运动一次。

2. 棘轮机构

棘轮机构的作用是使工作台在滑枕完成回程与刨刀再次切入零件之前的瞬间作间歇横向进给,横向进给机构如图14-3(a)所示,棘轮机构的结构如图14-3(b)所示。齿轮5与摆杆齿轮为一体,摆杆齿轮逆时针旋转时,齿轮5带动齿轮6转动,使连杆4带动棘爪3逆时针摆动。棘爪3逆时针摆动时,其上的垂直面拨动棘轮2转过若干齿,使横向丝杠8转过相应的角度,从而实现工作台的横向进给。而当棘轮顺时针摆动时,由于棘爪后面为一斜面,只能从棘轮齿顶滑过,不能拨动棘轮,所以工作台静止不动,这样就实现了工作台的横向间歇进给。

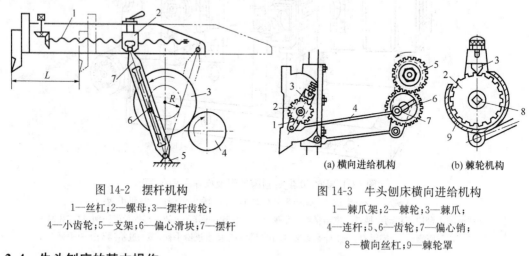

图 14-2　摆杆机构

1—丝杠;2—螺母;3—摆杆齿轮;
4—小齿轮;5—支架;6—偏心滑块;7—摆杆

(a) 横向进给机构　(b) 棘轮机构

图 14-3　牛头刨床横向进给机构

1—棘爪架;2—棘轮;3—棘爪;
4—连杆;5、6—齿轮;7—偏心销;
8—横向丝杠;9—棘轮罩

14.2.4　牛头刨床的基本操作

牛头刨床的操作主要是通过调整、变换各自相应的手柄位置进行的。各手柄位置与功能详见图14-1。

(1) 开车前检查。参照本书第3章安全生产与环境保护/3.3劳动保护/3.3.3机械加工行业劳动保护的内容中的"通用安全操作规定和要求"、"刨床安全操作要点"做好开车前检查及操作过程中的注意事项。特别注意在牛头刨床通电前,操纵手柄(图14-1中手柄5)在停车位置上,进给运动换向手柄(图14-1中手柄16)在手动位置上。

(2) 滑枕往复运动调整。查看床身上的标牌选择滑枕每分钟往复次数,调整变速手柄(图14-1中手柄8、9)位置可得到各种相对应的往复次数。当手柄滑动不顺利时,点击电动机转动一下,再滑动变速手柄即可。选定后,拉动操纵手柄(图14-1中手柄5)即可实现滑枕运动。注意:因滑枕行程不知,为防止刨削速度过快,一般先把往复次数调低;在滑枕未完全停止前严禁滑动变速手柄,否则发生变速齿轮打齿现象甚至发生机床事故。

在滑枕停止状态下,通过摇手柄转动转轴(图14-1中手柄10)即可调节滑枕行程长度(注意:调整前后要手动松紧锁紧螺母);松开紧定手柄(图14-1中手柄4),通过摇手柄转动方头(图14-1中手柄3)即可调整滑枕起始位置。

(3) 工作台进给运动调整。通过转动进给量调节手柄(图14-1中手柄7)调整工作台进给量大小;查看横梁上的标牌选择进给手柄及换向手柄(图14-1中手柄15、16)的位置即可实现工作台某一方向的间隙移动。注意:换向手柄必须明确位置,进给量手柄在中位是手动位置,须用摇手柄摇动横梁上丝杠方头才能移动工作台。在滑枕往复运动,进给、换向手柄在机动位置时,工作台才有间隙移动,若没动,是进给量太小,顺时针转动进给量调节手柄调大进给量即可解决。

(4)其他操作熟悉:熟悉刀架的使用,各刻度值的含义。

14.3 刨刀与工件的安装

14.3.1 刨刀及其安装

1.刨刀的结构特点

刨刀的几何形状与车刀相似,但由于断续切削,振动、冲击力大,容易使刀具损坏,所以刨刀刀杆的横截面通常比车刀大。刨刀的前角比车刀稍小,刃倾角取较大的负值,以增加刀头的强度。

刨刀的一个显著特点是刨刀的刀头往往做成弯头,如图 14-4 所示。当切削时,弯头刀在较大切削力作用下,刀头能绕 O 点向后上方弹起,使切削刃离开零件表面,不会啃入零件已加工表面或损坏切削刃。

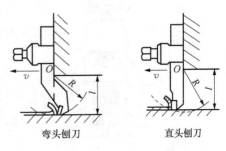

弯头刨刀　　直头刨刀

图 14-4　刨刀

2.刨刀的分类及其应用

刨刀的种类很多,按加工形式和用途不同而有各种不同的刨刀。常用刨刀有:平面刨刀(用于加工水平面)、偏刀(用于加工垂直面、台阶面和斜面)、角度偏刀(用来加工具有相互成一定角度的表面,如燕尾槽)、切刀(用来切断工件或刨沟槽)、弯切刀(用以加工 T 形槽及侧面上的槽)和成形刀(用以加工成形面),如图 14-5 所示。

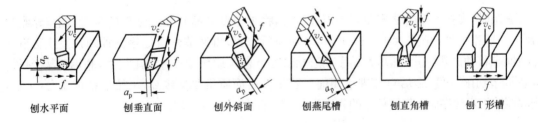

刨水平面　　　　刨垂直面　　　　　刨外斜面　　　　刨燕尾槽　　　刨直角槽　　　刨 T 形槽

图 14-5　刨刀的用途

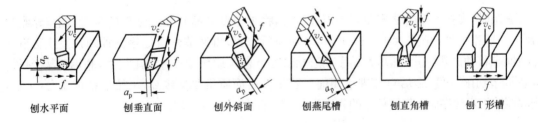

图 14-6　刨刀的安装
1—零件;2—刀头伸出要短;3—刀夹螺钉;
4—刀夹;5—刀座螺钉;6—刀架进给手柄;
7—转盘对准零线;8—转盘螺钉

3.刨刀的安装

如图 14-6 所示,安装刨刀时,将转盘对准零线,以便准确控制背吃刀量,刀头不要伸出太长,以免产生振动和折断。直头刨刀伸出长度一般为刀杆厚度的 1.5～2 倍,弯头刨刀伸出长度可稍长些,以弯曲部分不碰刀座为宜。装刀或卸刀时,应使刀尖离开零件表面,以防损坏刀具或者擦伤零件表面,必须一只手扶住刨刀,另一只手使用扳手,用力方向自上而下,否则容易将抬刀板掀起,碰伤或夹伤手指。

14.3.2 刨削加工件的安装

工件在牛头刨床上常采用平口钳、压板螺栓进行安装。对批量大的零件,可采用专用夹具或组合夹具来装夹工件。

装夹零件方法与铣削相同,可参照 13.3.2 节中工件的安装所述内容。

14.4　刨削的基本工作

14.4.1　刨平面

刨平面(Surface Planing)是指用刨削方法加工工件的平面。刨削不同位置的平面,刀架与刀座的位置是不同的,如图 14-7 所示。

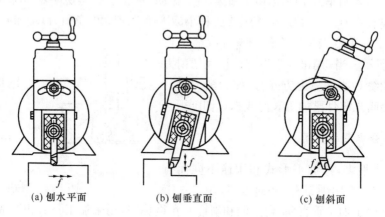

(a) 刨水平面　　　　　(b) 刨垂直面　　　　　(c) 刨斜面

图 14-7　刨水平面、垂直面、斜面时刀架和刀座的位置

1. 刨水平面

刨削时,先按上节方法安装好刨刀和工件,将工作台升高到靠近刨刀的位置,调整滑枕的行程(一般比工件刨削长度长 30～40mm)和前后位置,再调节好滑枕每分钟的往复次数和工作台间歇移动的进给量,然后开始手动进给试切。停车后测量工件加工尺寸,利用刀架上的刻度盘调节切削深度,最后自动进给切削。若工件表面质量要求较高,可按粗精加工分开的原则,先粗刨、后精刨,以获得较高的表面质量,并有利于生产率的提高。

2. 刨垂直面

刨垂直面多用于不能用刨水平面的方法加工的情况下。先把刀架转盘的刻线对准零线,以使刨刀沿垂直方向移动;再将刀座按一定方向(即刀座上端偏离加工面的方向)偏转合适角度(一般为 10°～15°),以使刨刀在返回行程时离开工件表面,减少刀具磨损,避免已加工表面划伤。刨垂直面须采用偏刀,安装偏刀时,刨刀伸出的长度应大于整个刨削面的高度。

3. 刨斜面

刨斜面最常用的方法是正夹斜刨,即依靠倾斜刀架进行。刀架扳转角度等于工件的斜面与铅垂线的夹角。刀座偏转方向与刨垂直面基本相同,即刀座上端偏离加工面。在牛头刨床上刨斜面只能手动进给。

4. 刨矩形工件

矩形工件(如平行垫铁)要求相对两个平面互相平行,相邻两个平面互相垂直。这类工件可以铣削,也可以刨削。当工件采用平口钳装夹时,无论是铣削还是刨削,加工前 4 个面均要按照 1、2、4、3 的顺序进行,如图 14-8 所示。

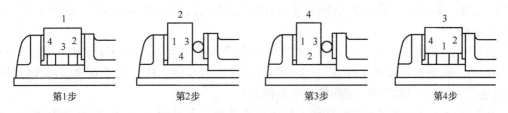

| 第1步 | 第2步 | 第3步 | 第4步 |

图 14-8　刨矩形工件前 4 个平面的步骤

14.4.2　刨沟槽

与铣床能铣削各种沟槽相比,刨床只局限于刨直线槽与切断,可刨直槽、V 形槽、T 形槽和燕尾槽,如图 14-5 所示。

14.4.3　刨成形面

在刨床上刨削成形面,通常是在零件的侧面划线,然后根据划线分别移动刨刀作垂直进给和移动工作台作水平进给,从而加工出成形面。也可用成形刨刀加工,使刨刀刃口形状与零件表面一致,一次成形。

14.4.4　刨削加工工艺守则

在刨削加工中,要遵守相关的工艺守则,详见机械行业标准 JB/T 9168.4—1998《切削加工通用工艺守则　刨、插削》。

14.5　其他刨削加工简介

14.5.1　龙门刨床与刨削加工

龙门刨床(Double Column Planing Machine)是指具有龙门架式双立柱和横梁,工作台沿床身导轨作纵向往复运动,立柱和横梁上分别装有可移动的侧刀架和垂直刀架的刨床。如图 14-9 所示,主要由床身、工作台、立柱、刀架、减速箱和刀架进给箱等部分组成。与牛头刨床

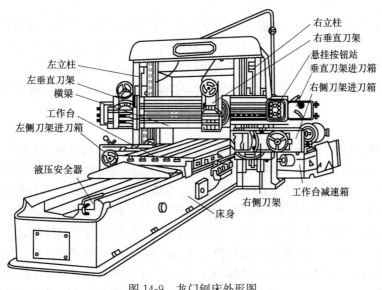

图 14-9　龙门刨床外形图

不同的是龙门刨床的主运动是工作台(工件)的往复直线运动,进给运动是刀架(刀具)的横向或垂直运动。

刨削时,工件装夹在工作台上由工作台带动作直线往复运动,刀架带动刀具沿横梁导轨作横向进给运动,此时可刨水平面;立柱上的侧刀架带动刀具沿立柱导轨垂直移动,此时可刨垂直面;垂直刀架还可以旋转一定的角度来刨削斜面。

龙门刨床主要用来加工大型零件上长而窄的平面或大平面,如床身、机座和箱体等,也可同时加工多个中小型零件的小平面。

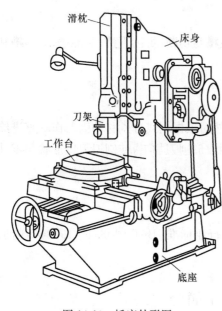

图 14-10　插床外形图

14.5.2　插床与插削加工

插床(Slotting Machine)是指用插刀加工工件表面的机床。加工时,插刀往复运动为主运动,工件的间歇移动或间歇转动为进给运动。

插床(图 14-10)实际是一种立式刨床,在结构原理上与牛头刨床同属一类。

插床用于插削平面、成型面及键槽等,并能插倾斜度在 10°范围内的模具等工作物,适用于单个或小批量生产的企业。插床的工作台具有三种不同方向的进给(纵向、横向和回转),故工作物经过一次装夹后,在本机床加工几个表面。插削的效率和精度都不高,故在批量生产中常用铣削或拉削代替插削。但插刀制造简单,生产准备时间短,故插削适于在单件或小批生产中加工内孔键槽或花键孔,也能加工方孔和多边形孔。对于不通孔或有碍台肩的内孔键槽,插削几乎是唯一的加工方法。

14.5.3　拉床与拉削加工

1. 拉床

拉床(Broaching Machine)是指用拉刀加工工件各种内、外成形表面的机床。加工时,一般工件不动,拉刀做直线运动切削。按加工表面不同,拉床可分为内拉床和外拉床。内拉床用于拉削内表面,如花键孔、方孔等;外拉床用于外表面拉削;此外,还有齿轮拉床、内螺纹拉床、全自动拉床、数控拉床和多刀多工位拉床等。拉床的结构比较简单,多采用液压传动。

2. 拉刀

拉刀是一种高精度、高效率的多齿刀具,可用于加工各种形状的内、外表面。拉刀的种类很多。按受力不同可分为拉刀和推刀;按加工工件的表面不同可分为内拉刀和外拉刀。内拉刀是用于加工工件内表面的,常见的有圆孔拉刀、键槽拉刀及花键拉刀等;外拉刀是用于加工工件外表面的,如平面拉刀、成形表面拉刀及齿轮拉刀等。内拉刀的结构如图 14-11 所示。

拉刀的柄部是夹持拉刀的部位;前导部分起引导作用,使拉刀正确拉削,防止歪斜;切削部分起主要的切削工作,又分为粗切和精切两部分,切削齿的齿升量由前向后逐齿递减;校准部分起到校正孔径、修光孔壁的作用;后导部分的作用在于拉削接近终了时,使拉刀的位置保持正确,防止因拉刀的离开下垂而损伤刀齿和已加工表面;尾部的作用是在加工结束后,便于从

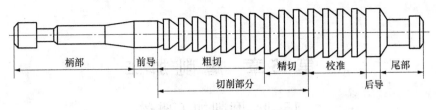

图 14-11 拉刀结构图

工件上取下拉刀。

3. 拉削加工

拉削(Broaching)是指用拉刀在拉力作用下作轴向运动,加工工件内、外表面的方法。

拉削从性质上看近似于刨削,拉刀可以看做是一种变化的组合式刨刀。

拉削过程如图 14-12 示意。拉削时,同时参与切削的齿数越多,则拉削越平稳,加工质量较高,但排屑困难;若齿距增大,则拉削时同时参与切削的齿数减少,排屑情况会得到改善,但会影响到加工质量。

拉削加工有以下特点:

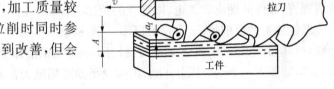

图 14-12 拉削过程示意图

(1)因采用液压传动,工作平稳没有冲击,切削速度低,无积屑瘤产生,加工质量很高。加工精度一般可达 IT7～IT9,表面粗糙度 Ra 为 1.6～$0.8\mu m$。

(2)因拉刀在一次行程中就可以切削掉工件的全部加工余量,并且具有校准、修光加工面的作用,所以具有很高的生产率。

(3)拉刀是"定径"刀具,仅能加工尺寸相适应的工件。工件尺寸改变,必须更换拉刀,拉刀结构复杂,制造成本较高,在大批量生产中才有较高的经济效益。

(4)对于台阶孔、盲孔等,拉削不能进行加工,对壁较薄的零件或刚性较差的零件,因拉削时拉削力较大,零件易变形,一般不适宜拉削。

参考文献

机械工业部统编.1988.中级刨工工艺学.北京:机械工业出版社
刘新等.2011.工程训练通识教程.北京:清华大学出版社
王东升等.1996.刨工实用手册.杭州:浙江科学技术出版社
巫世晶.2007.工程实践.北京:中国电力出版社
杨叔子.2011.机械加工工艺师手册.2版.北京:机械工业出版社
原北京第一通用机械厂.2009.机械工人切削手册.7版.北京:机械工业出版社

第15章 磨削加工

15.1 磨削加工概述

15.1.1 磨削加工简介

磨削(Grinding)是指磨具以较高的线速度旋转,对工件表面进行加工的方法。磨削加工中,磨具的运动是主运动。所用磨具以砂轮为主,砂轮可看作是具有无数微小刀齿的铣刀;磨削的实质是砂粒切削、刻划和滑擦工件三种情况的综合作用。

磨削通常用于零件的精加工,加工精度一般 IT7～IT5,表面粗糙度 Ra 为 $0.8～0.2\mu m$。磨削也可代替车削、铣削、刨削作粗加工和半精加工用,而且可以代替气割、锯削来切断钢锭以及清理铸、锻件的硬皮和飞边,做毛坯的荒加工。

磨削加工的范围很广,不仅可以加工钢、铸铁等一般材料,还可以加工一般刀具难以加工的硬材料(如淬火钢、硬质合金等)。利用不同类型的磨床分别磨削外圆、内孔、平面、沟槽和成形面等,如图 15-1 所示,其中外圆、内圆及平面磨削最为常见。

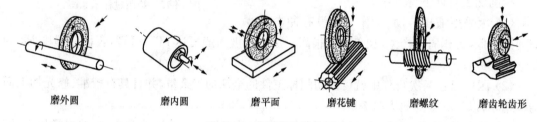

磨外圆　　　　磨内圆　　　　磨平面　　　　磨花键　　　　磨螺纹　　　　磨齿轮齿形

图 15-1　磨削的常见应用

15.1.2 磨削加工特点

磨削加工与其他切削加工相比,有以下特点:

(1) 切削速度高。砂轮以 $1000～3000m/min$ 高速旋转,产生大量的切削热,为防止工件材料在高温下发生性能改变,在磨削时应使用大量的冷却液,降低切削温度,保证加工表面质量。

(2) 多刃、微刃切削。磨削靠磨粒进行,由于组成砂轮的磨粒体积微小,其切削厚度可以小到几微米,所以磨削加工的精度较高,表面质量较好。

(3) 磨料硬度高。

(4) 磨削不宜加工较软的有色金属。一些有色金属由于硬度低、塑性好,在磨削时,磨屑会粘在磨粒上而不脱落,堵塞磨粒空隙,使磨削无法进行。

15.2 磨　床

15.2.1 磨床分类与型号

磨床(Grinding Machine)是指用磨具或磨料加工工件各种表面的机床。大多数的磨床是使用高速旋转的砂轮进行磨削加工,少数的是使用油石、砂带等其他磨具和游离磨料进行加工,如珩磨机、超精加工机床、砂带磨床、研磨机和抛光机等。

磨床的种类很多,最常用的有以下三种:

(1) 外圆磨床。包括万能外圆磨床、普通外圆磨床和无心外圆磨床等。

(2) 内圆磨床。包括普通内圆磨床、无心内圆磨床和行星式内圆磨床等。

(3) 平面磨床。包括卧轴矩台平面磨床、立轴矩台平面磨床、卧轴圆台平面磨床和立轴圆台平面磨床等。

按国家标准 GB/T 15375—2008《金属切削机床型号编制方法》规定,平面磨床 M7130H 的 M 表示磨床类机床,7 表示平面及端面磨床组,1 表示卧轴矩台平面磨床系列,30 表示工作台工作面宽度为 300mm,H 为机床重大改进的序号。

15.2.2　平面磨床的主要组成部分及功能

M7130H 平面磨床(Surface Grinding Machine)的外形如图 15-2 所示,主要由以下几个部分组成。

1. 床身部分

床身用以支承和连接磨床各部件,内部装有液压传动装置,正面装有磨床的主要操作部件。

2. 工作台部分

工作台安装在床身的水平纵向导轨上,由液压系统带动实现直线往复运动(纵向进给运动);行程长度由安装在工作台前面的二挡块控制(同时控制工作台换向)。工作台上装有电磁吸盘或其他夹具,用以装夹工件,必要时,也可把工件直接装夹在工作台上。

图 15-2　M7130H 平面磨床外形图

3. 立柱部分

立柱立在床身后面,其侧面有导轨,可使磨头组件沿导轨作垂直移动以调整磨削加工的背吃刀量。

4. 磨头部分

磨头主轴前端用于安装砂轮,主轴由磨头电动机直接带动(主运动)。磨头由液压系统带动(也可手动)实现横向间歇进给(磨削时用)或连续移动(修整砂轮或调整位置时用)。

15.2.3　平面磨床的传动系统

无论是平面磨床,还是外圆磨床和内圆磨床,一般均采用液压传动。液压传动的特点是运动平稳、操作简便、可实现无级变速。磨床的液压传动系统比较复杂,图 15-3 为平面磨床工作台液压传动简图。

当电动机 2 带动油泵 3 工作时,油液从油箱 1 被吸入油管。从油泵出来的压力油经过节流阀 5 和换向阀 6 的右腔输入到液压缸 8 的右腔,推动液压缸内的活塞连同工作台 9 一起向

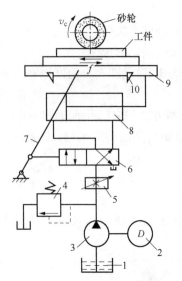

图 15-3　平面磨床工作台液压传动简图
1—油箱；2—电动机；3—油泵；
4—溢流阀；5—节流阀；6—换向阀；
7—手柄；8—液压缸；
9—工作台；10—换向挡块

左移动。这时液压缸左腔的油液被排出，经换向阀 6 流回油箱。当工作台向左移动即将结束时，固定在工作台正面的换向挡块 10 便自右向左推动手柄 7，使换向阀 6 的阀芯左移，压力油便从换向阀 6 的左腔流入液压缸 8 的左腔，推动活塞连同工作台 9 一起右移。从液压缸右腔排出的油液经换向阀 6 流回油箱。工作台右移即将结束时，挡块 10 从左推动手柄 7 向右移动，迫使换向阀 6 的阀芯移到开始位置，从而改变压力油流入液压缸的方向，工作台左移。这样，工作台便实现了自动往复运动。

当油液压力过高时，部分油液可通过溢流阀 4 流回油箱。液压系统的工作与停止，由节流阀 5 控制。工作台往复运动的快慢通过节流阀 5 调节油液进入液压缸的流量来实现，行程长短可通过调整两个挡块 10 之间的距离来实现。

15.2.4　平面磨床的基本操作

M7130H 平面磨床的操作主要是通过调整、变换各自相应的手柄位置进行的。

（1）开车前检查。参照本书第 3 章安全生产与环境保护/3.3 劳动保护/3.3.4 机械行业劳动保护的内容中的"通用安全操作规定和要求"、"磨床安全操作要点"做好开车前检查及操作过程中的注意事项。

（2）正确启动液压系统。机床通电后，把床身左边电气控制箱的总停按钮旋开，转动电磁吸盘开关至工作状态，然后按下液压油泵启动按钮，液压系统才会启动。注意：此时调节工作台移动快慢的手柄（溢流阀）应在卸荷状态或调节磨头横向进给手轮在中位。

（3）进给速度调整。通过转动床身中部工作台移动快慢的手柄和调节磨头横向进给手轮调节工作台纵向进给速度和磨头横向间歇进给速度（或横向移动速度）。

（4）启动砂轮。在确保砂轮外表面不接触任何物品的情况下，按动控制箱的砂轮启动按钮启动砂轮。

（5）其他熟悉。熟悉工作台行程调整，砂轮升降操作、大手轮刻度值的含义等。

15.3　砂　　轮

砂轮（Grinding Wheel）是指用磨料和结合剂混合经压坯、干燥、焙烧而制成的，疏松的盘状、轮状等各种形状的磨具。如图 15-4 所示，砂轮表面杂乱地排列着许多磨粒，每个磨粒都可以看作一个微小的刀齿；磨削时砂轮高速旋转，切下粉末状切屑。

1. 轮的组成与分类

砂轮由磨粒、结合剂和气孔所组成，亦称砂轮三要素。砂轮的性能由磨粒的种类和大小、结合剂的种类、硬度及组织等参数决定。

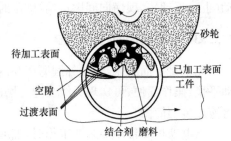

图 15-4　砂轮及磨削

砂轮种类繁多。按所用磨粒的材料(磨料)不同可分为普通磨料(刚玉和碳化硅等)砂轮及天然磨料和超硬磨料(金刚石和立方氮化硼等)砂轮;按形状可分为平形砂轮、斜边砂轮、筒形砂轮、杯形砂轮和碟形砂轮等;按结合剂可分为陶瓷砂轮、树脂砂轮、橡胶砂轮和金属砂轮等。在磨床上用得最多的是刚玉平砂轮,主要用于钢的磨削。

为适应不同表面形状与尺寸的加工,砂轮可分成不同形状,并用规定的代号表示。详见GB/T 4127《固结磨具 尺寸》系列标准,把砂轮分为 16 个部分。

粒度表示磨料颗粒的大小,一般粗磨削时用粗粒度(粒度号数小),精磨削时选用细磨粒(粒度号数较大),微粉(号数前加字母 W)适用于研磨等加工;详见 GB/T 2481.1—1998《固结磨具用磨料 粒度组成的检测和标记 第 1 部分:粗磨粒 F4～F220》和 GB/T 2481.2—2009《固结磨具用磨料 粒度组成的检测和标记 第 2 部分:微粉》。

结合剂的主要作用是将磨粒固结在一起,使之具有一定的形状和强度,便于有效地进行磨削工作;国标 GB/T 14319—2008《固结磨具 陶瓷结合剂强力珩磨磨石与超精磨磨石》规定了结合剂的名称及代号等内容,其中,陶瓷结合剂(代号 V)应用最广。

硬度是指砂轮表面上的磨粒在磨削力的作用下脱落的难易程度;磨粒容易脱落的称为软砂轮,反之称为硬砂轮。

2. 砂轮的选择

磨削硬材料,应选择软的、粒度号大的砂轮;磨削软材料,应选择硬的、粒度号小的、组织号大的砂轮。磨削软而韧的工件时,应选大气孔的砂轮。

提高生产效率,应选择粒度号小、软的砂轮。精磨时选择粒度号大、硬的砂轮。

3. 砂轮的安装与平衡

砂轮因在高速下工作,安装时应首先检查外观没有裂纹后,再用木槌轻敲,如果声音嘶哑,则禁止使用,否则砂轮破裂后会飞出伤人。砂轮的安装方法如图 15-5 所示。

为使砂轮工作平稳,一般直径大于 125mm 的砂轮都要进行平衡试验,如图 15-6 所示。将砂轮装在心轴 2 上,再将心轴放在平衡架 6 的平衡轨道 5 的刃口上。若不平衡,较重部分总是转到下面。可移动法兰盘端面环槽内的平衡铁 4 进行调整。经反复平衡试验,直到砂轮可在刃口上任意位置都能静止,即说明砂轮各部分的质量分布均匀。这种方法称为静平衡。

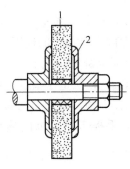

图 15-5 砂轮的安装
1—砂轮;2—弹性垫板

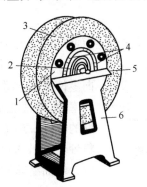

图 15-6 砂轮的平衡
1—砂轮套筒;2—心轴;3—砂轮;
4—平衡铁;5—平衡轨道;6—平衡架

4. 砂轮的修整

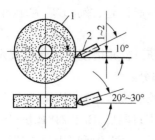

图 15-7　砂轮的修整
1—砂轮；2—金刚石笔

砂轮工作一定时间后，磨粒逐渐变钝，这时必须修整。修整时，将砂轮表面一层变钝的磨粒切去，使砂轮重新露出完整锋利的磨粒，以恢复砂轮的几何形状。砂轮常用金刚石笔进行修整，如图 15-7 所示。修整时要使用大量的冷却液，以免金刚石因温度急剧升高而破裂。砂轮修整除用于磨损砂轮外，还用于以下场合：①砂轮被切屑堵塞；②部分工材黏结在磨粒上；③砂轮廓形失真；④精密磨中的精细修整等。

15.4　磨削的基本工作

15.4.1　外圆磨削

外圆磨削是一种基本的磨削方法，它适于轴类及外圆锥零件的外表面磨削。在外圆磨床上磨削外圆常用的方法有纵磨法、横磨法和综合磨法三种。

1. 纵磨法

如图 15-8 所示，磨削时，砂轮高速旋转起切削作用（主运动），工件转动（圆周进给）并与工作台一起作往复直线运动（纵向进给），当每一纵向行程或往复行程终了时，砂轮按规定的切削深度（背吃刀量）作一次横向进给。每次背吃刀量很小，磨削余量是在多次往复行程中磨去的。当零件加工到接近最终尺寸时，采用无横向进给的几次光磨行程，直至火花消失为止，以提高零件的加工精度。纵向磨削的特点是具有较大适应性，一个砂轮可磨削长度不同、直径不等的各种零件，且

图 15-8　纵磨法

加工质量好，但磨削效率较低。目前生产中，特别是单件、小批生产以及精磨时广泛采用这种方法，尤其适用于细长轴的磨削。

2. 横磨法

横磨法又称径向磨削法，如图 15-9 所示。磨削时，采用砂轮的宽度大于工件磨削表面的长度，零件无纵向进给运动；而砂轮以很慢的速度连续地或断续地向零件作横向进给，直至余量被全部磨掉为止。横磨的特点是生产率高，但精度及表面质量较低。该法适于磨削长度较短、刚性较好的零件。当工件磨到所需的尺寸后，如果需要靠磨台肩端面，则将砂轮退出 0.005～0.01mm，手摇工作台纵向移动手轮，使工件的台端面贴靠砂轮，磨平即可。

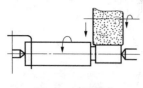

图 15-9　横磨法

3. 综合磨法

是先用横磨分段粗磨，相邻两段间有 5～15mm 重叠量（图 15-10），然后将留下的0.01～0.03mm 余量用纵磨法磨去。当加工表面的长度为砂轮宽度的 2～3 倍以上时，可采用综合磨

法。综合磨法能集纵磨、横磨法的优点为一身,既能提高生产效率,
又能提高磨削质量。

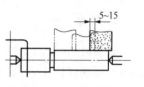

图 15-10　综合磨法

15.4.2　内圆磨削

内圆磨削方法与外圆磨削相似,只是砂轮的旋转方向与磨削外
圆时相反,操作方法以纵磨法应用最广,且生产率较低,磨削质量
较低。

15.4.3　平面磨削

磨平面多在平面磨床上进行,平面磨削分周磨和端磨两种基本形式,如图 15-11 所示。

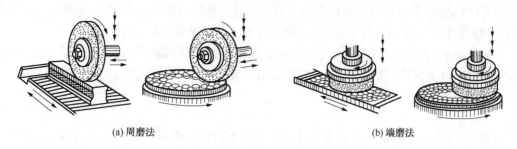

(a) 周磨法　　　　　　　　　　　　　　　　(b) 端磨法

图 15-11　平面磨削

周磨的特点是利用砂轮的圆周面进行磨削,工件与砂轮的接触面积小,发热少,排屑与冷
却情况好。因此,加工精度高、质量好,但效率低,适合易翘曲变形的工件,在单件、小批量生产
中应用较广。

端磨的特点是利用砂轮的端面进行磨削。砂轮轴垂直安装,刚性好,允许采用较大的磨削
用量,且砂轮与工件的接触面积大,生产率较高,适合成批、大量生产。但端磨精度较周磨差,
磨削热大,切削液进入磨削区较困难,易使工件受热变形,且砂轮磨损不均匀,影响加工精度。

15.4.4　锥面磨削

圆锥面磨削通常有转动工作台法和转动头架法两种,前者大多用于锥度较小、锥面较长的
内外圆锥面,后者常用于锥度较大、锥面较短的内外圆锥面。

15.4.5　磨削加工工艺守则

在磨削加工中,要遵守相关的工艺守则,详见机械行业标准 JB/T 9168.8—1998《切削加
工通用工艺守则　磨削》。

15.5　精整和光整加工简介

精整加工(Final Finish)是生产中常用的精密加工,它是指在精加工之后从工件上切除很
薄的材料层,以提高工件精度和减小表面粗糙度为目的的加工方法,如研磨和珩磨等。

光整加工(Finishing Cut)是精加工后,从工件上不切除或切除极薄金属层,用以改善工件
表面粗糙度或强化其表面的加工过程。如超级光磨和抛光等。

1. 研磨

研磨(Lapping)是指用研磨工具和研磨剂,从工件上去掉一层极薄表面层的精加工方法。采用不同的研磨工具(如研磨芯棒、研磨套、研磨平板等)可对内圆、外圆和平面等进行研磨。

研磨剂是很细的磨料(粒度为 W14~W15)、研磨液和辅助材料的混合剂。常用的制品有液态研磨剂、研磨膏和固态研磨剂(研磨皂)三种,主要起研磨、吸附、冷却和润滑等作用。

经研磨后的工件表面,尺寸精度 IT4~IT1,表面粗糙度 Ra 为 0.1~0.006μm,形状精度亦相应提高。

2. 珩磨

珩磨(Honing)是指用镶嵌在珩磨头上的油石对工件表面施加一定压力,珩磨工具或工件同时作相对旋转和轴向直线往复运动,切除工件上极小余量的精加工方法。

一般珩磨后,可将工件的形状与尺寸精度提高一级,表面粗糙度 Ra 为 0.2~0.025μm。珩磨加工的工件表面质量特性好、加工精度和加工效率高,加工应用范围广、经济性好。

3. 超精加工

超精加工(Microstoning)是指利用装在振动头上的细粒度油石对精加工表面进行的精整加工。超精加工一般安排在精磨工序后进行,其加工余量仅几微米。超精加工能加工钢、铸铁、铜合金、铝合金、陶瓷、玻璃、硅和锗等各种金属与非金属,适于加工曲轴、轧辊、轴承环和各种精密零件的外圆、内圆、平面、沟道表面和球面等。

超精加工可在普通车床、外圆磨床上进行,对于批量较大的生产则宜在专用机床上进行。工作时应充分地加润滑油,以便形成油膜和清洗极细的磨屑。

参 考 文 献

刘新等 . 2011. 工程训练通识教程 . 北京:清华大学出版社

巫世晶 . 2007. 工程实践 . 北京:中国电力出版社

吴国梁 . 2010. 磨工实用技术手册 . 2 版 . 南京:江苏科学技术出版社

薛源顺 . 2010. 磨工(中级). 北京:机械工业出版社

杨叔子 . 2011. 机械加工工艺师手册 . 2 版 . 北京:机械工业出版社

原北京第一通用机械厂 . 2009. 机械工人切削手册 . 7 版 . 北京:机械工业出版社

第16章　钳　工

16.1　钳 工 概 述

16.1.1　钳工简介

钳工(Benchwork)是指切削加工、机械装配和修理作业中的手工作业,因常在钳工台上用虎钳夹持工件操作而得名。钳工主要用于生产前的准备工作,单件小批生产中的加工、装配、设备维修、工具的制造和修理及新产品试制等。

钳工是复杂、细致、工艺技术要求高且实践能力强的工种。虽然钳工的工作灵活、工具简单,但由于以手工操作为主,劳动强度大、生产效率低、加工质量随机性大、技能要求高,在19世纪以后,随着各种机床的发展和普及,使得大部分钳工作业用机械化和自动化来替代,但在目前,钳工仍是机械制造过程中广泛应用的基本技术,其原因是:①划线、刮削、研磨和机械装配等钳工作业,至今尚无适当的机械化设备可以全部代替;②某些最精密的样板、模具、量具和配合表面(如导轨面和轴瓦等),仍需要依靠工人的手艺作精密加工;③在单件小批生产、修配工作或缺乏设备条件的情况下,采用钳工制造某些零件仍是一种经济实用的方法。因此钳工成为机械制造业中既历史悠久又充满活力的不可缺少的重要工种之一。

钳工可分为普通钳工(对零件进行装配、修整、加工)、机修钳工(主要从事各种机械设备的维护修理工作)、工具钳工(主要从事工具、模具、刀具的设计制造和修理)等。

钳工基本操作包括划线、錾削、锯割、锉削、钻孔、扩孔、锪孔、铰孔、攻螺纹、套螺纹、装配、刮削、研磨、矫正和弯曲、铆接、粘接、测量以及作标记等。

16.1.2　钳工常用的工、量具

(1) 划线工具:基准工具、支承工具和划线工具。

(2) 锯割工具:手锯和锯条。

(3) 錾削工具:锤子和各类錾子。

(4) 锉削工具:各种类型的锉刀。

(5) 刮、研工具:平面刮刀、曲面刮刀(三棱刮刀)、标准平板、研磨平板和研磨棒等。

(6) 钻削工具:各种规格的麻花钻头、扩孔钻、锪钻和铰刀。

(7) 攻丝与套丝工件:各种规格的丝锥、铰杠、板牙和板牙架。

(8) 钣金加工工具:多用剪、白铁剪、拉铆枪、弯管机和矫直机等。

(9) 拆装工具:各类扳手和旋具(螺丝刀)等。

(10) 量具:钢直尺、内外卡钳、游标卡尺、高度尺、千分尺(螺旋测微器)、直角尺、万能角尺、塞尺、百分表和样板等。

16.1.3　钳工常用的工夹具及设备

1. 钳工工作台

钳工工作台(Fitter's Bench)简称钳台或钳桌,是用来安置台虎钳、放置工量具和工件、进行钳工操作的设施。工作台要求平稳、结实,台面高度一般以装上台虎钳后钳口高度恰好与人

手肘齐平为宜,如图 16-1 所示。

2. 台虎钳

台虎钳(Bench Vice)是装在钳工台上,用钳口夹持工件的工具。凿切、锯割、锉削以及许多其他钳工操作都是在台虎钳上进行的。

钳工常用的台虎钳有固定式和回转式两种,回转式应用较为广泛,如图 16-2 所示。台虎钳规格以钳口的宽度来表示,一般为 $100\sim150$mm。

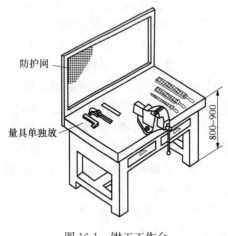

图 16-1　钳工工作台

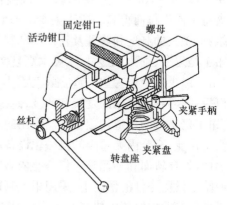

图 16-2　回转式虎钳构造

为了延长台虎钳的使用寿命,台虎钳上端咬口处用螺钉紧固着两块经过淬硬的钢质钳口。钳口的工作面上有斜形齿纹,使零件夹紧时不致滑动。夹持零件的精加工表面时,应在钳口和零件间垫上纯铜皮或铝皮等软材料制成的护口片(俗称软钳口),以免夹坏零件表面。

使用虎钳时,应注意以下事项:

(1) 虎钳必须牢固安装在钳工工作台上,必须使固定钳身的钳口工作面处于钳工工作台边缘之外。

(2) 工件应尽量夹在台虎钳钳口中部,以使钳口受力均匀。

(3) 当夹紧工件时,只能用手扳紧手柄。不允许套上套管或用手锤敲击手柄。

(4) 在进行强力作业时,应尽量使作用力朝下固定钳身,以免造成螺纹的损坏。

3. 砂轮机

砂轮机(Grinder)是用来刃磨各种刀具、工具的常用设备。常见有立式与台式两种。

4. 钻床

钻床(Drilling Machine)是指主要用钻头在工件上加工孔的机床。它的规格用可加工孔的最大直径表示。其中最常用是台式钻床(Bench-type Drilling Machine)。台钻小型轻便,安装在台面上使用,操作方便且转速高,适于加工中、小型零件上直径在 16mm 以下的小孔。此外,还有立式钻床、摇臂钻床等适于加工大、中型零件直径在 16mm 以上的孔。

5. 电动工具

电动工具(Electric Tool)是指以电为动力的工具。电动工具主要分为金属切削电动工具、研磨电动工具、装配电动工具和铁道用电动工具，如图 16-3 所示。

钳工常用的电动工具有手电钻、电动砂轮机、电动扳手、电动螺丝刀、电锤和冲击电钻等。

16.1.4 钳工工艺守则

在钳工操作中，要遵守相关的工艺守则，详见机械行业标准 JB/T 9168.11—1998《切削加工通用工艺守则 下料》、JB/T 9168.12—1998《切削加工通用工艺守则 划线》、JB/T 9168.13—1998《切削加工通用工艺守则 钳工》和 JB/T 9168.5—1998《切削加工通用工艺守则 钻削》。

图 16-3　各类电动工具

16.2　划线、锯削和锉削

划线、锯削及锉削是钳工中主要的工序，是机器维修装配时不可缺少的钳工基本操作。

16.2.1 划线

划线（Lineation）是在毛坯或工件上，用划线工具划出待加工部位的轮廓线或作为基础的点、线。

1. 划线的种类和用途

划线分平面划线和立体划线两种，如图 16-4 所示。平面划线是在零件的一个平面或几个互相平行的平面上划线。立体划线是在工作的几个互相垂直或倾斜平面上划线。

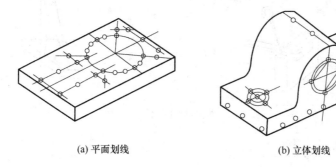

(a) 平面划线　　　　　　　(b) 立体划线

图 16-4　划线的种类

划线多数用于单件、小批生产，新产品试制和工、夹、模具制造。划线的精度较低；用划针划线的精度为 0.25～0.5mm，用高度尺划线的精度为 0.1mm 左右。

划线的作用是为了检查毛坯尺寸和校正几何形状，确定工件表面加工余量，确定加工位置。

2. 划线工、量具及用途

常用的划线工具有基准工具、支承工具和划线工具。

（1）基准工具：划线的基准工具是划线平板（平台）。

（2）支承工具：常用的支承工具有方箱、千斤顶、V 形铁、角铁等工具。

（3）划针及划线盘：划针用在工件表面上刻划线条；划针盘用于立体划线和找正。

（4）圆规和划卡：圆规用来划圆、划圆弧、量取尺寸和等分线段；划卡又称单脚规，用来确定轴和孔的中心位置，也可用来划平行线。

常用的量具有量高尺、高度游标尺和直角尺。其中量高尺是用来校核划针盘划针高度的量具，其上的钢尺零线紧贴平台。

部分划线工具使用如图 16-5 所示。

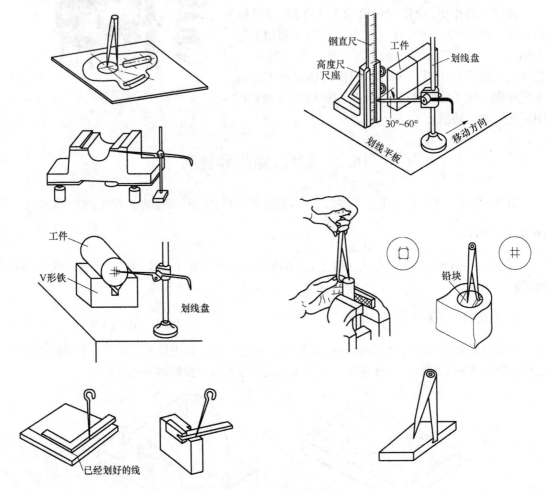

图 16-5　划线操作举例

3．划线方法与步骤

1）平面划线方法与步骤

平面划线的实质是平面几何作图问题。平面划线是用划线工具将图样按实物大小 1：1 划到零件上去的。

（1）根据图样要求，选定划线基准。

（2）对零件进行划线前的准备（清理、检查、涂色，在零件孔中装中心塞块等）。在零件上划线部位涂上一层薄而均匀的涂料（即涂色），使划出的线条清晰可见。一般在铸、锻毛坯件上涂石灰水；小的毛坯件上也可以涂粉笔；钢铁半成品上一般涂"兰油"或硫酸铜溶液，铝、铜等有色金属半成品上涂"兰油"或墨汁。

（3）划出加工界限（直线、圆及连接圆弧）。

（4）在划出的线上打样冲眼。样冲眼要打得小而分布均匀，如图 16-6 所示。钻孔前的圆心也要打样冲眼，以便钻头定位。图 16-7 所示为样冲及其使用方法。

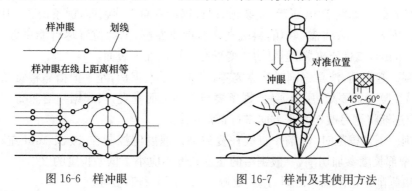

图 16-6　样冲眼　　　　　　图 16-7　样冲及其使用方法

2）立体划线方法与步骤

立体划线是平面划线的复合运用。它和平面划线有许多相同之处，如划线基准一经确定，其后的划线步骤大致相同。它们的不同之处在于一般平面划线应选择两个基准，而立体划线要选择三个基准。

16.2.2　锯削

锯削（Sawing）是指锯切工具旋转或往复运动，把工件、半成品切断或把板材加工成所需形状的切削加工方法。

1. 锯削的用途

锯削主要用于工件坯料或半成品的分割、钳工加工过程中多余料头的去除、在小工件上开小缝及工件的尺寸或形状的修整等加工。

2. 锯削工具——手锯

手锯由锯弓和锯条组成。

（1）锯弓：是用来安装和张紧锯条的工具。如图 16-8 所示，有固定式和可调式两种，可调式可使用多种规格锯条。

(a) 固定式锯弓　　　　　　　(b) 可调式锯弓

图 16-8　手锯

（2）锯条：一般用工具钢或合金钢制成，并经淬火和低温回火处理。锯条规格用锯条两端安装孔之间距离表示，常规为 300mm（长）×12mm（宽）×0.8mm（厚）。锯条由许多锯齿组成，每个锯齿相当于一把割刀。锯齿左右错开形成交叉或波浪形排列，形成锯路，使锯缝宽度大于锯条厚度，以减小摩擦、锯削省力、排屑容易，从而能起有效的切削作用，提高切削效率。

锯条按齿距大小分为粗齿、中齿、细齿三种（以 25mm 长度内含齿数来区分，粗齿为 14～18 齿；中齿为 24 齿；细齿为 32 齿）。粗齿锯条适用锯削铜、铝等软材料及厚的工件；中齿锯条适用锯削普通钢、铸铁及中厚度工件；细齿锯条适用于锯削硬钢、板料及薄壁管件。

3. 锯削方法与步骤

(1)锯条安装。如图16-8所示,安装锯条时,锯齿方向必须朝前,锯条松紧适中。

(2)工件安装。一般将需锯掉的料端夹在台虎钳左侧,锯缝位置尽可能靠近台虎钳钳口(一般15~20mm),工件要夹紧,但要防止变形和夹坏已加工表面。

(3)起锯。起锯前,注意锯削时站立姿势;一般右手握锯柄,左手拇指靠稳锯条,起锯角约为15°。锯弓往复行程要短,压力要轻,锯条要与零件表面垂直,当起锯到槽深2~3mm时,起锯可结束,应逐渐将锯弓改至水平方向进行正常锯削。

(4)锯削。正常锯削时,锯条作直线往复运动。速度应控制在40次/min左右。锯削时最好使锯条全部长度参加切削,一般锯弓的往返长度不应小于锯条长度的2/3。

(5)结束锯削。锯削临结束时,速度要慢,用力要轻,行程要小。

4. 其他锯削方法

钳工使用手锯对工件进行锯削,劳动强度大、生产效率低。为改善工人的劳动条件和提高生产率,目前已广泛使用型材切割机、电动刀锯、自动切割机和电动自爬式锯管机等设备对工件进行锯割。

16.2.3　锉削

锉削(Filing)是指用锉刀对工件表面进行切削加工,使工件达到所要求的尺寸、形状和表面粗糙度的操作。

1. 锉削的用途

锉削多用于錾削或锯削之后,以及在样板、模具的制造,机器的装配、调整、维修时修整工件用。可加工平面、台阶面、角度面、曲面、沟槽和各种形状的孔等。锉削精度可以达到0.01mm,表面粗糙度可达$Ra0.8\mu m$。

2. 锉削工具——锉刀

锉刀(File)是锉削的主要工具,锉刀用高碳钢(T12、T13)制成,并经热处理淬硬至62~67HRC。锉刀的构造及各部分名称如图16-9所示。锉刀面上錾有锉纹,是锉刀的工作部分(以其长度作为锉刀规格,有100、150、200、250、300、350mm等规格)。锉刀边有光边和齿边之分(一般指齐头扁锉,其他锉刀无光边,在实际工作中有时磨出一个光边)。

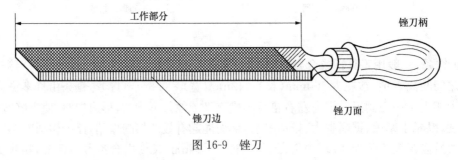

图16-9　锉刀

3. 锉刀的分类

（1）按锉齿的大小分为粗齿锉、中齿锉、细齿锉和油光锉等。特点及应用见表16-1。

表16-1　锉齿的分类、特点与应用

锉齿粗细	10mm长度内齿数	特点与应用
粗齿锉	4～12	齿间大,不易堵塞,适宜于粗加工或锉铜、铝等有色金属
中齿锉	13～24	齿间适中,适于粗锉后加工
细齿锉	30～40	锉光表面或锉硬金属
油光锉	50～62	精加工时,修光表面

（2）按齿纹分为单齿纹和双齿纹。单齿纹锉刀的齿纹只有一个方向,一般用于锉软金属,如铜、锡、铅等。双齿纹锉刀的齿纹有两个互相交错的排列方向,一般用于锉钢。

（3）按用途分为普通锉刀、整形锉刀（什锦锉）和特殊锉刀（不包括机用锉）三类,如图16-10所示。普通锉刀根据截面形状的不同,可分为平锉（又名板锉,用于锉平面、外圆面和凸圆弧面）、方锉（用于锉平面和方孔）;三角锉（用于锉平面、方孔及60°以上的锐角）;圆锉（用于锉圆和内弧面等）;半圆锉（用于锉平面、内弧面和大的圆孔）。

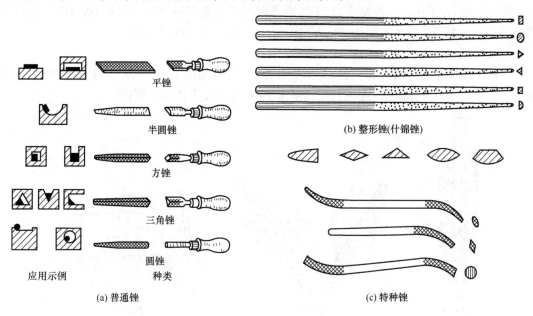

图16-10　锉刀种类

4. 锉刀的使用与保养

（1）新锉刀要先固定一面使用,在该面磨钝后或必须用锐利的锉齿加工时才用另一面。每次锉削时,应首先用钝面将工件表面锉出新茬后,再用锐面进行锉削。

（2）锉削过程中,要经常用铜丝刷清除锉齿上残留的切屑,以免锉刀锈蚀。

（3）使用后的锉刀不可重叠放置或与其他工具堆放在一起,以免相互摩擦损坏锉齿。

（4）锉刀要避免沾水、沾油或其他脏物。

（5）细锉刀不允许锉软金属。

5. 锉削方法

1) 握锉与姿势

锉平面时,必须正确掌握锉刀的握法和施力的变化。一般右手握锉柄,左手压锉。根据锉刀大小和使用场合,有不同的姿势,如图 16-11 所示。

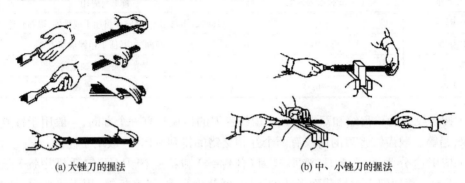

(a) 大锉刀的握法　　　　　　　　　(b) 中、小锉刀的握法

图 16-11　锉刀的握法

锉削过程中,两手用力也时刻在变化。开始时,左手压力大推力小,右手压力小推力大。随着推锉过程,左手压力逐渐减小,右手压力逐渐增大。锉刀回程时不加压力,以减少锉齿的磨损。锉刀往复运动速度一般为 30～40 次/min,推出时慢,回程时可快些。

2) 平面锉削方法

锉削平面的基本方法有顺向锉、交叉锉和推锉三种,如图 16-12 所示。锉削平面时,锉刀要按一定方向进行锉削,并在锉削回程时稍作平移,这样逐步将整个面锉平。

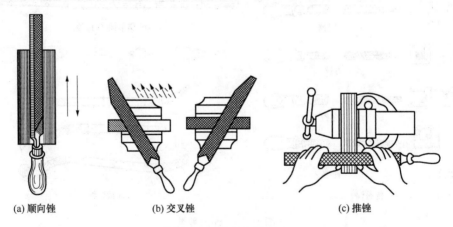

(a) 顺向锉　　　　　　　(b) 交叉锉　　　　　　　(c) 推锉

图 16-12　平面锉削方法

顺向锉是最普通的锉削方法,不大的平面和最后的锉光都是用这种方法,它可得到正直的刀痕。

交叉锉是先沿一个方向锉一层,然后再转 90°锉平,锉刀与工件的接触面积较大,锉刀容易掌握平稳。同时从刀痕上可以判断出锉削面的高低情况,所以容易将平面锉平,为了使刀痕变得正直,在平面锉削完成前改为顺向锉。

推锉是锉刀的运动方向与其长度方向垂直,一般用来锉狭长平面。当工件表面基本锉平、余量很小时,为了提高工件表面粗糙度和修正尺寸,用推锉法较好。

3）弧面锉削方法

对圆弧表面锉削,常用滚锉和顺锉方法。顺锉法主要用于粗加工;滚锉法主要用于精加工,如图 16-13 所示。

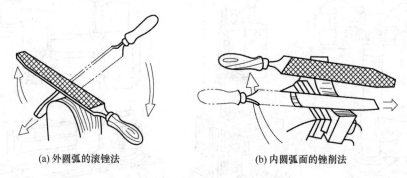

(a) 外圆弧的滚锉法　　　　　(b) 内圆弧面的锉削法

图 16-13　内外圆弧锉削方法

6. 锉削检验

检验工具有刀口形直尺、90°角尺和游标角度尺等。刀口形直尺和 90°角尺可检验零件的直线度、平面度及垂直度。

16.3　钻孔、扩孔和铰孔

零件上孔的加工,除去一部分由车、镗、铣和磨等机床完成外,很大一部分是由钳工利用各种钻床和钻孔工具完成的。钳工加工孔的方法一般指钻孔、扩孔和铰孔。

16.3.1　钻削与钻床

1. 钻削概述

钻削(Drilling)又称钻孔,是指钻削刀具与工件作相对运动并作轴向进给运动,在工件上加工孔的方法。一般情况下,孔加工刀具都应同时完成两个运动,如图 16-14 所示。

钻削的精度较低,表面较粗糙,一般加工精度在 IT10 以下,表面粗糙度 Ra 值大于 $12.5\mu m$,生产效率也比较低。因此,钻孔主要用于粗加工,例如精度和粗糙度要求不高的螺钉孔、油孔和螺纹底孔等。但精度和粗糙度要求较高的孔,也要以钻孔作为预加工工序。

图 16-14　钻削运动
1—主运动;　2—进给运动

2. 钻床

钻床(Drilling Machine)是指主要用钻头在工件上加工孔的机床。钻床的种类很多,最常用的有台式钻床、立式钻床和摇臂钻床,如图 16-15 所示。

按国家标准 GB/T 15375—2008《金属切削机床型号编制方法》规定,摇臂钻床 Z3040 的 Z 表示钻床类机床,3 表示摇臂钻床组,0 表示摇臂钻床系列,40 表示最大钻孔直径为 40mm。有些以前生产的已定型并授予型号的台钻仍采用以前部颁标准进行,如 Z512-2 台钻。

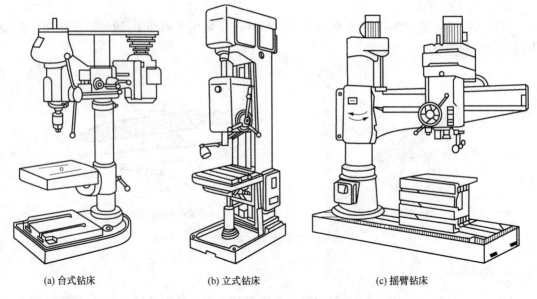

| (a) 台式钻床 | (b) 立式钻床 | (c) 摇臂钻床 |

图 16-15 常见钻床

1）台式钻床

台式钻床（Bench-type Drilling Machine）简称台钻，是指可安放在作业台上，主轴竖直布置的小型钻床。台式钻床钻孔直径一般在 13mm 以下，最大不超过 16mm。其主轴变速一般通过改变三角带在塔形带轮上的位置来实现，主轴进给靠手动操作。

台钻的特点是转速高、结构简单、灵活、操作容易、调整方便，适于单件、小批量生产，主要用于仪表制造和钳工修配以及修理工作中。由于转速一般在 400r/min 以上，有些特殊材料或工艺需用低速加工的不适用。

新式台钻采用液压千斤顶式的主轴箱升降系统，主轴不仅可上下升降，还可绕主轴回转，操作灵活、轻便、安全，有主轴进刀定深机构、传动带松紧机构等。

2）立式钻床

立式钻床（Vertical Drilling Machine）简称立钻，是指主轴箱和工件台安置在立柱上，主轴竖直布置的钻床。动力由电动机经主轴变速箱传给主轴，带动钻头旋转，同时也把动力传给进给箱，使主轴在转动的同时能自动作轴向进给，利用手柄，也可实现手动进给。

立钻的主轴转速、进给量都有较大的变动范围，可以适应不同材料的刀具在不同材料的工件上的加工。并能适应钻、锪、铰和攻螺纹等各种不同工艺的需要。立钻有不同的型号、规格，适用于机修车间、工具车间和一般金属加工厂的小批生产中。在立钻上装一套多轴传动头，能可时钻削几十个孔，可作为批量生产的专用机床使用。

3）摇臂钻床

摇臂钻床（Radial Drilling Machine）也称摇臂钻，是指摇臂可绕立柱回转和升降，通常主轴箱在摇臂上作水平移动的钻床。按机床夹紧结构分类，摇臂钻可以分为液压摇臂钻床和机械摇臂钻床。在摇臂长度允许的范围内，可以把主轴对准工件的任何位置。操作时能很方便地调整刀具的位置，以对准被加工孔的中心，而不需要移动工件来进行加工，特别适用于单件或批量生产带有多孔大型零件的孔加工，是一般机械加工车间常见的机床。

在钻床上可完成以下工作，如图 16-16 所示。

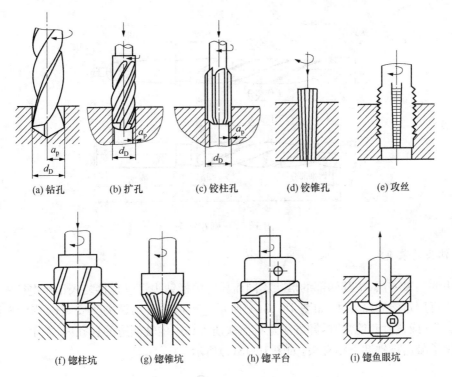

(a) 钻孔　　(b) 扩孔　　(c) 铰柱孔　　(d) 铰锥孔　　(e) 攻丝

(f) 锪柱坑　　(g) 锪锥坑　　(h) 锪平台　　(i) 锪鱼眼坑

图 16-16　在钻床可完成的工作

16.3.2　钻孔

用钻头在实体材料上加工孔的方法称为钻孔,它属于孔的粗加工(尺寸精度一般为 IT12~IT11,表面粗糙度 Ra 为 50~12.5μm)。钻孔一般在钻床上进行,有时也在车床、铣床和镗床等机床上进行。在安装和检修现场,若工件笨重且精度要求又不高,或者钻孔部位受到限制时,可用手电钻、风钻和板钻等钻孔。

一般在单件、小批量生产中,中小型工件上的小孔(一般孔径≤13mm)常用台式钻床加工;中小型工件上直径较大的孔(一般孔径≤50mm)常用立式钻床加工;大中型工件上的孔常在摇臂钻床上加工;回转体工件上的孔多在车床上加工。在成批和大量生产中,为了保证加工精度,提高生产效率和降低加工成本,广泛使用钻模、多轴钻或组合机床进行孔的加工。

1. 钻头

钻头(Bit)是用在实体材料上钻削出通孔或盲孔,并能对已有的孔扩孔的刀具。常用的钻头主要有麻花钻、扁钻、中心钻、深孔钻和套料钻。扩孔钻和锪钻虽不能在实体材料上钻孔,但习惯上也将它们归入钻头一类。

麻花钻是孔加工应用最广的刀具,由高速钢制成,工作部分经热处理淬硬至 62~65HRC。麻花钻由柄部、颈部和工作部分组成,如图 16-17 所示。

柄部供装夹和传递动力用,一般钻头直径在 13mm 以下的为直柄,大于 13mm 的为锥柄(端部有扁尾,供拆卸钻头用)。颈部是磨削工作部分和钻柄时的退刀槽。钻头直径、材料、商标一般刻印在颈部。工作部分包括切削部分与导向(备磨)部分。切削部分有两条对称的主切削刃,中间有横刃用于钻孔;导向部分为两条对称的螺旋槽,用以排除切屑和输送切削液。

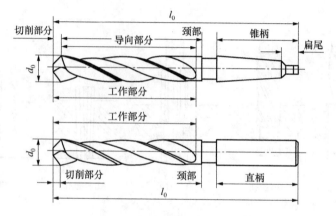

图 16-17　麻花钻头

2. 钻头的装夹

钻头的装夹方法,按其柄部的形状不同而异。锥柄钻头可以直接装入钻床主轴锥孔内,较小的钻头可用过渡套筒安装,如图 16-18(a)所示。直柄钻头用钻夹头安装,如图 16-18(b)所示。钻夹头(或过渡套筒)的拆卸方法是将楔铁插入钻床主轴侧边的扁孔内,左手握住钻夹头,右手用锤子敲击楔铁卸下钻夹头,如图 16-18(c)所示。

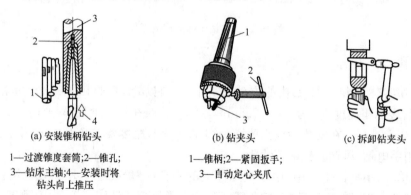

(a) 安装锥柄钻头　　　　　　　(b) 钻夹头　　　　　　　(c) 拆卸钻夹头

1—过渡锥度套筒;2—锥孔;　　　　1—锥柄;2—紧固扳手;
3—钻床主轴;4—安装时将　　　　3—自动定心夹爪
　　钻头向上推压

图 16-18　钻头的装拆

3. 工件的装夹

工件的装夹依工件的形状、大小和批量而定。单件小批生产或加工要求较低时,零件经划线确定孔中心位置后,多数装夹在通用夹具或工作台上钻孔,如图 6-19 所示;生产批量较大或精度要求较高时,零件一般是用钻模来装夹。

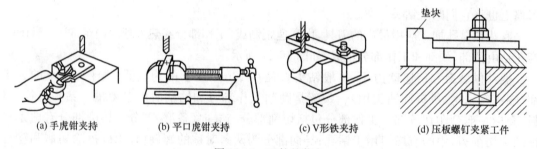

(a) 手虎钳夹持　　　(b) 平口虎钳夹持　　　(c) V形铁夹持　　　(d) 压板螺钉夹紧工件

图 16-19　工件的装夹

4. 钻孔操作

钻孔前,先按图要求划线,检查后打样冲眼。样冲眼应打得大些,使钻头不易偏离中心。

根据加工要求选好钻头(孔径超过 30mm 时,应分两次钻孔以减小轴向力)并装上;选择合适的装夹方法固定工件(钻通孔时,工件下面要垫上垫块或把钻头对准工作台空槽);调整好钻床主轴位置;选定主轴转速和进给量;准备好所需要的切削液。

用钻尖对准孔中心样冲眼锪一个小坑,检查小坑与所划孔的圆周线是否同心(称试钻)。如稍有偏离,可移动零件找正,若偏离较多,可用尖凿或样冲在偏离的相反方向凿几条槽,如图 16-20 所示。对较小直径的孔也可在偏离的方向用垫铁垫高些再钻。直到钻出的小坑完整,与所划孔的圆周线同心或重合时才可正式钻孔。

钻孔时,进给速度要均匀,将要钻通时,进给量要减小,最好改用手动进给。钻深孔时,当孔深达到直径 3 倍以上时,钻头必须经常退出排屑和冷却。钻韧性材料要加切削液。

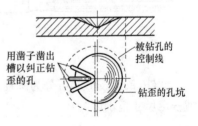

图 16-20 试钻纠偏

16.3.3 扩孔

扩孔(Counterboring)是指用扩孔工具扩大工件孔径的加工方法。它可以校正孔的轴线偏差,并使其获得较正确的几何形状与较低的表面粗糙度。

一般用麻花钻作扩孔钻扩孔。在扩孔精度要求较高或生产批量较大时,还采用专用扩孔钻扩孔。直径在 10～32mm 的扩孔钻多做成整体结构,直径在 25～80mm 的扩孔钻则制成套装结构,如图 16-21 所示。扩孔钻一般有 3～4 条切削刃,故导向性好,不易偏斜,没有横刃,轴向切削力小,扩孔能得到较高的尺寸精度(IT10～IT9)和较小的表面粗糙度(Ra 为 6.3～3.2μm)。

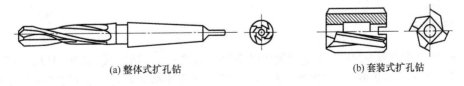

(a) 整体式扩孔钻　　　　　　　　　　　(b) 套装式扩孔钻

图 16-21 扩孔钻

16.3.4 铰孔

铰孔(Reaming)是用铰刀从工件的孔壁上切除微量金属层,以提高其尺寸精度和表面质量,是孔的精加工方法,在生产中应用很广。铰孔可分为粗铰和精铰。精铰加工余量较少,一般只有 0.05～0.25mm。铰削后的精度可达 IT6～IT5,表面粗糙度 Ra 为 1.6～0.4μm。铰孔前,工件应经过钻孔、扩孔(或镗孔)等加工。对于较小的孔,相对于内圆磨削及精镗而言,铰孔是一种较为经济实用的加工方法。

1. 铰刀

铰刀(Reamer)是铰孔所用的刀具。

铰刀按使用方法可以分为手用铰刀和机用铰刀两种,如图 16-22 所示。手用铰刀为直柄,工作部分较长,一般是两支一套的,其中一支为粗铰刀(刀刃上开有螺旋形分布的分屑槽),另一支为精铰刀。机用铰刀多为锥柄,可装在钻床、车床或镗床上铰孔。铰刀的工作部分由切削部分和修光部分组成,切削部分呈锥形,担负着切削工作;修光部分起着导向和修光作用。铰刀有 6～12 条切削刃,每个刀刃的切削负荷较轻。

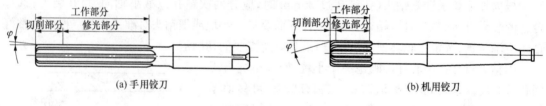

(a) 手用铰刀　　　　　　　　　　　　　　　　(b) 机用铰刀

图 16-22　铰刀

此外,铰刀按形状可分为圆柱铰刀和圆锥铰刀;其中可调节圆柱手用铰刀能用一把铰刀铰削一定尺寸范围内的孔。

2. 铰孔方法

铰圆柱孔分为手工铰孔和机铰孔。其中,手工铰孔时,两手用力要均匀,只准顺时针方向转动,每分钟 20～30 转,施于铰刀上的压力不能太大,要使进给量适当、均匀。铰孔时不能倒转,否则会挤出切屑,使刀刃崩裂或损坏,影响加工质量。

铰孔时,应不断加润滑油;铰完孔后,仍按顺时针方向退出铰刀。

机铰时,装好后,连续进行钻孔、扩孔或铰孔。

16.4　攻螺纹和套螺纹

常用的三角螺纹零件,除采用机械加工外,还可以用钳工攻螺纹和套螺纹的方法获得。攻螺纹(Tapping)是指用丝锥加工工件的内螺纹;套螺纹(Thread Die Cutting)是指用板牙或螺纹切头加工工件的螺纹。

16.4.1　攻螺纹

攻螺纹(也称攻丝)是钳工金属切削中的重要内容之一,包括划线、钻孔和攻螺纹等环节。攻螺纹只能加工三角形螺纹,属连接螺纹,用于两件或多件结构件的连接;螺纹的加工质量直接影响到构建的装配质量效果。

1. 丝锥

丝锥(Tap)是指加工圆柱形和圆锥形内螺纹的标准工具。根据其形状分为直槽丝锥、螺旋槽丝锥和螺尖丝锥。直槽丝锥加工容易,精度略低,产量较大,一般用于普通车床、钻床及攻丝机的螺纹加工用,切削速度较慢。螺旋槽丝锥多用于数控加工中心攻盲孔螺纹用,加工速度较快,精度高,排屑较好,对中性好。螺尖丝锥前部有容屑槽,用于通孔的加工。

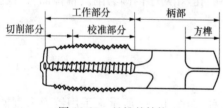

图 16-23　丝锥的结构

钳工所用丝锥为直槽丝锥,其结构如图 16-23 所示,由工作部分和柄部组成。工作部分是一段开槽的外螺纹,又可分为切削部分和校准部分。丝锥常用高碳优质工具钢或高速钢制造,手用丝锥一般用 T12A 或 9SiCr 制造。

丝锥按使用环境不同,可以分为手用丝锥和机用丝锥;按规格可以分为公制、美制和英制丝锥。由于螺纹的精度、螺距大小不同,丝锥一般为 1 支、2 支、3 支成组使用。使用成组丝锥攻螺纹孔时,要顺序使用来完成螺纹孔的加工。

2. 铰杠

铰杠(Tap Wrench)是指用以夹持丝锥、铰刀的手工旋转工具,如图 16-24 所示。常用的铰手有固定式和可调节式,以便夹持各种不同尺寸的丝锥。

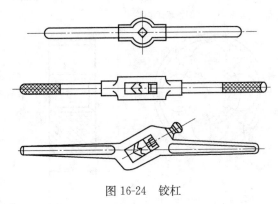

图 16-24　铰杠

3. 攻螺纹的方法

(1) 钻孔。攻螺纹前必须钻底孔与孔口倒角。孔径 d(钻头直径)略大于螺纹底径;尺寸可查表,也可按经验公式计算。

对于攻普通螺纹,加工钢料及塑性金属时: $d=D-p$

加工铸铁及脆性金属时:

$$d=D-(1.05\sim1.1)p$$

式中:D 为螺纹基本尺寸;p 为螺距。

若孔为盲孔,由于丝锥不能攻到底,所以钻孔深度要大于螺纹长度,其尺寸按下式计算:

$$孔的深度=螺纹长度+0.7D$$

(2) 手工攻螺纹的方法,如图 16-25 所示。

(a) 攻入孔内前的操作　　　　(b) 检查垂直度　　　　(c) 攻入螺纹时的方法

图 16-25　手工攻螺纹方法

双手转动铰杠,并轴向加压力,当丝锥切入零件 1～2 牙时,用 90°角尺检查丝锥是否歪斜,如丝锥歪斜,要纠正后再往下攻。当丝锥位置与螺纹底孔端面垂直后,轴向就不再加压力。两手均匀用力,为避免切屑堵塞,要经常倒转 1/2 圈～1/4 圈,以达到断屑。头锥、二锥应依次攻入。攻铸铁材料螺纹时加煤油而不加切削液,钢件材料加切削液,以保证铰孔表面的粗糙度要求。

16.4.2　套螺纹

与攻螺纹类似,套螺纹(也称套丝)是钳工加工外螺纹的主要工作之一。

1. 套螺纹工具

1) 圆板牙

板牙(Threading Die)是一种加工外螺纹的刀具。圆板牙就像一个圆螺母,只是在它上面钻有几个排屑孔并形成切削刃,如图 16-26 所示。圆板牙一般用合金工具钢 9SiCr 或高速钢 W18Cr4V 制造。用圆板牙套螺纹的精度比较低。

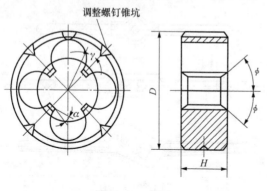

图 16-26　板牙

2) 圆锥管螺纹板牙

圆锥管螺纹板牙的基本结构与普通圆板牙一样,因为管螺纹有锥度,所以只在单面制成切削锥。这种板牙所有切削刃都参加切削,板牙在零件上的切削长度影响管子与相配件的配合尺寸,套螺纹时要用相配件旋入管子来检查是否满足配合要求。

3) 铰手

手工套螺纹时需要用圆板牙铰手,如图 16-27 所示。

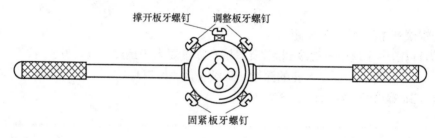

图 16-27　铰手

2. 套螺纹方法

1) 套螺纹前零件直径的确定

确定螺杆的直径可直接查表,也可按零件直径 $d=D-0.13p$ 的经验公式计算。

2) 钳工套螺纹操作

套螺纹的方法如图 16-28 所示,将板牙套在圆杆头部倒角处,并保持板牙与圆杆垂直,右手握住铰手的中间部分,加适当压力,左手将铰手的手柄顺时针方向转动,在板牙切入圆杆 2~3 牙时,应检查板牙是否歪斜,发现歪斜,应纠正后再套,当板牙位置正确后,再往下套就不加压力。套螺纹和攻螺纹一样,应经常倒转以切断切屑。套螺纹应加切削液,以保证螺纹的表面粗糙度要求。

3) 套丝机

随着管道工程的发展,管螺纹加工越来越多,为使管道安装时的管螺纹加工变得轻松、快捷;降低管道安装工人的劳动强度;常用电动套丝机加工管螺纹来代替手工套丝。电动套丝机(Electric Threading Machine)是指设有正反转装置,用于加工外螺纹的电动工具,如图 16-29 所示。

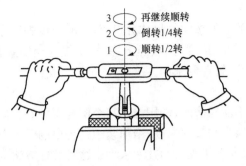

图 16-28　套螺纹方法

图 16-29　套丝机

16.5 装　配

装配是机器制造中的最后一道工序,因此,它是保证机器达到各项技术要求的关键。装配工作的好坏,对产品质量起着决定性的作用。装配是钳工一项非常重要的工作。

16.5.1　装配常识

1. 装配概述

装配(Assemble)是指按规定的技术,将零件或零部件进行配合和连接,使之成为部件或机器的工艺过程。

装配包括组装、部装和总装。

组装是将两个以上的零件连接组合成为组件的过程。例如曲轴、齿轮等零件组成的一根传动轴系的装配。

部装是将组件、零件连接组合成独立机构(部件)的过程。例如车床主轴箱、进给箱等的装配。

总装是将部件、组件和零件连接组合成为最终产品的过程。

装配时零件相互连接的性质直接影响产品装配的顺序和装配方法,因而在装配前要仔细研究机器零件的连接方式。装配中零件连接分为固定连接和活动连接两种。每一类的连接中,按照零件结合后能否拆卸又分为可拆连接和不可拆连接,见表 16-2。

表 16-2　连接的分类

固定连接		活动连接	
可拆	不可拆	可拆	不可拆
螺纹、键、销等	铆接、焊接、压合、胶结等	轴与轴承、丝杠与螺母、柱塞与套筒等	活动连接的铆合头

2. 装配方法

装配的常用方法主要有以下几种。

1) 互换装配法(完全互换法)

装配时,在各类零件中任意取出要装配的零件,不需任何修配就可以装配,并能完全符合质量要求。装配精度由零件的制造精度保证。其特点是:装配操作简单,生产效率高,对组织协作、组织装配流水线生产以及解决易损件的制备都有好处。互换装配法适用于环节少、精度要求不高的场合或大批量生产。

2)分组装配法(选配法、不完全互换法)

在成批或大量生产中,将产品各配合的零件按实测尺寸分组,装配时按组进行互换装配以达到装配精度的方法。分组装配法可提高装配精度,比较经济,并便于提高经济效益;但增加了测量分组的工作量,且零件的储备要多些,管理要求细。

3)修理装配法

当装配精度要求较高,采用完全互换不够经济时,常用修正某个配合零件的方法来达到规定的装配精度。其特点是:通过修配得到很高的装配精度;增加装配过程中的手工修配和机械加工工作量,不宜于流水线作业;质量好坏取决于工人的技术水平。这种装配方法多用于机床制造中,适用于单件、小批量生产装配精度要求较高的情况。

4)调整装配法

调整法比修配法方便,也能达到很高的装配精度,在大批生产或单件生产中都可采用此法。但由于增设了调整用的零件,使部件结构显得复杂,而且刚性降低。

16.5.2　装配工艺过程

1. 装配工艺过程

产品的装配工艺过程主要由以下几个部分组成。

(1)装配前的准备工作。

① 研究和熟悉产品图样,了解产品结构以及零件作用和相互连接关系,掌握其技术要求。并对配套件的品种及其数量进行检查。

② 确定装配方法、程序并准备所需的工具、量具、吊架及检测仪器。

③ 备齐零件,进行清洗及涂防护润滑油。

(2)装配工作。

按照组件装配→部件装配→总装配的次序依次进行装配。装配过程一般是先下后上,先内后外,先难后易,先装配保证机器精度的部分,后装配一般部分。

(3)调整和试验。

装配完成后,按技术要求,逐项进行调整工作,精度检测,并进行试车。

(4)装配后的整理和修饰工作。

2. 装配时应注意的事项

(1)应检查零件与装配规定的形状和尺寸精度是否合格,有无差异等。

(2)各种运动部件的接触面,应保证有良好的润滑,油路必须畅通。

(3)各密封件在装配后不得有渗漏现象。

(4)固定连接的零部件要牢固,活动连接的零件能灵活地按规定方向运动。

(5)试车时,先开慢车,再逐渐加速,根据试车情况,进行必要的调整。

16.5.3　拆卸的基本要求

对机器进行检查和修理时要对机器进行拆卸,拆卸机器时的基本要求如下。

(1)拆前要熟悉图纸,掌握机器部件的结构,确定拆卸方法,不能乱敲、乱拆。

(2)拆卸工作应按照与装配相反的顺序进行,一般以先上后下、先外后内的顺序进行。

(3)应使用专用工具。敲击零件时,只能用铜锤或木槌敲击。

(4)对不能互换或成套加工的零件拆卸时,应做好标记,以防装配时装错。零件拆卸后,应按次序放置整齐,尽可能按原来的结构套在一起。

(5) 拆卸螺纹连接的零件时,辨别清楚螺纹旋向十分重要。

16.5.4 装配新工艺

随着计算机技术与自动化技术的高速发展,装配工艺也有了很大的发展。在大批量生产中,广泛采用装配流水线。装配流水线按节拍特性不同,可分为柔性装配线和刚性装配线;按产品对象不同,又可分为带式装配线、板式装配线和车式装配线等类型。

柔性装配就是可编程装配,柔性装配线主要依靠先进的计算机技术和自动化技术的结合。它具有质量稳定、生产率高等优点,又有通用性、灵活性的特点,适合于多品种、中小批量生产,在汽车、家电等产品的装配中获得了成功应用。

刚性装配线是按一定的产品类型设计的,主要依靠机械、气压、液压及电气自动化等得以实现。该方法具有质量稳定、生产率高、节拍稳定、人工参与少等优点,但缺乏灵活性。在汽车发动机、柴油机等外形、性能变化均不大的产品的装配中,得到较为广泛的应用。

参 考 文 献

黄涛勋.2006.钳工(中级).北京:机械工业出版社

刘新等.2011.工程训练通识教程.北京:清华大学出版社

巫世晶.2007.工程实践.北京:中国电力出版社

谢志余.2008.钳工实用技术手册.南京:江苏科学技术出版社

杨叔子.2011.机械加工工艺师手册.2版.北京:机械工业出版社

原北京第一通用机械厂.2009.机械工人切削手册.7版.北京:机械工业出版社

第五篇 现代制造技术

第17章 数控加工

数控加工(Numerical Control Machining),是指在数控机床上进行零件加工的一种工艺方法,数控机床加工与传统机床加工的工艺规程从总体上说是一致的,但也发生了明显的变化。它是用数字信息控制零件和刀具位移的机械加工方法,是解决零件品种多变、批量小、形状复杂、精度高等问题和实现高效化和自动化加工的有效途径。

17.1 数控机床

17.1.1 数控机床概述

1. 概述

数字控制机床(Computer Numerical Control Machine Tools)简称数控机床(NC 机床),是一种装有程序控制系统的自动化机床。其控制系统称为数控系统(Numerical Control System),是指能按照零件加工程序的数值信息指令进行控制,使机床完成工作运动并加工零件的一种控制系统。数控系统的核心是数字控制(Numerical Control,NC)技术。数控技术即NC 技术是指用数字、文字和符号组成的数字指令来实现一台或多台机械设备动作控制的技术。数控一般是采用通用或专用计算机实现数字程序控制,因此数控也称为计算机数控(Computerized Numerical Control),简称 CNC。

采用数控机床加工零件时,只需要将零件图形和工艺参数、加工步骤等以数字信息的形式,编成程序代码并输入到机床控制系统中,再由数控装置对输入的程序代码进行运算处理后转换成驱动伺服机构的指令信号,从而控制机床各部件协调动作,自动完成零件的加工。

2. 数控机床的产生与发展

数控技术起源于航空工业的需要,20 世纪 40 年代后期,美国一家直升机公司提出了数控机床的初始设想,1952 年美国麻省理工学院研制出世界上第一台三坐标数控铣床。50 年代中期这种数控铣床已用于加工飞机零件。依赖于电子技术、计算机技术、自动控制和精密测量技术的发展,先后经历了第一代电子管 NC、第二代晶体管 NC、第三代小规模集成电路、第四代小型计算机 CNC 和第五代微型机 MNC 数控系统等五个发展阶段。前三代系统是 20 世纪 70 年代以前的早期数控系统,它们都是采用专用电子电路实现的硬接线数控系统,因此称为硬件式数控系统,也称为普通数控系统或 NC 系统。第四代和第五代系统是 20 世纪 70 年代中期开始发展起来的软件式数控系统,称为现代数控系统,也称为计算机数控系统或 CNC 系统。

软件式数控是采用微处理器及大规模或超大规模集成电路组成的数控系统,它具有很强的程序存储能力和控制能力,这些控制功能是由一系列控制程序(驻留系统)来实现的。软件式数控系统通用性很强,几乎只需要改变软件,就可以适应不同类型机床的控制要求,具有很大的柔性。目前微型机数控系统几乎完全取代了以往的普通数控系统。

如今,数控机床已经在机械加工中占据非常重要的地位。随着新材料和新工艺的出现,对数控机床的要求越来越高,数控机床的发展趋势是高速化、高精度、工序集约化、机床智能化和微型化等。

3. 数控机床的组成

数控机床主要由以下几个部分组成,如图 17-1 所示。

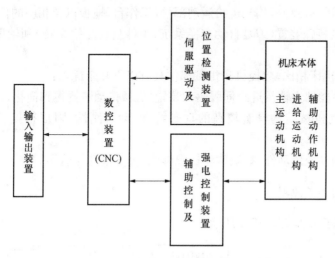

图 17-1　数控机床的组成

(1) 控制介质与程序输入输出设备:控制介质是记录零件加工程序的载体,是人与机床建立联系的介质。程序输入输出设备是数控装置与外部设备进行信息交换的装置,作用是将记录在控制介质上的零件加工程序传递并存入数控系统内,或将调试好的加工程序通过输出设备存放或记录在相适应的介质上。目前采用较多的输入方法有软盘、通信接口和 MDI 方式。MDI 即手动输入方式,它是利用数控机床控制面板上的键盘,将编写好的程序直接输入到数控系统中,并可通过显示器显示有关内容。

现代的数控系统一般都具有用通信手段进行信息交换的能力。通信手段是实现 CAD/CAM 的集成、FMS 和 CIMS 的基本技术。

(2) 数控装置(CNC):是数控机床的核心,包括微型计算机、各种接口电路、显示器等硬件及相应的软件。对输入信息处理后输出各种控制信息和指令。

(3) 伺服系统与辅助控制装置:伺服系统是 CNC 与机床的联系环节,包括主轴和进给伺服驱动装置。主轴伺服装置由主轴驱动单元(主要是速度控制)和主轴电动机组成。进给伺服装置由进给控制单元、进给电动机和位置检测装置组成,并与机床上的执行部件和机械传动部件组成数控机床的进给系统。伺服系统的作用是接收数控装置输出的指令脉冲信号,驱动机床的移动部件(刀架或工作台)按规定的轨迹和速度移动或精确定位,加工出符合图样要求的工件。每一个指令脉冲信号使机床移动部件产生的位移量称为脉冲当量(Pulse Equivalency)。常用的脉冲当量有 0.01mm/脉冲、0.005mm/脉冲、0.001mm/脉冲。

伺服系统是数控机床的最后控制环节,它的性能直接影响数控机床的加工精度和生产效率。

辅助控制装置的主要作用是接受数控装置输出的开关量指令信号,经过编译、逻辑判断和运动,再经功率放大后驱动相应的电器,带动机床的机械、液压和气动等辅助装置完成指令规定的开关动作。这些控制包括主轴运动部件的变速、换向和启动、停止,刀具的选择和交换,冷却、润滑装置的启动、停止,工件和机床部件的松开、夹紧,分度工作台转位分度等开关辅助动作。

由于可编程逻辑控制器(PLC)具有响应快,性能可靠,易于使用,可编程和修改程序并可直接启动机床开关等特点,现已广泛用作数控机床的辅助控制装置。

(4)机床本体:是数控系统控制的对象,是实现零件加工的执行部件。机床本体主要由主运动部件(主轴、主运动传动机构)、进给运动部件(工作台、拖板以及相应的传动机构)、支承件(立柱、床身等)以及特殊装置(刀具自动交换系统、工件自动交换系统)和辅助装置(如排屑装置等)组成。

与传统的普通机床相比,数控机床机械部件具有以下几个优点:

① 采用了高性能的主轴及进给伺服驱动装置,机械传动装置得到简化,传动链较短。

② 数控机床的机械结构具有较高的动态特性、动态刚性、阻尼精度、耐磨性以及抗热变性。

③ 较多地采用高效传动件,如滚珠丝杠螺母副、直线滚动导轨等。

4. 数控机床的加工原理

数控机床的加工过程如图 17-2 所示。

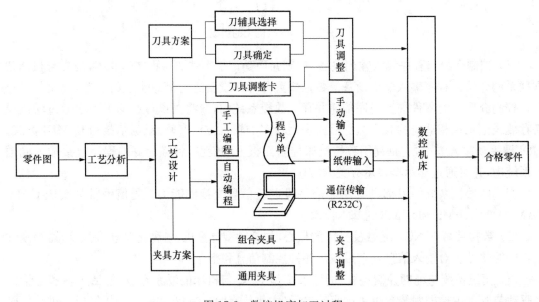

图 17-2　数控机床加工过程

(1)将与加工零件有关的信息用规定的文字、数字、符号组成的代码,按一定的格式编写成加工程序单。

(2)将加工程序通过控制介质输入到数控系统中。

(3)由数控系统分析处理后,发出与加工程序相对应的信号和指令控制机床进行自动加工。

由此可见,数控加工原理就是将数控加工程序以数据的形式输入数控系统,通过译码、刀补计算、插补计算来控制各坐标轴的运动,通过 PLC 的协调控制,实现零件的自动加工。

5. 数控机床的特点与应用

(1) 加工精度高,质量稳定:采用了滚珠丝杠螺母副和软件精度补偿技术,减少了机械误差,提高了加工精度。按程序自动加工,不受人为因素影响,加工质量稳定。

(2) 适应性强,柔性好:适于多品种、小批量和频繁改型的零件,还可以加工形状复杂的零件。

(3) 准备周期短,效率高:对于新产品开发试制或复杂零件的加工,只需针对零件工艺编制程序,无须大量工装,缩短了辅助时间。机床刚性好,加工可用较大的切削用量,节约时间。

(4) 具有良好的经济效益:数控机床功能多,原来在多机床、多工序、多次装夹才能完成的内容,使用加工中心一次安装即可完成,经济效益十分明显。

(5) 劳动强度低:数控机床自动化程度高,操作时按事先编制好的程序进行自动加工。

17.1.2 数控机床的分类

1. 按加工方式分类

(1) 金属切削类:指采用车、铣等各种切削工艺的数控机床。按工艺用途可分为普通数控机床(一般指在加工工艺过程中的一个工序上实现数字控制的自动化机床,如数控车床、数控铣床、数控钻床、数控磨床与数控齿轮加工机床等)与加工中心(带有刀库和自动换刀装置的数控机床。它将数控铣床、数控镗床、数控钻床的功能组合在一起,零件在一次装夹后,可以将其大部分加工面进行铣、镗、钻、扩、铰及攻螺纹等多工序加工。加工中心的类型很多,一般分为立式加工中心、卧式加工中心和车削加工中心等。由于加工中心能有效地避免由于多次安装而产生的定位误差,所以它适用于产品更换频繁、零件形状复杂、精度要求高而生产周期短的产品)。

(2) 金属成形类:指采用挤、冲、压、拉等成形工艺的数控机床,如数控压力机、数控折弯机、数控弯管机等。

(3) 特种加工类:主要有数控电火花线切割机、数控电火花成形机、数控火焰切割机和数控激光加工机等。

(4) 其他类:主要有三坐标测量仪、数控对刀仪和数控火焰切割机等。

2. 按运动方式分类

(1) 点位控制系统:数控系统只控制刀具或机床工作台,从一个点准确移动到另一点,而点与点之间运动的轨迹不需要严格控制的系统。为了减少移动部件的运动与定位时间,一般先快速移动到终点附近位置,然后低速准确移动到终点定位位置,以保证良好的定位精度。移动过程中刀具不进行切削。使用这类控制系统的主要有数控镗床、数控钻床、数控冲床和数控弯管机等,如图 17-3(a)所示。

(2) 直线控制系统:数控系统不仅控制刀具或工作台从一个点准确地移动到另一个点,保证在两点之间的运动为一条直线的控制系统。移动部件在移动过程中进行切削。应用这类控制系统的有数控车床、数控钻床和数控铣床等,如图 17-3(b)所示。

(3) 轮廓控制系统:也称连续控制系统,是指数控系统能够对两个或两个以上的坐标轴同时进行严格连续控制的系统。它不仅能控制移动部件从一个点准确地移动到另一个点,而且还能控制整个加工过程每一点的速度与位移量,将零件加工成一定的轮廓形状。应用这类控

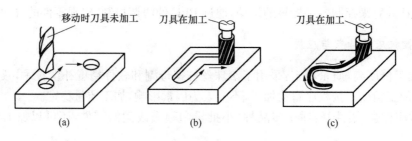

图 17-3　按运动方式分类

制系统的有数控车床、数控铣床、数控齿轮加工机床和加工中心等,如图 17-3(c)所示。

3. 按控制方式分类

(1) 开环控制系统:这类机床的数控系统将零件的程序处理后,输出数字指令信号给伺服系统,驱动机床运动,没有来自传感器的反馈信号。机床较为经济,但速度及精度都较低。

(2) 闭环控制系统:这类机床可以接受插补器的指令,而且随时接受工作台端测得的反馈信号,进行比较及修正。这类机床可以消除由于传动部件制造中存在的精度误差。但系统较复杂,成本较高。

(3) 半闭环控制系统:大多数数控机床是半闭环伺服系统,测量元件从工作台移到电动机端头或丝杠端头,可以获得稳定的控制特性,且容易调整。

17.2　数 控 编 程

17.2.1　数控编程简述

由于加工程序是人的意图与数控加工之间的桥梁,所以,掌握加工程序的编制过程,是整个数控加工的关键。程序编制是指从分析零件图纸到获得数控机床所需要控制介质的全过程。

1. 数控编程方法

数控程序的编制方法一般有手工(人工)编程和自动编程两种。

(1) 手工编程:手工编程就是从分析零件图样、制定工艺方案、图形的数学处理、编写零件加工程序单、制备控制介质到程序的校验等主要由人工完成的编程过程。对于加工形状简单、计算量不大、程序段不多的零件,采用手工编程即可实现,而且经济、及时。因此,对于点位加工或由直线与圆弧组成的轮廓加工中,手工编程仍广泛应用。手工编程的缺点是耗费时间较长,容易出现错误,无法胜任复杂形状零件的编程。

(2) 自动编程即计算机编程:是指在编程过程中,除了分析零件图样和制定工艺方案由人工进行外,其余工作均由计算机辅助完成。采用计算机自动编程时,数学处理、编写程序、检验程序等工作是由计算机自动完成的,由于计算机可自动绘制出刀具中心运动轨迹,使编程人员可及时检查程序是否正确,需要时可及时修改,以获得正确的程序。又由于计算机自动编程代替程序编制人员完成了烦琐的数值计算,可提高编程几十倍乃至上百倍,因此解决了手工编程无法解决的许多复杂零件的编程难题。因而,自动编程的特点就在于编程工作效率高,可解决复杂形状零件的编程难题。自动编程可分为以语言和绘画为基础的自动编程方法。但是,无论是采用何种自动编程方法,都需要有相应配套的硬件和软件。

2. 数控编程的内容

数控程序的编制一般包括以下几个方面，如图 17-4 所示。

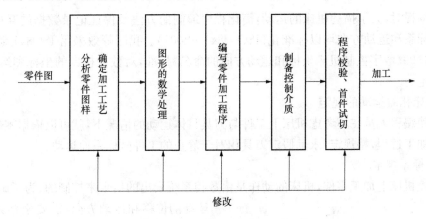

图 17-4　数控编程内容与步骤

（1）分析零件图样，制定工艺方案。

编程人员首先要根据零件图，分析零件的材料、形状、尺寸、精度及毛坯形状和热处理要求等，明确加工的内容和要求，选择合适的数控机床，拟定零件加工方案，确定加工顺序、走刀路线、装夹方法、刀具及合理的切削用量等，并结合所用数控机床的规格、性能、数控系统的功能等，充分发挥机床的效能。加工路线尽可能短，要正确选择对刀点、换刀点，减少换刀次数，提高加工效率。

（2）数值计算。

在确定加工方案后，就需要根据零件的几何尺寸、加工路线等，计算刀具中心运动轨迹，以获得刀位数据。数控系统一般均具有直线插补与圆弧插补功能，对于加工由圆弧和直线组成的较简单的平面零件，只需要计算出零件轮廓上相邻几何元素交点或切点的坐标值，得出各几何元素的起点、终点、圆弧的圆心坐标值等，就能满足编程要求。当零件的几何形状与控制系统的插补功能不一致时，就需要进行较复杂的数值计算，一般需要使用计算机辅助计算，否则难以完成。

（3）编写零件加工程序。

在完成上述工艺处理及数值计算工作后，编程人员使用数控系统规定的功能指令代码及程序段格式，逐段编写零件的加工程序。此外，还应填写有关的工艺文件，如数控加工工序卡片、数控刀具卡片、工件安装和零件设定卡片等。

（4）制备控制介质。

将编写的零件加工程序内容记录在控制介质上，作为数控装置的输入信息，通过程序的手工输入或通信传输等方式输入到数控系统中去。

（5）程序校验和首件试切。

在正式加工之前，必须对程序进行校验和首件试切。通常可利用机床空运行的功能来检查机床动作和运动轨迹的正确性，以检验程序。在具有 CRT 图形模拟显示功能的数控机床上，可通过显示走刀轨迹或模拟刀具对工件的切削过程，对程序进行检查。但这些方法只能检验出运动是否正确，不能检验被加工零件的加工精度。因此，要进行零件的首件试切。当发现有加工误差时，要分析误差产生的原因，采取尺寸补偿措施加以修正。

17.2.2 数控加工坐标系

1. 标准坐标系及运动方向命名规则

在数控编程时,为了描述机床的运动,简化程序编制的方法及保证记录数据的互换性,数控机床的坐标系和运动方向均以标准化(ISO—841—2001)。我国等效采用 ISO841 颁布了 JB/T 3051—1999《数字控制机床坐标和运动方向的命名》标准,对数控机床的坐标和运动方向作了明文规定。

1) 机床相对运动的规定

为了使编程人员在不考虑机床上工件与刀具具体运动的情况下,就可以依据零件图样,确定机床的加工过程,特规定:永远假定刀具相对于静止的工件坐标系而运动。

2) 坐标系规定

在数控机床上加工零件,机床的动作是由数控系统发出的指令来控制的,为了确定机床上运动的位移和运动方向,需要坐标系来实现,这个坐标系叫标准坐标系,也称为机床坐标系 (Machine Coordinate System)。

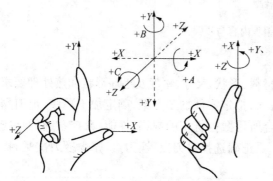

图 17-5　右手笛卡尔直角坐标系

数控机床上的坐标系采用右手笛卡尔直角坐标系,如图 17-5 所示。

3) 运动方向的规定

JB/T 3051—1999 中规定:机床某一部件运动的正方向是增大刀具与工件之间距离的方向。

Z 坐标:平行主轴轴线的坐标轴为 Z 坐标。若有多根主轴,则选垂直于工件装夹面的主轴为主要主轴,Z 坐标则平行于该主轴轴线;若机床无主轴,则规定垂直于工件装夹平面的方向为 Z 坐标。如立式铣床,主轴箱或主轴本身能上、下移动的则为 Z 轴,且向上为正方向;若主轴不能上下动作,则工作台上下便为 Z 轴,工作台向下运动的方向为 Z 轴正方向。

X 坐标:平行于工件装夹面,一般是水平的。这是刀具或工件定位平面内运动的主要坐标。对于工件旋转的机床(如车床等),X 坐标是在工件径向上,且平行于横向拖板。刀具离开工件旋转中心的方向为 X 坐标的正方向。

Y 坐标:Y 坐标轴垂直于 X、Z 坐标轴。Y 坐标的正方向根据 X 和 Z 坐标的正方向,按照右手笛卡尔直角坐标系来确定。

旋转运动 A、B、C:相应地表示其回转轴线平行于 X、Y、Z 坐标的旋转运动。A、B、C 的正方向利用右手螺旋定则,根据 X、Y、Z 坐标的正方向确定,如图 17-5 所示。

附加坐标系:如果在基本的直角坐标轴 X、Y、Z 之外,还有轴线平行于 X、Y、Z 的其他坐标,则附加的直角坐标系指定为 U、V、W 和 P、Q、R。

2. 机床原点与机床参考点

1) 机床原点

机床原点又称机械原点,是机床坐标系的原点。该点是机床上设置的一个固定点,它在机床装配、调试时就已确定下来,是数控机床进行加工运动的基准参考点。如数控车床的机床原点一般取在卡盘端面与主轴中心线的交点处。

2）机床参考点

机床参考点是用于对机床运动进行检测和控制的固定位置点。其位置是由机床制造厂在每一个进给轴上用限位开关精确调整好的，坐标值已输入数控系统中。因此参考点对机床原点的坐标是一个已知数，有准确的位置关系。

数控机床开机时，必须先确定机床原点，而确定机床原点的运动就是刀架返回参考点的操作，这样通过确认参考点，就确定了机床原点。所以，开机后、加工前首先要进行返回参考点的操作。只有机床参考点被确认后，刀具（或工作台）移动才有基准。

3. 工件坐标系的建立

工件坐标系（Workpiece Coordinate System）是固定于工件上的坐标系，是编程人员根据零件图样及加工工艺等建立的坐标系，用来确定刀具和程序起点的。在确定时不必考虑工件毛坯在机床上的实际装夹位置，其原点可由使用人员根据具体情况确定，但坐标轴的方向应与机床坐标系一致并且与之有确定的尺寸关系。

工件坐标系也称编程坐标系，工件坐标系的原点也称为编程原点，是指工件被装夹好后，相应的编程原点在机床坐标系中的位置。

在加工过程中，数控机床是按照工件装夹好后所确定的加工原点位置和程序要求进行加工的。编程人员在编制程序时，只要根据零件图样就可以选定编程原点、建立编程坐标系、计算坐标数值，而不必考虑工件毛坯装夹的实际位置。对加工人员来说，则应在装夹工件、调试程序时，将编程原点转换为加工原点，并确定加工原点位置，在数控系统中给予设定（即给出原点设定值）。在加工时，工件各尺寸的坐标值都是相对于加工原点而言的，这样数控机床才能按准确的加工坐标系开始加工。

17.2.3　数控程序的结构与格式

为了满足设计、制造、维修和普及的需要，在输入代码、坐标系统、加工指令、辅助功能及程序格式等方面，国际上已形成了由国际标准化组织（ISO）和美国电子工程协会（EIA）分别制定的两种标准。我国根据 ISO 标准制定了相应的标准。但由于各个数控机床生产厂家所用的标准尚未完全统一，其所用的代码、指令及其含义不完全相同，因此，数控编程必须按所用数控机床编程手册中的规定进行。目前，数控系统中常用的代码有 ISO 代码和 EIA 代码。

本章所述的数控编程以 FANUC 数控系统为例。

1. 数控加工程序的组成结构

每一个完整的程序都是由程序号、程序内容和程序结束三部分组成。程序内容由若干个程序段组成，程序段是由若干个字组成，每个字又由字母和数字组成。字组成程序段，程序段组成程序。

2. 程序段格式

程序段格式是指每一个程序段中字、字符、数据的书写规则，通常有字—地址可变程序段格式、使用分隔符的程序段格式和固定程序段格式，最常用的为字—地址可变程序段格式。该格式由程序段号、程序字和程序结束符组成，见表 17-1。

表 17-1　字—地址可变程序段格式

1	2	3	4	5	6	7	8	9	10
N_	G_	X_ U_ P_	Y_ V_ Q_	Z_ W_ R_	I_ J_ K_ R_	F_	S_	T_	M_
程序 段号	准备 功能字	尺寸字			进给 功能字	主轴 功能字	刀具 功能字	辅助 功能字	

上述程序段中包括的各种指令并非在加工程序的每个程序段中都必须有,而是根据各程序段的具体功能来编入相应的指令。例如程序段"N20 G01 X35 Y-46 F100;"的 N20 表示该程序段的号为 20。";"为程序段结束符。其余为程序字,分别由地址符(1 个大写字母)和数字组成,字的排列顺序要求不太严格,数字的位数可多可少,不需要的字以及上一程序段相同的程序字可以省略不写。

数控机床加工时,数控系统是按照程序段的先后顺序执行的,与程序段号的大小无关,程序段号只起一个标记的作用,以便于程序的校对和检索修改。

3. 程序分类

程序分主程序和子程序。通常数控机床是按主程序的指令进行工作,当程序中有调用子程序的指令时,数控机床就按子程序进行工作。

在程序中,把某些固定顺序或重复出现的程序作为子程序进行编程,并预先存储在存储器中,需要时可直接调用,以简化主程序的设计。

子程序的结构与主程序一样,也有开始部分、内容部分和结束部分。但不同厂家生产的数控系统,子程序的格式与调用代码也不尽相同。

17.2.4　数控程序指令

在编程中,常用的程序指令有准备功能 G 指令、辅助功能 M 指令等。由于各数控系统对有些加工操作所用指令不同,编程时要认真阅读机床使用说明书,正确使用各指令在本机的指定功能。

1. 准备功能(G 指令)

准备功能指令的作用是指机床的运动方式。JB/T 3051—1999 规定了从 G00 至 G99 共100 种 G 指令(也称 G 代码)。G 代码按其功能的不同分为若干组。G 代码有两类:模态式 G代码和非模态式 G 代码。其中非模态式 G 代码只限于在被指定的程序段中有效;模态式 G代码具有续效性,在后续程序段中,只要同组其他 G 代码未出现之前一直有效。不同组的 G代码在同一程序段中可以指令多个,但如果在同一程序段中指令了两个或两个以上属于同一组的 G 代码时,只有最后面那个 G 代码有效。

下面对常用的 G 指令作简要介绍。

1) 快速定位指令 G00

G00 命令刀具从当前位置点快速移动到下一个目标位置。它只是快速(进给速度由机床设定)定位而无运动轨迹要求。G00 为模态指令,在加工程序中如果指定了 G01、G02、G03 指令,则 G00 无效,只有重新设定 G00 时,G00 指令才有效。

2）直线插补指令 G01

G01 用来指令刀具或工件以给定的进给速度移动到指定的位置,使机床的运动能在各坐标平面内切削任意斜率的直线,或在三轴联动的数控机床中沿任意空间直线运动并切削。G01 是模态指令。

3）圆弧插补指令 G02、G03

G02、G03 用来指令刀具或工件在给定平面内以一定进给速度并切削出圆弧轮廓。G02、G03 分别为顺时针和逆时针圆弧插补指令,它们是模态指令。圆弧的顺时针、逆时针方向按图 17-6 给定的方向判别。

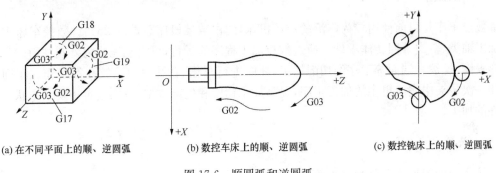

(a) 在不同平面上的顺、逆圆弧　　　(b) 数控车床上的顺、逆圆弧　　　(c) 数控铣床上的顺、逆圆弧

图 17-6　顺圆弧和逆圆弧

2. 辅助功能(M 指令)

辅助功能指令是加工时按操作机床的需要而规定的工艺性指令,可以发出或接受多种信号,以及机床辅助动作及状态的指令代码(也称 M 代码)。

M 代码的功能常因数控机床生产厂家及机床结构和规格的不同而有所区别。各数控机床可根据不同要求选取相应的辅助功能指令,因此编程人员必须熟悉各具体机床的 M 代码。

下面对常用的 M 指令作简要介绍。

(1) M00 为程序停止指令。该指令使程序暂时停止运行,以执行某手动操作,如手动变速、换刀、测量工件等。重新按启动按钮可继续执行下面的程序。

(2) M01 指令与 M00 相类似,要使 M01 指令有效,必须按下操作面板上的"任选停机"键,否则系统仍继续执行后续的程序段。该指令常用于关键尺寸的抽样检查,或需要临时停机时使用。

(3) M03、M04 和 M05 分别为主轴顺时针旋转、逆时针旋转和停止转动指令。

(4) M06 为自动换刀指令,这条指令不包括刀具选择功能。如 M06T01 表示换成第 1 号刀具进行加工,T 为所换刀具的地址码,其后的数字为所换刀具的刀号。

(5) M02、M30 为程序结束指令。M02 指令编在最后一个程序段中,表示工件已加工完成,用于执行完程序内所有指令后,主轴停止转动、进给停止、冷却液关闭,并使机床复位。M30 也为程序结束(或穿孔纸带结束)指令,并自动返回到程序开头。

3. 进给速度指令(F 指令)

F 指令属模态指令,其单位为 mm/min 或 mm/r。

4. 主轴转速指令(S 指令)

S 指令属模态指令,其单位为 r/min。

5. 刀具功能指令(T 指令)

T指令属模态指令,其刀具功能主要用于系统对各种刀具的选择,它是由地址和其后的四位数字表示。其中前两位为选择的刀具号,后两位为选择的刀具偏置号。每一刀具加工结束后必须取消其刀偏偏置值。即将后两位数设为"00",取消刀具偏置值。

17.3 数控车削基础

17.3.1 数控车床

数控车床是目前使用较为广泛的数控机床,约占数控机床总数的 25%。数控车床主要用于加工轴类、盘类等回转体零件。通过数控加工程序的运行,可自动完成内外圆柱面、圆锥面、成形表面、螺纹和端面等工序的切削加工,并能进行车槽、钻孔、扩孔、铰孔等工作。车削中心可在一次装夹中完成更多的加工工序,提高加工精度和生产效率,特别适合于复杂形状回转类零件的加工。

1. 数控车床分类

按主轴配置形式可分为卧式数控车床与立式数控车床。
按数控系统控制的轴数可分为两轴、四轴和多轴控制数控车床。
按控制系统功能可分为经济型(简易)、全功能型、精密型数控车床和车削加工中心。

2. 数控车床的组成

图 17-7 所示为 CK6136i 经济型数控车床,一般由以下几部分组成。

图 17-7 数控车床

(1) 机床本体:数控车床的机械部分。
(2) 数控装置:数控车床的控制核心,其主体是数控系统运行的一台计算机(包括 CNC、存储器、CRT 等)。
(3) 伺服驱动系统:切削的动力部分。

（4）辅助装置：数控车床的一些配套件。

3. 数控车床的结构特点

与普通车床相比，数控车床具有以下特点：

（1）采用全封闭或半封闭防护装置，可防止切屑或切削液飞出给操作者带来意外伤害。

（2）采用自动回转刀架，在加工过程中可自动换刀，连续完成多道工序的加工，大大提高了加工精度与生产效率。

（3）采用高性能的主传动及主轴部件。

（4）主传动与进给传动采用各自独立的伺服电动机，使传动链变得简单、可靠。同时，各电动机既可单独运动，也可实现多轴联动。

4. 数控车床的主要应用

（1）精度要求高的回转类零件。

（2）表面粗糙度小的回转类零件。

（3）表面形状复杂的回转类零件。

（4）带特殊螺纹的回转类零件。

（5）超精密、超低表面粗糙度值的回转类零件。

17.3.2　数控车床一般操作步骤

（1）开机。合上机床电源总开关，机床正常送电；按下控制面板上的电源按钮，给数控系统上电。

（2）各坐标轴回参考点。选择返回参考点方式，将 X 轴、Z 轴分别返回参考点。

（3）程序编辑。输入加工程序，保证输入无误。

（4）调试程序。锁住机床，空运行程序，采用图形验证程序的正确性。

（5）对刀设定刀具参数和工件坐标系，装夹试切工件毛坯和刀具。手动选择各个刀具，用试切法测量各刀的刀具补偿值，并置入程序规定的刀具补偿单元，注意小数点和正负号。

（6）试切工件。调出当前加工件的程序，选择自动操作方式，选择适当的进给倍率和快速倍率，按启动循环键，开始自动循环加工。首件加工时应选低的快速倍率，并利用系统的"单段"功能，可减少由程序和对刀错误引发的故障。

（7）批量加工。首件加工完毕后测量各加工部位尺寸，修改各刀的刀具补偿值，然后加工第二件。确认尺寸无误后恢复快速倍率（100％），批量加工。

（8）工作结束，清理机床，手动操作机床，使刀架停在适当位置，先按下操作面板上的急停按钮，再依次关掉操作面板电源、机床总电源和外部电源。

17.3.3　数控车削加工工艺

1. 数控车削加工工艺内容的选择

优先选择普通车床无法加工的内容；重点选择普通车床难加工，质量也难以保证的内容；再选择普通车床加工效率低、劳动强度大的内容。

不选择占机调整时间长、加工部位分散、需要多次安装及设置原点的内容，以及按某些特定的制造依据（如样板、样件等）加工的型面轮廓。

在选择和确定加工内容时,也要考虑生产批量、生产周期、工序间周转情况等。

2. 数控加工零件图的工艺分析

零件的数控加工工艺性问题涉及面很广,从结合编程的可能性与方便性提出一些必须分析和审查的主要内容。

(1) 尺寸标注应符合数控加工的特点。尽量以同一基准给出坐标尺寸。

(2) 几何要素的条件应完整、准确。

(3) 精度及技术要求分析。要求是否齐全、合理;精度能否达到要求,若达不到,需采取其他措施(如磨削)弥补,则应给后续工序留有余量;有位置精度要求的表面应在一次安装下完成;表面粗糙度要求较高的表面,应确定用恒线速切削。

(4) 统一几何类型及尺寸。可减少编程时间和换刀次数。

3. 数控车削加工工艺路线的拟定

(1) 加工方法的选择。如表 17-2 所列。

表 17-2　加工方法

加工精度	表面粗糙度	材料	加工方案
IT8~ IT9	$Ra1.6\sim3.2\mu m$	除淬火钢以外的常用金属	普通车床,粗车、半精车、精车
IT6~ IT7	$Ra0.2\sim0.63\mu m$		精密型数控车床,粗车、半精车、精车、细车
IT5	$<Ra0.2\mu m$		高档精密型数控车床,粗车、半精车、精车、精密车

(2) 工序的划分。在数控机床上一般按工序集中原则划分工序,有以下几种划分法。

① 按零件装夹定位方式划分。以一次安装完成的那一部分工艺过程为一道工序。

② 按所用刀具划分。以同一把刀具加工的那一部分工艺过程为一道工序。

③ 按粗、精加工划分。

④ 按加工部位划分。以完成相同型面的那一部分工艺过程为一道工序,如内腔、外形、曲面或平面。

(3) 加工顺序的安排。一般遵循"先粗后精、先近后远、内外交叉、刀具集中、基面先行"原则。

(4) 确定进给路线。进给路线泛指刀具从起刀点(或机床固定原点)开始运动起,直到返回该点并结束加工程序所经过的路径,包括切削加工路径及刀具切入、切出等非切削空行程。

确定进给路线的重点,在于确定粗加工及空行程的进给的进给路线,因精加工切削过程的进给路线基本上都是沿其零件轮廓顺序进行的。

① 刀具的引入、切出。尽量沿轮廓切线方向切入切出;切螺纹时要有一定的切入切出量。

② 确定最短的空行程路线。除了要积累大量的实践经验外,还要善于分析,巧用起刀点,合理安排回零路线,必要时进行一些简单计算。

③ 确定最短的切削进给路线。

④ 轮廓精加工一次走刀完成,以免产生划伤、刀痕等缺陷。

4. 零件的定位与夹具的选择

1) 定位基准的选择

选择的定位基准应尽量选择让零件在一次装夹下完成大部分甚至全部表面的加工。对轴类零件,通常以零件自身的外圆柱面作定位基准;对于套类零件则以内孔作定位基准。

2) 常用车削夹具和装夹方法

数控车床多采用三爪自定心卡盘夹持工件,轴类工件还可采用尾座顶尖支持工件。除三爪卡盘外,常用装夹方法还有四爪卡盘、两顶尖及鸡心夹头、心轴与弹簧卡头等。

5. 数控车削加工刀具及其选择

1) 车削刀具材料

金属切削加工中常用的刀具材料有高速钢、硬质合金、陶瓷、立方氮化硼和金刚石等5类,目前在数控加工中用得最普遍的刀具是高速钢刀具和硬质合金刀具。

2) 数控车削刀具的类型及其选择

数控车削用的车刀一般分为三类:尖形车刀、圆弧形车刀和成形车刀。尖刀应用最广,用其车削零件,零件的轮廓线形状主要由一个独立的刀尖或一条直线形主切削刃位移后得到。圆弧形车刀特别适宜于车削精度要求较高的凹曲面或半径较大的凸圆弧面;由于其刀位点在圆心上,编程时要进行刀具补偿。成形车刀俗称样板车刀,因其加工零件的轮廓形状完全由车刀刀刃的形状和尺寸决定,在数控加工中,应尽量少用或不用成型车刀。常用车刀的种类、形状和用途,如图 17-8 所示。

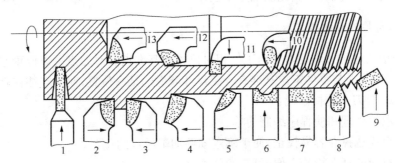

图 17-8　常用车刀的种类、形状和用途

1—切断刀;2—90°左偏刀;3—90°右偏刀;4—弯头车刀;5—直头车刀

6—成型车刀;7—宽刃精车刀;8—外螺纹车刀;9—端面车刀;10—内螺纹车刀;

11—内槽车刀;12—通孔车刀;13—盲孔车刀

3) 机夹可转位车刀的选用

为了减少换刀时间和方便对刀,便于实现机械加工的标准化,数控车削常采用机夹可转位车刀,如图 17-9 所示。这种车刀就是把经过研磨的可转位多边形刀片用夹紧组件夹在刀杆上,在使用中,一旦切削刃磨钝,通过刀片转位,即可用新的切削刃继续切削,只有当多边形刀片所有的刀刃都磨钝后,才需要更换新刀片。

机夹可转位车刀的刀片以采用硬质合金和涂层硬质合金材质为多;刀片外形形状与加工对象、刀具的主偏角、刀尖角和有效刃数等有关。一般外圆车削常用 80°凸三边形(W型)、四方形(S型)和 80°菱形(C型)刀片;仿形加工常用 55°(D型)、35°(V型)菱形和圆形(R型)刀片;90°主偏角常用三角形(T型)刀片,如图 17-10 所示。在选用时,应根据加工条件恶劣与否,按重、中、轻切削有针对性地选择。在机床刚性、功率允许的条件下,大余量、粗加工应选用刀尖角较大的刀片,反之,机床刚性和功率小、小余量、精加工时宜选用较小刀尖角的刀片。

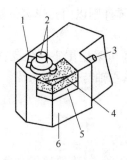

图 17-9 机械夹固式可转位车刀
1—夹固元件;2—压紧螺钉;3—调节螺钉;
4—刀片;5—刀垫;6—刀杆

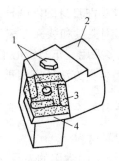

图 17-10 常用的可转位车刀刀片
1—夹固元件;2—刀杆;3—刀片;4—刀垫

6. 数控车削加工的切削用量选择

数控编程时,编程人员必须确定每道工序的切削用量,并以指令的形式写入程序中。数控车削加工中切削用量包括背吃刀量、主轴转速(切削速度)和进给速度(进给量)等。

编程人员在确定每道工序的切削用量时,应根据刀具的耐用度和机床说明书中的规定去选择,也可以结合实际经验用类比法确定切削用量。

7. 对刀点与换刀点的确定

对刀点是指通过对刀确定刀具与工件相对位置的基准点。对刀点可以设置在被加工零件上,也可设置在夹具上与零件定位基准有一定尺寸联系的某一位置,对刀点往往就选择在零件的加工原点上。对刀点选择原则:

(1) 便于数学处理和使程序编制简单。

(2) 对刀点应选择在容易找正、便于确定零件加工原点的位置。

(3) 对刀点应选择在检验方便、可靠的位置。

(4) 对刀点的选择应有利于提高加工精度。

在使用对刀点确定加工原点时,就需要进行"对刀"。所谓对刀是指使"刀位点"与"对刀点"重合的操作。每把刀具的半径与长度尺寸都是不同的,刀具装在机床上后,应在控制系统中设置刀具的基本位置。"刀位点"是指刀具的定位基准点。在进行数控加工编程时,往往是将整个刀具浓缩视为一个点,那就是"刀位点"。一般来说,立车刀、端车刀的刀位点是刀具轴线与刀具底面的交点;圆弧形车刀的刀位点为圆弧中心,常用车刀的刀位点如图 17-11 所示。

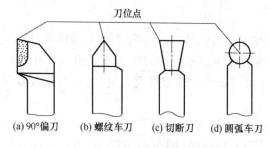

图 17-11 常用车刀的刀位点

换刀点是为加工中心、数控车床等采用多刀进行加工的机床而设置的。对数控车床而言,换刀点是指刀架转位换刀的位置。对于手动换刀的数控铣床,也应确定相应的换刀位置。为防止换刀时碰伤零件、刀具或夹具,换刀点常常设置在被加工零件的轮廓之外,并留有一定的安全量。

8. 数控编程中的数值计算

根据被加工零件图要求,按照已经确定的加工工艺路线和允许的编程误差,计算机床数控系统所需要输入的数据,称为数值计算。一般包括以下两个内容。

(1) 根据零件图样给出的形状、尺寸和公差等直接通过数学方法,计算出编程时所需要的有关各点的坐标值,如基点和节点的坐标计算。

(2) 当按照零件图样不能直接计算出编程所需的坐标,也不能按零件给出的条件直接进行工件轮廓几何要素的定义时,就必须根据所采用的具体工艺方法、工艺装备等加工条件,对零件原图形及有关尺寸进行必要的数学处理或改动,才可以进行各点的坐标计算和编程工作,如刀位点轨迹的计算。

9. 数控加工的工艺文件编制

编制数控加工专用技术文件是数控加工工艺设计的内容之一。这些技术文件既是数控加工、产品验收的依据,也是操作者遵守、执行的规程。技术文件是对数控加工的具体说明,目的是让操作者更明确加工程序的内容、装夹方式、各个加工部位所选用的刀具及其他技术问题。数控加工技术文件主要有:数控编程任务书、数控加工工序卡、数控加工走刀路线图、数控刀具卡和数控加工程序单等。不同的机床或不同的加工目的可能会需要不同形式的数控加工专用技术文件。在工作中,可根据具体情况设计文件格式。

17.3.4 数控车削加工编程基础

1. 数控车削加工编程特点

(1) 工件坐标系与数控车床坐标系方向一致,X 轴对应径向,Z 轴对应轴向;工件坐标系的原点一般设在工件右端面与主轴中心线交点上,如图 17-12 所示。用 X、Z 表示绝对编程(是指程序段中的坐标点值均是相对于工件坐标系的原点来计量的),用 U、W 表示增量(相对)编程(是指程序段中的坐标点值均是相对于起点来计量的)。程序中的 X 坐标以工件的直径值表示。

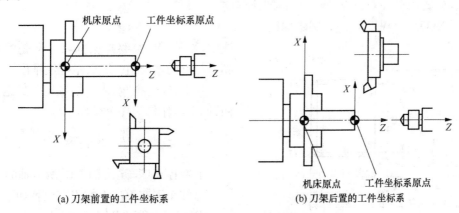

(a) 刀架前置的工件坐标系　　　　　(b) 刀架后置的工件坐标系

图 17-12　数控车床工件坐标系

(2) 一个程序中,视工件图样上尺寸标注的情况,既可以采用绝对坐标编程,也可以采用增量坐标编程,或是采用绝对坐标与增量坐标的混合编程。

(3) 车削加工常用的毛坯多为圆棒料或铸锻件,加工余量较大,为了简化编程数控系统中备有车外圆、车端面和车螺纹等不同形式的固定循环,可以实现多次重复循环车削。

(4) 全功能数控车床都具备刀尖半径补偿功能(G41、G42),编程时可以将车刀刀尖看作一个点。而实际上,为了提高工件表面的加工质量和刀具寿命,车刀的刀尖均有圆角半径 R。为了得到正确的零件轮廓形状,编程时需要对刀尖半径进行补偿。

2. 数控车削加工基本编程格式

1) 快速点位运动指令 G00

编程格式:G00 X(U)_Z(W)_;

式中,X、Z 为刀具移动的目标点坐标。X、Z 为绝对坐标,U、W 为增量坐标。

2) 直线插补指令 G01

编程格式:G01 X(U)_Z(W)_F_;

功能:使刀具以指定进给速度 F,从当前点出发以直线插补方式移动到目标点。应用于端面、内外圆柱和圆锥面的加工。

3) 圆弧插补指令 G02/G03

编程格式:G02(或 G03)X(U)_Z(W)_ I_K_F_;(圆心坐标)

G02(或 G03)X(U)_Z(W)_ R_F_;(圆弧半径)

说明:采用绝对编程时,圆弧终点坐标为圆弧终点在工件坐标系中的坐标值,用 X、Z 表示;当采用增量编程时,圆弧终点坐标为圆弧终点相对于圆弧起点的增量值,用 U、W 表示。I、K 为圆弧中心相对圆弧起点的增量坐标。当用半径 R 指定圆心位置时,规定圆心角≤180°时,用"+R"表示,反之用"-R"表示,此方法不适用于整圆加工。

4) 单一螺纹指令 G32

编程格式:G32 X(U)_Z(W)_F_;

式中,X、Z 是螺纹终点坐标,U、W 是螺纹终点相对起点的增量值,F 是螺纹导程。

功能:该指令用于车削等螺距圆柱螺纹、圆锥螺纹。可以执行单一行程螺纹切削,但车刀的切入、切出和返回均需编入程序。

5) 螺纹车削单一循环指令 G92

编程格式:G92 X(U)_Z(W)_F_;(圆柱螺纹)

G92 X(U)_Z(W)_R_F_;(圆锥螺纹)

式中,X、Z 是螺纹终点坐标,U、W 是螺纹终点相对起点的增量值。R 表示螺纹锥度。

功能:G92 把"切入—螺纹切削—退刀—返回"四个动作作为一个循环。

3. 数控车削加工编程举例

用数控车床车削图 17-13 所示轴的一端。

已知车刀在刀架上的安装位置如下:

T0101 外圆车刀;

T0202 4.5mm 切槽刀;

T0303 螺纹车刀。

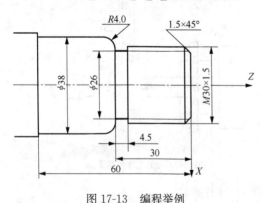

图 17-13 编程举例

数控车削轴的编程程序代码如表 17-3 所列。

表 17-3　数控车削加工程序

程序段号	程序内容	说明
N10	T0101；	换 1 号刀,执行 1 号刀补
N20	G00　X150.0　Z150.0；	快速定位到换刀点
N30	G99　M03　S1000；	进给量为每转进给,主轴正转,转速 1000 r/min
N40	G00　X40.0　Z0.0；	快速进刀至(40,0)点
N50	G01　X0.0　F0.1；	车端面
N60	X27.0	退刀
N70	X30.0　Z-1.5；	车倒角
N80	Z-30.0；	车螺纹外圆
N90	G03 X38.0 Z-34.0 R4.0；	车圆弧
N100	G01　Z-60.0；	车 ϕ38 外圆表面
N110	X42.0；	刀沿 X 向退出加工面
N120	G00　X150.0　Z150.0；	返回换刀点
N130	T0202　S500；	换 2 号刀,执行 2 号刀补,主轴转速 500 r/min
N140	G00　X40.0　Z-30.0；	定位到车槽起刀点
N150	G01　X26.0　F0.05；	车槽
N160	G04　P2000；	(进给)暂停 2s,光槽底部
N170	G01　X42.0　F0.1	刀沿 X 向退出加工面
N180	G00　X150.0　Z150.0；	返回换刀点
N190	T0303　S500；	换 3 号刀,执行 3 号刀补,主轴转速 500 r/min
N200	G00　X32.0　Z4.0；	定位到循环起点
N210	G92 X29.2　Z-27.0　F1.5；	用 G92 循环加工螺距为 1.5 螺纹
N220	X28.6；	(第 2 次)车螺纹
N230	X28.2；	(第 3 次)车螺纹
N240	X28.04；	(第 4 次)车螺纹
N250	G00　X150.0　Z150.0；	返回换刀点
N260	M30；	程序结束(返回到程序的开头)

17.4　数控铣削基础

17.4.1　数控铣床与加工中心

　　世界上第一台数控机床就是来自于数控铣床。数控铣床采用铣削方式加工工件,能完成平面铣削、平面型腔铣削、外形轮廓铣削、三维及三维以上复杂型面铣削,如各种凸轮、模具等;还可进行钻削、镗削和螺纹切削等孔加工。若再添加数控转台等附件,则应用范围将更广,可用于加工螺旋桨、叶片等空间曲面零件。此外,随着高速铣削技术的发展,数控铣床可以加工形状更为复杂的零件,精度也更高。

　　加工中心是从数控铣床发展而来的,是带有刀库和自动换刀装置的数控机床,如图 17-14 所示。它将数控铣床、数控镗床、数控钻床的功能组合在一起,功能强大。通过在刀库上安装不同用途的刀具,可在一次装夹中通过自动换刀装置改变主轴上的加工刀具,实现多种加工

图 17-14　立式加工中心

功能。

1. 数控铣床分类

按主轴配置形式可分为数控立式铣床、数控卧式和数控龙门铣等。

按控制系统功能可分为经济型、全功能型和高速铣削数控铣床等。

2. 数控铣床的组成

一般由主轴部件、控制系统、主传动系统、进给伺服系统和冷却润滑系统等几大部分组成。

17.4.2　数控铣削加工工艺

1. 数控铣削走刀路线的确定

（1）应能保证零件的加工精度和表面粗糙度要求。

当铣削平面零件外轮廓时,一般采用立铣刀侧刃切削。刀具切入工件时,应沿外轮廓曲线延长线的切向切入,以免在切入处产生刀具的刻痕而影响表面质量,保证零件外轮廓曲线平滑过渡。同理,在切离工件时,也应切向退刀,如图 17-15 所示。

铣削封闭的内轮廓零件表面时,要注意:若内轮廓曲线允许外延,则应沿切线方向切入切出;若内轮廓曲线不允许外延(见图 17-16),刀具只能沿内轮廓曲线的法向切入切出,此时刀具的切入点应尽量选在内轮廓曲线两几何元素的交点处;当内部几何元素相切无交点时,为防止刀补取消时在轮廓拐角处留有凹口,刀具切入切出点应远离拐角,如图 11-17 所示。

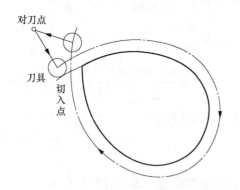

图 17-15　外轮廓加工刀具的切入切出

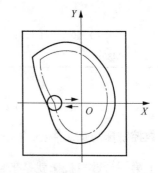

图 17-16　内轮廓加工刀具的切入切出

在轮廓加工中应避免进给停顿。因为刀具会在进给停顿处的零件轮廓上留下刻痕。

（2）应使走刀线路最短,减少刀具空行程时间,提高加工效率。

以图 17-17 所示的钻孔加工为例,按照一般习惯,总是先加工均布于同一圆周上的 8 个孔,再加工另一圆周上的 8 个孔(见图 17-18a);但对点位控制的数控机床而言,要求定位精度高,定位过程尽可能快,应按空程最短来安排走刀路线(见图 17-18b)以节省加工时间。

（3）应使数值计算简单,程序段数量少,以减少编程工作量。

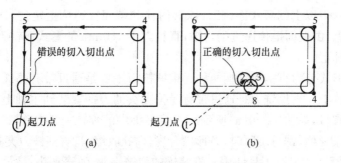

图 17-17　无交点内轮廓加工刀具的切入切出

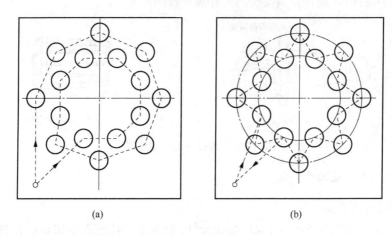

图 17-18　最短线路选择

2. 数控铣削刀具的选择及安装

铣刀种类很多,在数控铣床上常用的有面铣刀(也称端铣刀,常用的是可转位式面铣刀)、立铣刀、模具铣刀(由立铣刀发展而成,常用铣刀头部有圆锥形、圆柱形球头和圆锥形球头三种)、键槽铣刀和成形铣刀等。铣刀类型的选择应与工件的表面形状及尺寸相适应。

数控铣床和加工中心的刀具系统由两部分组成,即刀柄和刀体。刀柄是机床主轴与刀具之间的连接工具,刀具必须装在统一的标准刀柄上,以便装在主轴和刀库上。刀柄与主轴的配合锥面一般采用 7∶24 的锥度(见图 17-19b),因为这种锥度的刀柄不自锁,换刀方便,定心精度和刚度比直柄高。刀柄装在主轴前,要把拉钉与刀柄装配在一起;刀柄装在主轴上时,机床主轴内的碟簧给卡头施力,可夹住拉钉,从而使刀柄固定在主轴上。拉钉结构如图 17-19(a)所示。

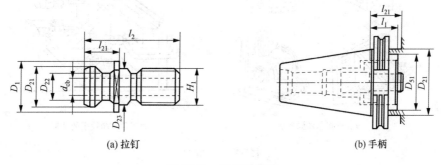

图 17-19　拉钉与刀柄

对直径在 50mm 以上的套式面铣刀,以其内孔和端面在刀柄上定位,用螺钉将铣刀固定在带端键的刀柄上,由端面键传递铣削力矩;直径大于 160mm 的套式面铣刀用内六角螺钉固定在端键传动接杆上。

铣刀刀柄的形式分为直柄和锥柄两种。锥柄铣刀主要是通过带有莫氏锥孔的刀柄过渡,将铣刀安装在主轴上。直柄铣刀是通过带有弹簧夹头的刀柄安装到主轴上,将直柄铣刀装入弹簧夹头并旋紧螺母,如图 17-20(a)所示。弹簧夹头中的弹性元件如图 17-20(b)所示,弹簧元件外圆上开有条形槽,螺母旋紧时,条形槽合拢,内孔收缩,将直柄铣刀夹紧。弹簧夹头的规格详见 GB/T 25378—2010《工具柄用 8°安装锥的弹簧夹头 弹簧夹头、螺母和配合尺寸》或参见生产厂商的产品样本,选择弹簧夹头的内孔和外锥的尺寸。

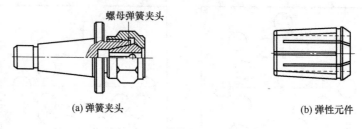

(a) 弹簧夹头   (b) 弹性元件

图 17-20　弹簧夹头的结构图

3. 数控铣削夹具及工件安装

(1) 使用平口钳装夹工件。

平口钳的固定钳口是装夹工件时的定位元件,通常采用找正固定钳口的位置使平口钳在机床上定位(一般要与导轨运动方向平行,同时要求固定钳口的工作面与工作台面垂直)。钳口可制成多种形式,通过更换钳口,扩大其使用范围。

(2) 使用压板和 T 形槽螺钉固定工件。

使用 T 形槽螺钉和压板通过机床工作台 T 形槽,可以把工件、夹具或其他机床附件固定在工作台上。

(3) 使用角铁安装。

角铁(或称弯板)主要用来固定长度和宽度较大,而且厚度较小的工件。常用的角铁类型如图 17-21(a)所示。使用角铁装夹工件的方法,如图 17-21(b)所示。

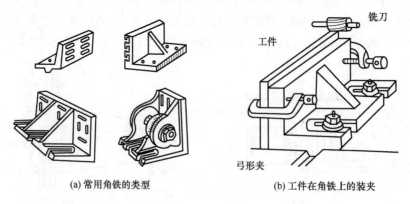

(a) 常用角铁的类型   (b) 工件在角铁上的装夹

图 17-21　角铁

(4) 使用 V 形块安装。

常见的 V 形块夹角有 90°和 120°两种槽形。无论使用哪一种槽形,在装夹轴类零件时均应使轴的定位表面与 V 形块的 V 形面相切。选用较大的 V 形角有利于提高轴在 V 形块的定位精度。

（5）工件通过托盘装夹在工作台上。

如果对工件四周进行加工,因走刀路径的影响,很难安排装夹工件所需的定位和夹紧装置,这时可用托盘装夹工件的方法,如图 17-22 所示。装夹步骤是:工件 1 通过内六角螺钉 2 紧固在托盘 3 上;找正工件,使工件在工作台上定位;用压板和 T 形槽螺钉把托盘夹紧在机床工作台上,或用平口钳夹紧托盘,这就避免了走刀时刀具与夹紧装置的干涉。

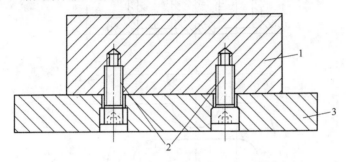

图 17-22　利用托盘装夹工件
1—工件;2—内六角螺钉;3—托盘

4. 数控铣削的切削用量选择

选择铣削用量的原则是:首先选择尽可能大的背吃刀量,其次确定进给速度,最后根据刀具耐用度确定切削速度。也可根据机床说明书中的规定,结合实际经验用类比法确定切削用量。

17.4.3　数控铣削加工编程举例

不同的数控铣床所用的数控系统不同,所采用的指令代码功能也不尽相同,但编程方法和步骤基本上是相同的。编程前要选择工件坐标系,确定工件原点。工件原点应选在零件图的设计基准上或精度较高的表面上,以提高其加工精度,对于一般零件,原点应设在工件外轮廓的某一角上。

1. 以 FANUC 系统数控铣床为例,列出部分 G 指令的功能

例题中所用到的其他指令功能与前述相同,不再重复。

（1）G90。绝对坐标编程指令（模态指令）。书写格式:G90 G01 X30 Y-60 F100;

（2）G91。增量坐标编程指令（模态指令）。书写格式:G91　G01　X40　Y30　F150;与前面介绍的数控车削编程不同,前述编程中,绝对坐标编程直接用绝对坐标编码 X、Z 表示,增量坐标编程代码 U、W 表示,所以编程时一定要看机床使用说明书的规定。

（3）G41。左侧刀具半径补偿指令（模态指令）。顺着刀具运动方向看,刀具在零件轮廓的左侧,铣削时用 G41。书写格式:G41　G01　X___　Y___　F___;

（4）G42。右侧刀具半径补偿指令（模态指令）。顺着刀具运动方向看,刀具在零件轮廓的右侧,铣削时用 G42。书写格式:G42　G01　X___　Y___　F___;

（5）G40。撤销刀具半径补偿指令（模态指令）。G40 须与 G41 或 G42 成对使用。书写格式:G40　G01　X___　Y___　F___;撤销刀补的程序段中必须用直线插补指令 G01 和编入数值以撤销刀补轨迹。

2. 编程举例

铣削图 17-23 所示的底盘零件。已知工件材料为 Q195,外轮廓面留有 2mm 的精加工余量,小批量生产。

加工工艺分析:

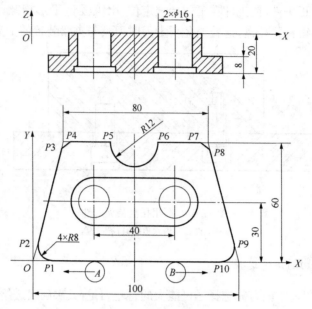

图 17-23 底盘零件图

A 为铣刀在 A 点的位置,箭头表示铣刀运动方向;

B 为铣刀在 B 点的位置,箭头表示铣刀运动方向;

P1~P10 表示零件外轮廓的基点;

O 为坐标原点

(1) 选择工件坐标系,如图 17-23 所示,O 为坐标原点。

(2) 选零件底面和 $2 \times \phi16$ 孔为定位基准。作小批量生产,可设计一简单夹具。根据六点定位原理,采用"一面二销"定位。凸台上表面用螺母压板夹紧,用手工装卸。

(3) 选用 $\phi10$ 的立铣刀,刀号为 T01。

(4) 计算零件轮廓各基点(即相邻两几何要素的交点或切点)的坐标。由及计算得:P1 点 (X9.44,Y0);P2 点 (X1.55,Y9.31);P3 点 (X8.89,Y53.34);P4 点 (X16.78,Y60);P5 点 (X38.0,Y60.0);P6 点 (X62.0,Y60.0);P7 点 (X83.22,Y60.0);P8 点 (X91.11,Y53.34);P9 点 (X98.45,Y9.39);P10 点 (X90.56,Y0)。

用 G90,G41 编程程序代码如表 17-4 所列。

表 17-4 底盘数控编程程序代码(一)

程序段号	程序内容	说明
N10	G92　X0　Y0　Z20.0;	设定坐标系,起刀点在 X-Y 平面原点上方
N20	G90　G00 Z5.0 T01 S800 M03;	绝对编程方式,1 号刀,转速 800r/min,正转
N30	G41 G01 X9.44 Y0 F300;	左补偿,刀在 P1 点上方,准备切入
N40	Z-21.0;	Z 向进刀切入,铣侧面 P1 处

程序段号	程序内容	说明
N50	G02 X1.55 Y9.31 R8.0;	铣 $P1$—$P2$ 段（圆弧面）
N60	G01 X8.89 Y53.34;	铣 $P2$—$P3$ 段
N70	G02 X16.78 Y60.0 R8.0;	铣 $P3$—$P4$ 段（圆弧面）
N80	G01 X38.0;	铣 $P4$—$P5$ 段
N90	G03 X62.0 Y60.0 I12.0 J0;	铣 $P5$—$P6$ 段（圆弧面）
N100	G01 X83.22;	铣 $P6$—$P7$ 段
N110	G02 X91.11 Y53.34 R8.0;	铣 $P7$—$P8$ 段（圆弧面）
N120	G01 X98.45 Y9.31;	铣 $P8$—$P9$ 段
N130	G02 X90.56 Y0 R8.0;	铣 $P9$—$P10$ 段（圆弧面）
N140	G01 X-5.0;	铣完 $P10$—$P1$ 段后继续向 X 负方向移动
N150	G00 Z20.0;	Z 向退刀
N160	G40 G01 X0 Y0 F300;	取消补偿，刀返回 X-Y 平面原点上方
N170	M05;	主轴停止转动
N180	M02;	程序结束

在上例中，如果铣刀沿相反的方向运动，如图 17-23 所示在 B 点的铣刀的铣削方向与 A 点相反，则可用 G90、G42 编程。程序代码如表 17-5 所列。

表 17-5 底盘数控编程程序代码（二）

程序段号	程序内容	说明
N10	G92 X0 Y0 Z20.0;	设定坐标系，起刀点在 X-Y 平面原点上方
N20	G90 G00 Z5.0 T01 S800 M03;	绝对编程方式，1 号刀，转速 800r/min，正转
N30	G42 G01 X1.55 Y9.31 F300;	右补偿，刀在 $P2$ 点上方，准备切入
N40	Z-21.0;	Z 向进刀切入，铣侧面 $P1$ 处
N50	G03 X9.44 Y0 R8.0;	铣 $P2$—$P1$ 段（圆弧面）
N60	G01 X90.56;	铣 $P1$—$P10$ 段
N70	G03 X98.45 Y9.31 R8.0;	铣 $P10$—$P9$ 段（圆弧面）
N80	G01 X91.11 Y53.34;	铣 $P9$—$P8$ 段
N90	G03 X83.22 Y60.0 R8.0;	铣 $P8$—$P7$ 段（圆弧面）
N100	G01 X62.0;	铣 $P7$—$P6$ 段
N110	G02 X38.0 Y60.0 I12.0 J0;	铣 $P6$—$P5$ 段（圆弧面）
N120	G01 X16.78;	铣 $P5$—$P4$ 段
N130	G03 X8.89 Y53.34 R8.0;	铣 $P4$—$P3$ 段（圆弧面）
N140	G01 X-2.5 Y-15.0;	铣完 $P3$—$P2$ 段后沿其延长线方向移动
N150	G00 Z20.0;	Z 向退刀
N160	G40 G01 X0 Y0 F300;	取消补偿，刀返回 X-Y 平面原点上方
N170	M05;	主轴停止转动
N180	M02;	程序结束

需要强调的是：在编程时，利用具有刀补功能的数控机床用 G41 或 G42 编程的优点是显

而易见的。将刀补值预先存入系统的存储器后,系统执行程序的同时自动计算出刀具中心的运动轨迹数据。适当改变刀补值,对零件的粗、精加工还可以使用同一个程序。

上例中所用顺、逆圆弧插补指令 G02、G03 的程序段的尺寸代码 R 表示半径,R8.0 表示半径为 8mm(>180°的圆弧半径应用负值表示)。尺寸代码 I、J 表示"XOY"平面内圆弧圆心坐标;圆心为空间点时,则用 I、J、K 表示,一般用圆弧起点指向圆心矢量在 X、Y、Z 轴上的分矢量表示,与指定的 G90 无关。值的正负由分矢量的指向来判断,如上例中用 G90、G42 编程的 N100 程序段中的 I-12.0,其分矢量指向与 X 方向相反,取负值。

参 考 文 献

韩鸿鸾等.2005. 数控加工技师手册. 北京:机械工业出版社

刘新等.2011. 工程训练通识教程. 北京:清华大学出版社

胡建德.2007. 机械工程训练. 杭州:浙江大学出版社

霍苏萍.2009. 数控车削加工工艺编程与操作. 北京:人民邮电出版社

霍苏萍.2009. 数控铣削加工工艺编程与操作. 北京:人民邮电出版社

第18章 特种加工

特种加工(Non-traditional Machining),亦称"非传统加工"或"现代加工方法",泛指用电能、热能、光能、电化学能、化学能、声能及特殊机械能等能量达到去除或增加材料的加工方法,从而实现材料被去除、变形、改变性能或被镀覆等。

特种加工是电火花加工、电解加工、超声加工、激光加工和电子束加工等非传统加工方法的总称。主要用于加工一般切削加工方法难以加工(如材料性能特殊、形状复杂等)的工件。

18.1 特种加工基础知识

18.1.1 特种加工的产生与发展

传统的金属切削加工有两个特点:一是刀具材料的硬度必须大于工件材料的硬度,且刀具与工件都必须具有一定的刚度与强度以承受切削力;二是切削过程中,刀具与工件必须接触且有相对运动。这给切削加工带来两个局限:一是不能加工硬度接近或超过刀具硬度的工件;二是不能加工带有细微结构的零件。

随着科技的发展,具有高硬度、高强度、高熔点、高脆性和高韧性等特殊性能的新材料不断出现,具有各种细微结构与特殊工艺要求的零件越来越多,用传统的切削加工很难对其进行加工。特种加工就是在这种形势下应运而生的。

20世纪40年代发明的电火花加工开创了用软工具、不靠机械力来加工硬工件的方法。50年代以后先后出现电子束加工、等离子弧加工和激光加工。这些加工方法不用成型的工具,而是利用密度很高的能量束流进行加工。对于高硬度材料和复杂形状、精密微细的特殊零件,特种加工有很大的适用性和发展潜力,在模具、量具、刀具、仪器仪表、飞机、航天器和微电子元器件等制造中得到越来越广泛的应用。特种加工是不断发展的新工艺,是对传统加工工艺方法的重要补充与发展,目前仍在继续研发和改进。特种加工一般直接利用电能、热能、声能、光能、化学能和电化学能,有时也结合机械能对工件进行加工。特种加工中以采用电能为主的电火花加工和电解加工应用较广,泛称电加工。

特种加工的发展方向主要是:提高加工精度和表面质量,提高生产率和自动化程度,发展几种方法联合使用的复合加工,发展纳米级的超精密加工等。

18.1.2 特种加工的特点

与传统切削加工相比,特种加工具有如下特点:

(1) 与加工对象的机械性能无关。有些加工方法,如激光加工、电火花加工、等离子弧加工和电化学加工等,是利用热能、化学能和电化学能等,这些加工方法与工件的硬度、强度等机械性能无关,故可加工各种硬、软、脆、热敏、耐腐蚀、高熔点、高强度和特殊性能的金属和非金属材料。

(2) 非接触加工。不一定需要工具,有的虽使用工具,但与工件不接触,因此,工件不承受大的作用力,工具硬度可低于工件硬度,故使刚性极低元件及弹性元件得以加工。

(3) 微细加工。工件表面质量高,有些特种加工,如超声、电化学、水喷射和磨料流等,加工余量都是微细进行,故不仅可加工尺寸微小的孔或狭缝,还能获得高精度、极低粗糙度的加工表面。

(4) 不存在加工中的机械应变或大面积的热应变。可获得较低的表面粗糙度,其热应力、残余应力和冷作硬化等均比较小,尺寸稳定性好。

(5) 两种或两种以上的不同类型的能量可相互组合形成新的复合加工,其综合加工效果明显,且便于推广使用。

(6) 特种加工对简化加工工艺、革新产品的设计及零件结构工艺性等产生积极的影响。

18.1.3 特种加工的分类与应用

特种加工种类很多,按其原理可分为物理加工和化学加工,常用的特种加工见表 18-1。

表 18-1 常用特种加工类型

加工方法	常用代号	加工能量	可加工材料	应用范围
电火花加工	EDM	电	任何导电的金属材料,如硬质合金、耐热钢、淬火钢等	穿孔、型腔加工、切割、强化等
电解加工	ECM	电化学		型腔加工、抛光、去毛刺、刻印等
电解磨削	ECC	电化学机械		平面、内外圆、成形面加工
超声加工	USM	声	任何硬脆性材料	型腔加工、穿孔、抛光等
激光加工	LBM	光	任何导电的金属材料	金属、非金属材料的微孔、切割、热处理、焊接、表面图形刻制等
化学加工	CHM	化学		金属材料的蚀刻图形、薄板加工等
电子束加工	EBM	电		金属、非金属的微孔、切割、焊接等
离子束加工	IBM	电		注入、镀覆、微孔、蚀刻

18.2 电火花加工

18.2.1 电火花加工概述

电火花加工(Electro-Discharge Machining,EDM)又称放电加工,是指在一定的介质中,通过工具电极和工件电极之间的脉冲放电的电蚀作用,对工件进行加工的方法。

1. 电火花加工原理

电火花加工基于电火花腐蚀原理,是在工具电极与工件电极相互靠近时,两电极间形成脉冲性火花放电,在放电通道中产生瞬时高温,使金属局部熔化,甚至气化,从而将金属蚀除下来。这一过程大致分为以下几个阶段(图 18-1)。

(1) 处于绝缘的工作液介质中的两电极,加上无负荷直流电压,伺服电极向工件运动,极间距离逐渐缩小。

(2) 当极间距离——放电间隙小到一定程度时,阴极逸出的电子在电场作用下高速向阳极运动,并在运动中撞击介质中的中性分子和原子,产生碰撞电离,形成带负电的粒子(主要是电子)和带正电的粒子(主要是正离子)。当电子到达阳极时,介质被击穿,放电通道形成(图 18-1b)。

(3) 两极间的介质一旦被击穿,电源便通过放电通道释放能量。大部分能量转换成热能,这时通道中的电流密度高达 $104A/cm^2$,放电点附近的温度高达 $3000℃$ 以上,使两极间放电点

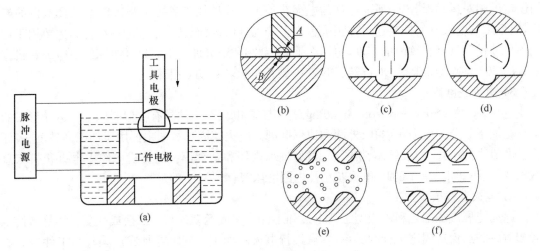

图 18-1　电火花加工原理

局部熔化。

　　(4) 在热爆炸力、流体动力等综合因素的作用下,被熔化或气化的材料被抛出,产生一个小坑(图 18-1c、d、e)。脉冲放电结束,介质恢复绝缘(图 18-1f)。

　　由于电火花加工是脉冲放电,其加工表面由无数个脉冲放电小凹坑所组成。工具电极的轮廓和截面形状拷贝在工件上。

　　2. 电火花加工的条件

　　(1) 放电形式必须是瞬时的脉冲性放电。相邻脉冲之间有一个间隔,这样才能把热量从局部加工区扩散到非加工区,否则,就会像持续电弧放电一样,使工件表面烧伤而无法进行尺寸加工。

　　(2) 必须使工具电极和工件被加工面之间有一定的放电间隙。这一间隙随加工条件而定,通常为几微米到几百微米,如果间隙过大,极间电压无法击穿极间介质,就不会产生电火花,因此必须要有工具电极的自动进给和调节装置。

　　(3) 火花放电必须在有一定绝缘性能的液体介质中进行。这样做既有利于产生脉冲性的放电,又能使加工过程中产生的金属屑、焦油、炭黑等电蚀产物从电极间隙中排出,同时还能冷却电极和工作表面。

　　3. 电火花加工分类

　　按工具与工件相对运动的特点和用途不同,大致可分为电火花成形(包括电火花穿孔和型腔加工)、电火花线切割、电火花磨削、电火花展成加工和电火花表面强化等。

　　1) 电火花成形加工

　　电火花成形加工(Sinker EDM)是通过工具电极相对于工件作进给运动,把工具电极的形状和尺寸复制到工件上,从而加工出所需要的零件。分为型腔加工和电火花穿孔(Spark-erosion Perforation)。型腔加工主要用于加工各类型腔模及各种复杂的型腔零件;电火花穿孔主要用于加工各种冲模、挤压模、粉末冶金模、各种异形孔及微孔等。这类机床约占电火花机床总数的 30%,典型机床有 D7125、D7140 等电火花穿孔成形机床。

　　2) 电火花线切割

　　电火花线切割(Spark-erosion Wire Cutting)简称线切割,是指通过线状工具电极与工件间规定的相对运动,切割出所需工件的电火花加工。这种加工省去了制造成型工具电极的麻烦,而且工具电极丝的损耗还可在很大程度上得到补偿,因而具有很大的优越性。主要用于切割各种冲模和具有直纹面的零件,也用在下料、截割和窄缝加工上。这类机床约占电火花机床总数的 60%,典型机床有 DK7725、DK7740 数控电火花线切割机床。

3) 电火花磨削

电火花磨削(Spark-erosion Grinding)是指工具电极与工件具有类似磨床工作运动形式的电火花加工。分为电火花内孔、外圆和成形磨削。电火花内孔磨削主要用于加工高精度、表面粗糙度值小的小孔,如拉丝模、挤压模、微型轴承内环和钻套等。这类机床约占电火花机床总数的 3%,典型机床有 D6310 电火花小孔内圆磨床等。

4) 电火花线展成加工

电火花展成加工是利用成型工具电极和工件作展成运动(回转、回摆或往复运动等),使二者相对应的点保持固定重合的关系,逐点进行电火花加工。其特点是成形工具与工件均作旋转运动,但二者角速度相等或成整数倍,相对应接近的放电点可有切向相对运动速度,工具相对工件可作纵、横向进给运动。主要用于加工各种复杂型面的零件,如高精度的异形齿轮,精密螺纹环规,高精度、高对称度、表面粗糙度值小的内、外回转体表面等。目前应用较广的是共轭回转加工,此外还有棱面展成、锥面展成、螺旋面展成加工等。这类机床约占电火花机床总数不足 1%,典型机床有 JN-2、JN-8 内外螺纹加工机床。

18.2.2　电火花成形加工

1. 电火花加工机床的分类

在 20 世纪 60~70 年代,我国生产的电火花机床分为电火花穿孔加工机床和电火花成形加工机床。20 世纪 80 年代后,我国开始大量采用晶体管脉冲电源,电火花加工机床既可用作穿孔加工,又可作成形加工。自 1985 年起,我国把电火花穿孔成形加工机床称为电火花穿孔、成形加工机床或统称为电火花成形加工机床。

依据 JB/T　7445.2—2012《特种加工机床 第 2 部分:型号编制方法》规定:电火花成型机床均用 D71 加上机床工作台面宽度的 1/10 表示。例如 D7132 中,D 表示电加工成型机床(若该机床为数控电加工机床,则在 D 后加 K,即 DK);71 表示电火花成型机床;32 表示机床工作台的宽度为 320 mm。

国外的电火花加工机床的型号没有统一标准,由各个生产企业自行确定,如日本沙迪克(Sodick)公司生产的 A3R 和 A10R,瑞士夏米尔(Charmilles)技术公司的 ROBOFORM20/30/35 等。

电火花机床按其大小可分为小型(D7125 以下)、中型(D7125~ D7163)和大型(D7163 以上);按数控程度分为非数控、单轴数控及三轴数控。随着科学技术的进步,国外已经大批生产三坐标数控电火花机床,以及带工具电极库能按程序自动更换电极的电火花加工中心,我国也开始研制生产。

2. 电火花加工机床的结构

不同品牌的电火花机床的外观可能不一样,但主要都由主机、工作液箱和数控电源柜等部分组成。

(1) 主机。电火花机床(图 18-2)的主机一般包含床身、立柱、主轴头及附件、工作台等部分组成,是用以实现工件和工具电极的装夹固定和运动的机械系统。床身、立柱、坐标工作台是电火花机床的骨架,起着支承、定位和便于操作的作用。因为电火花加工宏观作用力极小,所以对机械系统的强度无严格要求,但为了避免变形和保证精度,要求具有必要的刚度。主轴头下面装夹的电极是自动调节系统的执行机构,其质量的好坏将影响到进给系统的灵敏度及加工过程的稳定性,进而影响工件的加工精度。

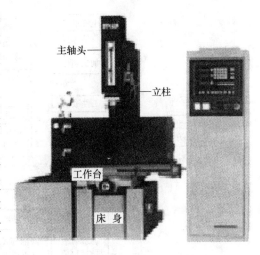

图 18-2　电火花加工机床

（2）工作液箱。工作液箱在加工中用来存放工作液,目前我国的电火花加工所用的工作液主要是煤油。工作液在电火花加工中的主要作用是:使放电加工产生的熔融金属飞散;将飞散的加工中生成的粉末状电蚀产物从放电间隙中排除出去;冷却电极和工件表面;放电结束后使电极与工件之间恢复绝缘。

（3）数控电源柜。由彩色 CRT 显示器、键盘、手控盒以及数控电器装置等部件组成。数控电源柜是控制电火花机床工作的装置,控制着加工电源(脉冲电源的好坏直接影响电火花加工质量、效率等工艺指标;加工时,工件接负极)、伺服系统(随时能够保持电极与工件之间的间隙,使放电加工处于最佳效率的状态)和记忆系统(记忆加工条件、加工模式、程序等内容供操作者调用)。

3. 电极

电极材料形状主要考虑其放电加工特性、价格和切削加工性能,目前常采用紫铜和石墨。电极的制造主要采用切削加工、线切割加工和电铸加工。

电极设计是电火花加工中的关键点之一。在设计中,首先是详细分析产品图纸,确定电火花加工位置;第二是根据现有设备、材料和拟采用的加工工艺等具体情况确定电极的结构形式;第三是根据不同的电极损耗、放电间隙等工艺要求对照型腔尺寸进行缩放,同时要考虑工具电极各部位投入放电加工的先后顺序不同,工具电极上各点的总加工时间和损耗不同,以及同一电极上端角、边和面上的损耗值不同等因素来适当补偿电极。

4. 电火花加工的一般步骤

电火花加工的一般步骤如图 18-3 所示。

5. 电火花加工工艺简介

通常采用以下三种方法来考虑工艺的制定。

（1）粗、中、精逐挡过渡式加工方法。在加工时,首先通过粗加工,高速去除大量金属,这是通过大功率、低损耗的粗加工规准解决的;其次,通过中、精加工保证加工的精度和表面质量。中、精加工虽然工具电极相对损耗大,但在一般情况下,中、精加工余量仅占全部加工量的极小部分,故工具电极的绝对损耗极小。

（2）先用机械加工去除大量的材料,再用电火花加工保证加工精度和加工质量。电火花成形加工的材料去除率还不能与机械加工相比,因此,在工件型腔电火花加工中,有必要先用机械加工方法去除大部分加工量,使各部分余量均匀,从而大幅度提高工件的加工效率。

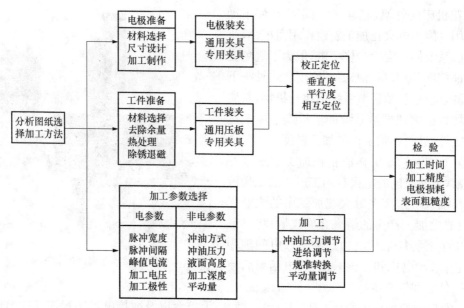

图 18-3　电火花加工流程图

（3）采用多电极。在加工中及时更换电极，当电极绝对损耗量达到一定程度时，及时更换，以保证良好的加工质量。

18.3　线切割加工

18.3.1　线切割加工概述

1. 线切割加工的产生与发展

线切割加工是机械加工中诞生较晚的一种加工方法，初始于 20 世纪 60 年代，发展于 70 年代，普及于 90 年代，如今已经成为不可或缺的机械加工方法。

1943 年，苏联拉扎林科夫妇研究开关触点受火花放电腐蚀损坏的现象和原因时，发现电火花的瞬时高温可以使局部的金属熔化、氧化而被腐蚀掉，从而开创和发明了电火花加工方法。1960 年前苏联首先研制出光电跟踪电火花线切割机（靠模线切割机床），1969 年瑞士研制成功数控电火花线切割机（确立机床无人运转的安全性），日本在 1972 年推出了数控电火花线切割机（采用简易型 APT 语言编程）促进了线切割的普及。

我国是世界上最早生产电火花线切割机的国家之一，1959 年，上海交通大学选派陈湛清教授作为国家首批专家赴前苏联学习放电加工技术，陈湛清教授直接参与了前苏联线切割机床的研发过程。回国之后，在上海市科委支持下，组织了科研队伍研究开发电加工技术，并于1962 年推出了靠模式电火花线切割机。此后，国内很多军工企业和模具行业骨干厂以技术革新、自制自用的形式开始制造"线切割"，但都没能工业化、商业化。

1965 年，上海电表厂张维良工程师发明了采用乳化液和快速走丝机构的快走丝线切割机床。这就是世界上第一台快走丝线切割机床。1969 年，复旦大学的几位老师以"产学研相结合"的方式推出了国内第一台"数字程序控制快走丝线切割机"，即具有里程碑意义的"复旦型"数控快走丝线切割。奠定了快走丝线切割的基本结构，此后 50 年来，快走丝的基本机械结构始终没有超越"复旦型"。

1970 年，苏州国营长风机械总厂研制成功"数字程序自动控制快走丝线切割机床"，为该类机床国内首个实现工业化生产的电加工机床厂。最快实现商业化的是"杭州无线电专用设备一厂",1973年已经实现了年产50余台,这在当时是个让人咂舌的数量。1977年,单板机的上市给线切割带来突飞猛进的发展。苏州长风率先以单板机取代了分立元器件,体积、结构大为改观,电气元件的可靠性迎刃而解、机床产量大幅提高。单板机的快速发展,推动了操作控制和显示系统的逐渐完善,编程输入、接口电路、变频、驱动的规范化和标准化,使线切割成了单板机应用的一个杰作。

20世纪80年代是线切割大普及的年代,它成了模具行业的主力军,成了机械行业发展最快的新工种。以至现在模具行业的不少从业人员离开线切割就不知道怎么生产模具。高硬度、形状复杂产品的加工,已经成为线切割加工的代名词。

计算机在20世纪90年代大发展大普及,在线切割上的应用也得到长足发展。在计算机操作系统上,对计算机绘图软件修补改造后编程并转化为加工代码,通过数据传输直接操纵机床,操作便利性大大提升。

至今快走丝线切割机仍是我国特有的,结构简单、廉价低耗、高可靠,运行成本低,丝速8~10m/s,0.01~0.02mm的精度,能满足绝大多场合的需求。如果有高水平的维护和精细操作,再多花一倍时间,精度到0.005~0.01mm之间,粗糙度接近慢走丝效果,也是可能的。

目前流行的中走丝虽然在紧丝结构上、多次修刀上有了一定的突破,但还称不上是革命性的变化。如果在自动穿丝、振丝、钼丝损耗自动补偿等方面获得全面突破,快走丝将全面颠覆线切割行业的格局。

2. 线切割加工原理

电火花线切割加工(Wire Cut Electrical Discharge Machining,WEDM)是电火花加工的重要组成部分,是在电火花成形加工基础上发展起来的(注:电火花成形加工和线切割加工统称为电火花加工,人们习惯将电火花成形加工简称为电火花加工、电脉冲,电火花线切割加工简称为线切割),是利用连续移动的细金属丝(称为电极丝)作电极,对工件进行脉冲火花放电蚀除金属、切割成型。

如图18-4所示,线切割加工时,绕在滚丝筒(又称贮丝筒)上的电极丝沿滚丝筒的回转方向以一定的速度移动,装夹在机床工作台上的工件由工作台按预定控制轨迹相对于电极丝作成形运动。脉冲电源的一极接工件,另一极接电极丝。在工件与电极丝之间总是保持一定的放电间隙且喷洒工作液,电极之间的火花放电蚀出一定的缝隙,连续不断的脉冲放电就切出了所需形状和尺寸的工件。

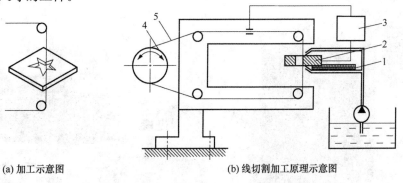

(a) 加工示意图　　　　　　　　(b) 线切割加工原理示意图

图 18-4　线切割加工原理

1—绝缘底板；2—工件；3—脉冲电源；4—滚丝筒；5—电极丝

3. 线切割加工特点及应用

线切割加工与电火花成形加工相比,主要有以下特点:

(1) 与电火花成形加工一样,采用脉冲放电加工,无宏观切削力,可以加工硬质合金等一切导电材料。

(2) 不用制造成形的工具电极,工件材料预加工量少,节省了电极设计和制造的费用,缩短了生产周期。

(3) 由于电极丝比较细,可以加工微细异形孔、窄缝和复杂形状的工件。由于切缝很窄,且只对工件材料进行"套料"加工,金属去除量少,材料利用率高。

(4) 由于采用移动的长电极丝加工,电极丝损耗小,加工精度高。

(5) 采用水或水基工作液,配制方便、价格低廉,而且不易引发火灾。

(6) 自动化程度高,操作方便,加工周期短,成本低,安全可靠。

目前,线切割加工主要用在以下几个方面:

(1) 加工模具。特别适于加工各种形状的冲模。

(2) 加工电极。一般用铜钨、银钨合金类材料作穿孔加工的电极、带锥度型腔加工的电极用线切割加工特别经济,同时也适用于加工细微复杂形状的电极。

(3) 加工零件。在试制新产品时,可用线切割在板料上直接割出零件,不需另行制造模具;修改设计,只需变更加工程序;加工薄件时可多片叠在一起加工。适用于加工品种多、数量少的零件,特殊难加工材料零件,材料试验样件,各种型孔、凸轮、样板和成形刀具,还可进行微细加工、异形槽加工等。

18.3.2 线切割机床

1. 线切割机床的分类

通常根据电极丝的移动速度(走丝速度)分类:

(1) 高速走丝线切割(或称"往复走丝线切割",简称"快走丝",英文缩写:WEDM—HS),如图 18-5 所示,一般走丝速度为 8~10m/s,这是我国生产和使用的主要机种,主要用于加工中、低精度的模具和零件。

(2) 低速走丝线切割(或称"单向走丝线切割",简称"慢走丝",英文缩写:WEDM—LS),如图 18-6 所示,一般走丝速度低于 0.2m/s,这是国外生产和使用的主要机种,用于加工高精度的模具和零件。

图 18-5　高速走丝线切割机床　　　　图 18-6　慢走丝线切割机床

2. 高速走丝线切割机床与慢走丝线切割机床的主要区别

（1）结构。走丝系统是结构上的主要区别，高速走丝的电极丝是往复移动，电极丝的两端都固定在贮丝筒上，加工区的电极丝由导丝轮定位；慢走丝的电极丝是单向移动，一端是放丝轮，一端是收丝轮，加工区的电极丝是由高精度的导向器定位。

（2）功能。从性价比的角度看，慢走丝的功能完善、先进、可靠。例如，慢走丝的控制系统是闭环控制，具有电极丝恒张力控制、具有拐角控制、自动穿丝等高精度加工常用功能，而大多数高速走丝线切割机床目前还不具备。

（3）工艺指标。通过对比平均生产率、切割精度及表面粗糙度等关键技术指标，慢走丝明显优于高速走丝。

针对工艺指标上的差距，本世纪初，国内有数家高速走丝线切割机生产企业实现了在高速走丝机上的多次切割加工（该类机床被俗称为"中走丝"Medium Speed Wire Cut Electrical Discharge Machining）。所谓"中走丝"并非指走丝速度介于高速与低速之间，而是复合走丝线切割机床，其走丝原理是在粗加工时采用 8～12m/s 高速走丝，精加工时采用 1～3m/s 低速走丝，这样工作相对平稳，抖动小，并通过多次切割减少材料变形及钼丝损耗带来的误差，使加工质量也相对提高，加工质量可介于高速走丝机与低速走丝机之间。但不是所有的往复走丝线切割机采用多次切割技术后都能获得好的工艺效果。多次切割是一项综合性的技术，它涉及机床的数控精度、脉冲电源、工艺数据库、走丝系统、工作液及大量的工艺问题，并不是简单地在高速走丝机上加上一套运丝变频调速系统即可实现的，只有那些制造精度高，并在诸方面创造了多次切割条件的往复走丝电火花线切割机才能进行多次切割和无条纹切割，并获得显著的工艺效果。

往复走丝线切割机采用多次切割技术后，虽加工质量有明显提高，但它仍然属于高速走丝线切割机的范畴，执行的标准仍然是高速走丝机的相关标准，切割精度和粗糙度仍与低速走丝机存在较大差距，且精度和粗糙度的保持性也需要进一步提高。"中走丝"线切割机床具有结构简单、造价低以及使用消耗少等特点。

3. 线切割机床的型号

国外的电火花加工机床的型号没有统一标准，由各个生产企业自行确定。我国是依据 JB/T 7445.2—2012《特种加工机床　第 2 部分：型号编制方法》规定编制线切割机床型号。例如高速走丝线切割机床 DK7725 的含义为：D 表示电加工类机床，K 表示该机床为数控；前一个 7 表示电火花加工机床；后一个 7 表示高速走丝线切割机床（若是 6 则表示慢走丝线切割机床）；25 表示机床 X 向行程为 250 mm。

4. 线切割机床的结构

不同形式的线切割机床的外观可能不一样，但主要都由机床本体、脉冲电源、微机控制系统、工作液循环系统和机床附件等几部分组成。下面以苏三光 DK7725 线切割机为例来对线切割机床的结构作介绍。机床外形见图 18-5。

1）机床本体

主要包括数控坐标工作台、运丝机构、丝架和床身四大部分。

（1）数控坐标工作台：用于安装并带动夹工件在水平面内作 X、Y 两个方向移动。其运动分别由两个步进电动机控制。工作台的有效行程为 250mm×350mm。

（2）运丝机构：用来控制电极丝与工件之间产生相对运动。电动机通过联轴节带动贮丝筒交替作正、反向转动，钼丝整齐地排列在贮丝筒上，并经过丝架作往复高速移动（线速度＜12m/s）。

（3）丝架：它与运丝机构一起构成电极丝的运动系统。它的功能主要是对电极丝起支撑作用，并使电极丝工作部分与工作台平面保持一定的几何角度，以满足各种工件（如带锥工件）加工的需要。

（4）床身：床身一般为铸件，是坐标工作台、运丝机构及丝架的支承和固定的基础。通常采用箱式结构，应有足够的强度和刚度。

2）脉冲电源。

脉冲电源又称高频电源，其作用是把普通的 50Hz 交流电转换成高频率的单向脉冲电压。产生高频矩形脉冲信号的幅值、脉冲宽度可以根据不同工作状况调节。受加工表面粗糙度和电极丝允许承载电流的限制，线切割加工脉冲电源的脉宽较窄（2~60μs），单个脉冲能量、平均电流（1~5A）一般较小，所以线切割加工总是采用正极性加工（电极丝接脉冲电源负极，工件接正极），脉冲电源的形式品种很多，如晶体管矩形波脉冲电源、高频分组脉冲电源（应用最广泛）、并联电容型脉冲电源和低损耗电源等。

3）微机控制系统

微机控制系统的主要功用是轨迹控制和加工控制。其控制精度为±0.001mm，加工精度为±0.01mm。

（1）轨迹控制：即精确控制电极丝相对于工件的运动轨迹，以获得所需的形状和尺寸。现已普遍采用数字程序控制，并已发展到微型计算机直接控制阶段。

（2）加工控制：主要包括对进给速度控制、电源装置、走丝机构、工作液系统以及其他的机床操作控制。此外，失效、安全控制及自诊断功能也是一个重要的方面。

4）工作液循环系统

一般由工作液、工作液箱、工作液泵和循环导管等组成。对高速走丝机床，通常采用浇注式供液方式，使用的工作液是专用乳化液。要求工作液具有一定的绝缘性能、较好的洗涤性能和冷却性能，对环境无污染，对人体无害。

18.3.3 线切割加工工艺

1. 线切割加工工艺参数的选择

线切割的加工工艺主要是电加工参数和机械参数的合理选择。电加工参数包括脉冲宽度和频率、放电间隙、峰值电流等。机械参数包括进给速度和走丝速度等。应综合考虑各参数对加工的影响，合理地选择工艺参数，在保证工件加工质量的前提下，提高生产率，降低生产成本。

1）电加工参数的选择

正确选择脉冲电源加工参数，可以提高加工工艺指标和加工的稳定性。粗加工时，应选用较大的加工电流和大的脉冲能量，可获得较高的材料去除率（即加工生产率）。而精加工时，应选用较小的加工电流和小的单个脉冲能量，可获得加工工件较低的表面粗糙度。加工电流就是指通过加工区的电流平均值，单个脉冲能量大小，主要由脉冲宽度、峰值电流和加工幅值电压决定。脉冲宽度是指脉冲放电时脉冲电流持续的时间；峰值电流指放电加工时脉冲电流峰值；加工幅值电压指放电加工时脉冲电压的峰值。

2）机械参数的选择

对于普通的快走丝线切割机床，其走丝速度一般都是固定不变的。进给速度的调整主要是电极丝与工件之间的间隙调整。切割加工时进给速度和电蚀速度要协调好,不要欠跟踪或跟踪过紧。进给速度的调整主要靠调节变频进给量,在某一具体加工条件下,只存在一个相应的最佳进给量,此时钼丝的进给速度恰好等于工件实际可能的最大蚀除速度。

总之,在实际加工中,工艺的制定应抓住主要矛盾,兼顾方方面面,尽量减少断丝次数。

2. 电极丝的选择

高速走丝线切割选用钼丝,慢走丝线切割选用专用黄铜丝作为电极丝。根据工件加工的切缝宽窄、工件厚度和拐角尺寸大小的要求选择电极丝的直径。钼丝的线径为 $0.03 \sim 0.25mm$,常用为 $0.18mm$;专用黄铜丝的线径为 $0.05 \sim 0.35mm$。

3. 穿丝孔的确定

穿丝孔在某些零件的线切割加工工艺中是不可缺少的,其作用有三:一是用于加工凹模前的穿丝;二是减少凸模加工中的变形量和防止因材料变形而发生夹丝现象;三是保证被加工部分与其他有关部位的位置精度。对于第三个作用,需要考虑穿丝孔本身的加工精度,穿丝孔的精度是位置精度的基础。

穿丝孔的位置和直径:在切割中、小孔形凹形类工件时,穿丝孔位于凹形的中心位置操作最为方便;在切割凸形工件或大孔形凹形类工件时,穿丝孔应设置在加工起始点附近,这样可以大大缩短无用切割行程。穿丝孔的位置最好选在已知坐标点或便于计算的坐标点上,以简化有关轨迹控制的运算。

穿丝孔直径不宜太小或太大,以钻或镗孔工艺简便为宜,一般选为 $3 \sim 10mm$。孔径最好选取整数值或较完整数值,以简化用其作为加工基准的运算。

由于多个穿丝孔都要作为加工基准,因此,在加工时必须确保其位置精度。这就要求穿丝孔应在具有较精密坐标工作台的机床上加工。为了保证孔径尺寸精度,穿丝孔可采用钻铰、钻镗或钻车等较精密的机械加工方法。穿丝孔的位置精度和尺寸精度,一般要等于或高于工件要求的精度。

4. 加工路线的选择

在加工中,工件内部应力的释放要引起工件的变形,所以在选择加工路线时,必须注意以下几点:

(1) 避免从工件端面开始加工,应从穿丝孔开始加工。

(2) 加工的路线距离端面(侧面)应大于 5mm。

(3) 加工线路开始应从离开工件夹具的方向进行加工(即不要一开始加工就趋近夹具)最后再转向工件夹具的方向。

(4) 在一块毛坯上要切出两个以上零件时,不应连续一次切割出来,而应从不同预孔开始加工。

5. 工件的装夹

工件装夹的形式对加工精度有直接影响。一般是在通用夹具上采用压板螺钉固定工件。为了适应各种形状工件加工的需要,还可使用磁性夹具或专用夹具。

工件装夹时,一方面需要考虑线切割加工时电极丝由上而下穿过工件这一因素,另一方面应充分考虑装夹部位、穿丝孔和切入位置,以保证切割路径在机床坐标行程内。

6. 工件位置的找正

(1)工件位置的校正：在工件安装到机床工作台上后，在进行夹紧前，应先进行工件的平行度校正，即将工件的水平方向调整到指定角度，一般为工件的侧面与机床运动的坐标轴平行。工件位置校正有拉表法、划线法和固定基面靠定法。

(2)电极丝与工件的相对位置找正：可用电极丝与工件接触短路的检测功能进行测定。通常有电极丝垂直校正、端面校正和自动找中心这几种校正方式。

18.3.4 线切割编程基础

线切割机床的控制系统是根据人的"命令"让机床按给定的顺序进行加工的，所以必须先将要进行线切割加工的图形，用线切割控制系统所能接受的代码编好"指令"，输入控制系统。这种"指令"就是线切割程序，编写这种"命令"的工作称为编程。

编程方法分手工编程和计算机辅助编程。手工编程是线切割操作者的一项基本功，通过它能了解编程所需要进行的各种计算和编程的原理与方法。但手工编程的计算工作比较繁杂，效率低，易疏漏。计算机辅助编程则采用在计算机上安装线切割编程软件，利用软件完成图形转化为程序的过程。相对于手工编程，自动编程无须记忆编程规则，容易学习掌握，提高效率，不易出错。

近年来，由于计算机技术的飞速发展，线切割编程大都采用计算机编程。目前我国数控线切割机床手工编程常用的程序格式有符合国际标准的 ISO 格式和国标 3B、4B 格式。而自动编程的软件一般既可以输出 B 代码，又可以输出 G 代码(ISO 程序)。

1. 3B 代码编程简介

1) 3B 程序格式
国产切割机床多数采用"5 指令 3B"格式。其格式为：BXBYBJGZ

其中，B：分隔符，它将 X、Y、J 的数值分隔开，B 后的数字如为 0，则 0 可省略不写；X、Y：加工斜线时，为斜线终点相对于起点(起点为原点)的 X、Y 轴坐标的绝对值；加工圆弧时，为圆弧起点相对于圆心(圆心为原点)的 X、Y 轴坐标的绝对值；J：计数长度，在计数方向上投影的绝对值；G：计数方向，分为按 X 方向计数(GX)和按 Y 方向计数(GY)；Z：加工指令，分为直线指令 L(有 4 种)和圆弧指令 R(有 8 种)。

2) 3B 编程方法
不同的品牌的线切割机床，3B 编程的数值表达格式略有不同，下面以苏三光 DK7725 线切割机床所使用的 BKDC 数控系统为例进行讲解。该编程要求 X、Y、J 单位均为 μm 且取整数。

(1)斜线(直线)的编程方法。
先把坐标的原点取在线段的起点上，计算线段终点相对于起点的坐标值；X、Y 是线段的终点坐标的绝对值，也可以是此线段的斜率；再确定计数方向(取线段终点坐标绝对值中较大值的方向；若二者相等，第一、三象限的取 GY，第二、四象限的取 GX)；根据计数方向确定计数长度 J；最后根据该线段所在象限选择 L1、L2、L3、L4 中的一个(与 X 轴或 Y 轴重合的直线，编程时 X、Y 均可作 0，且在 B 后可不写；若直线走向与 X 轴正向一致，则加工指令取 L1，反向取 L3；若直线走向与 Y 轴正向一致，则加工指令取 L2，反向取 L4)。

(2)斜线(直线)编程举例。
[例 18-1] 如图 18-7 所示，试编写直线 $A \rightarrow B$ 的程序。

解 建立坐标系,把坐标原点取在线段的起点 A,则线段的终点坐标为($Xe=4000$,$Ye=3000$)。因为 $Xe>Ye$,所以取 $G=GX$,$J=JX=4000$。由于直线位于第一象限,所以取加工指令(Z)为 L1。

故直线 $A\rightarrow B$ 的程序为 B4000B3000B4000GXL1 或 B4B3B4000GXL1。

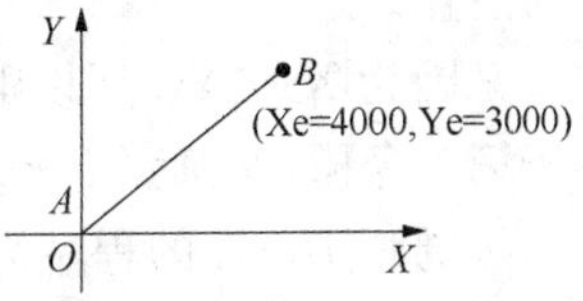

[**例 18-2**] 如图 18-8 所示,试编写直线 $A\rightarrow B$ 的程序。

解 建立坐标系,把坐标原点取在线段的起点 A,则线段的

图 18-7 直线 AB 的
编程及坐标系

终点坐标为($Xe=0$,$Ye=5000$)。因为 $Xe<Ye$,所以取 $G=GY$,$J=JY=5000$。由于直线走向与 Y 轴负向一致,所以取加工指令(Z)为 L4。

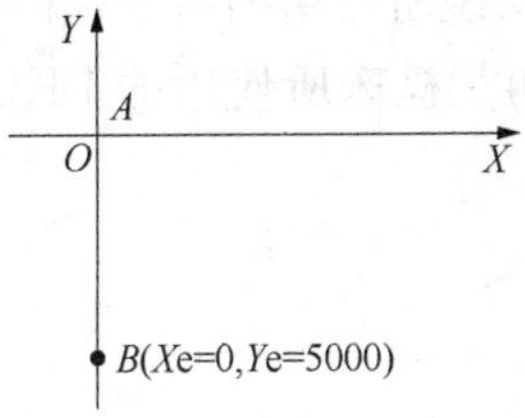

故直线 $A\rightarrow B$ 的程序为 B0B5000B5000GYL4 或 BBB5000GYL4。

（3）圆弧编程方法。

先把坐标的原点取在圆弧的圆心上,计算圆弧起点相对于圆心的坐标值;X、Y 是圆弧起点坐标的绝对值;再确定计数方向（取圆弧终点坐标绝对值中较小值的方向;若二者相等,可任取 GX、GY）;根据计数方向计算计数长度 J（取圆弧在各个象限在指定轴上投影的绝对值累加）;最后根据该圆弧起点所在象限及圆弧走向选择加工指令,如图 18-9、18-10 所示。

图 18-8 直线 AB 的
编程及坐标系

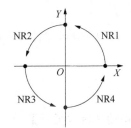

图 18-9 逆圆加工指令示意图

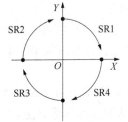

图 18-10 顺圆加工指令示意图

注意:当起点位于坐标轴上时,顺圆与逆圆的加工指令是不一样的。

若起点在 X 轴正方向上,则逆圆的加工指令为 NR1,顺圆的加工指令为 SR4。

若起点在 Y 轴正方向上,则逆圆的加工指令为 NR2,顺圆的加工指令为 SR1。

若起点在 X 轴负方向上,则逆圆的加工指令为 NR3,顺圆的加工指令为 SR2。

若起点在 Y 轴负方向上,则逆圆的加工指令为 NR4,顺圆的加工指令为 SR3。

（4）圆弧编程举例。

[**例 18-3**] 如图 18-11 所示,试编写圆弧 AB 的程序。

解 建立坐标系,把坐标系的原点取在圆心 O 点上,则 A 点坐标为($Xa=3000$,$Ya=4000$),B 点坐标为($Xb=4000$,$Yb=3000$)。

若 $A\rightarrow B$:因为按顺圆进行切割,所以 A 为起点,B 为终点。又因为 $Xb>Yb$,所以取 $G=GY$,$J=J\times 2+J\times 1=(5000-4000)+(5000-3000)=3000$。由于圆弧起点 A 位于第二象限,又圆弧 $A\rightarrow B$ 为顺圆,所以取加工指令(Z)为 SR2。

故圆弧 $A\rightarrow B$ 的程序为 B3000B4000B3000GYSR2。

若 $B\rightarrow A$:因为按逆圆进行切割,所以 B 为起点,

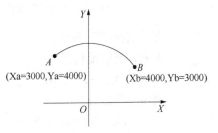

图 18-11 圆弧 AB 的编程坐标系

A 为终点。

又因为 $X_a < Y_a$，所以取 $G = GX$，$J = J \times 1 + J \times 2 = 4000 + 3000 = 7000$。由于圆弧起点 B 位于第一象限，又圆弧 $B \to A$ 为逆圆，所以取加工指令(Z)为 NR1。

故圆弧 $B \to A$ 的程序为 B4000B3000B7000GXNR1。

2. ISO 代码编程简介

ISO 标准是国际标准化组织确认和颁布的国际标准，ISO 格式(G 代码)程序是国际上通用的数控机床语言。广泛应用于各种数控设备中。目前各类线切割系统所使用的指令代码与国际标准基本一致，但也存在不同之处。下面以苏三光 DK7725 线切割机床所使用的 BKDC 数控系统为例进行讲解。

1) ISO 编程规则

(1) ISO 代码有 G 功能码、M 功能码和 E 功能码三种。

(2) 每一程序行只允许含一个代码。

(3) 程序行开始可标记行号，系统不对行号检查，仅作为用户自己的标记。

(4) 程序起始行(G92)必须位于其他所有行(不包括注释行)之前，但并不是必需的。

(5) 注释以"％"开始至行尾结束。

(6) 每一个程序必须含结束行(M02)，结束行以下的内容系统将被忽略。

2) G 功能码简介

系统共八类十七种 G 功能码。移动类代码同前一行代码相同时可省略，除暂停类代码以外，其余各类代码全程有效，直至被同类代码取代为止。

(1) 移动类。

G01 直线插补。格式：G01　Xx　Yy　Uu　Vv

【以加工速度从起点运行至终点，X、Y、U、V 四轴联动作直线插补】

G02(G03)顺(逆)时针圆弧插补。格式：G02(G03)　Xx　Yy　Ii　Jj

【以加工速度从起点运行至终点，x、y 为终点坐标，i、j 为圆心相对于起点的坐标而不论是绝对还是相对编程方式】

例：

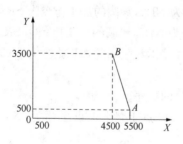

图 18-12　直线 AB 编程举例

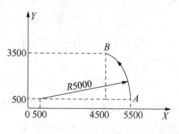

图 18-13　圆弧 AB 编程举例

直线编程(图 18-12)

$A \to B$：绝对编程方式

　　G01 X4500 Y3500

　　增量编程方式

　　　　G01 X-1000 Y3000

$B \to A$：绝对编程方式

圆弧编程(图 18-13)

$A \to B$：绝对编程方式

　　G03 X4500 Y3500 I-5000 J0

　　增量编程方式

　　　　G03 X-1000 Y3000 I-5000 J0

$B \to A$：绝对编程方式

G01 X5500 Y500   G02 X5500 Y500 I-4000 J-3000
　增量编程方式   　增量编程方式
　　G01 X1000 Y-3000   　　G02 X1000 Y-3000 I-4000 J-3000

(2) 暂停类。

G04 暂停。格式:G04 Ff(f 从 0~99999s)【机床伺服系统暂停 fs,出现提示"Prog pause,press F8 to continue"按下 F8 键或暂停时间到后系统恢复加工。】

(3) 斜度类。

G27 常态加工(无锥度加工)。格式:G27

G28 恒锥度加工。格式:G28 Aa(a 从-45000~45000,即±45°)

【在加工轨迹的几何段上,电极丝只在加工轨迹法线方向倾斜,且倾角为 a,在几何段相交点处,电极丝将沿一个圆锥面运动,以保证恒定锥度和光滑地转动到下一几何段。沿加工轨迹方向看,钼丝向右倾斜时,a>0;向左倾斜时,a<0。】

G29 尖角锥度加工。格式:G29 Aa

【在加工轨迹的几何段上,G29 使电极丝倾角在加工轨迹方向连续变化,在加工轨迹法线方向保持恒值 a,这样在几何段相交点处电极丝倾角等于下一几何段起点之倾角。】

(4) 偏移类。

G40 取消偏移。格式:G40

G41 左偏移。格式:G41 Dd【G41 使偏移轨迹沿加工轨迹方向左偏移 d。】

G42 右偏移。格式:G41 Dd【G42 使偏移轨迹沿加工轨迹方向右偏移 d。】

(d 的取值范围为 0~9999μm)

(5) 偏移方式类。

G45 相交过渡偏移方式。格式:G45

G46 自动圆弧过渡补偿方式。格式:G46

【在一种偏移方式下无法实现时,系统将转换到另一种方式。缺省为 G45。】

(6) 单位类 。【缺省为 G71】

G70 英制 inch 单位。格式:G70　【隐含小数点在右数第 4 位上,单位为 inch。】

G71 公制 mm 单位。格式:G71　【隐含小数点在右数第 3 位上,单位为 mm。】

(7) 起点类。

G92 定义工件坐标。格式:G92　Xx　Yy　Uu　Vv

【定义当前点为工件坐标系中(x,y,u,v)点,缺省为(0,0,0,0)点。】

(8) 编程方式类。【缺省为 G90】

G90 绝对编程方式。格式:G90

【在该方式下,X、Y 为工件坐标系中的坐标值,U、V 为相对于 X、Y 的坐标。】

G91 增量编程方式。格式:G91

【在该方式下,X、Y 为坐标增量值即轴的移动量,U、V 为相对于 X、Y 的坐标。】

(9) 清角类。

G30 取消清角类加工方式。格式:G30

G31 角平分线清角加工方式。格式:G31 Ld

G32 延长线清角加工方式。格式:G32 Ld

【d 表示实现清角功能时在角平分线清角加工方式或在延长线清角加工方式中切割长度,单位是 μm。在无 G31、G32 指令时,ISO 编程默认为无清角功能。】

3）M功能码简介

系统支持以下四种M功能码。

（1）M00暂停加工。关脉冲电源，出现提示"Press Enter to continue cut"，用户按Enter键后系统恢复加工，若此时要退出加工，按F8键，系统提示"Press Enter to confirm exit"，此时按Enter键可退出加工，按其余任何键，则系统提示"Press Enter to continue cut"，此时按Enter键可继续加工。

（2）M02加工结束。关运丝电动机、工作液泵和加工电源，加工结束。

（3）M20开运丝电动机、工作液泵和加工电源。

（4）M21关运丝电动机、工作液泵和加工电源。

4）E功能码简介

Ee，其中e为加工工艺数据库中一代码。【调用工艺数据库中的e套参数。】

3. 编程举例

程序编制的任务是根据工件图纸的尺寸，考虑到电极丝的粗细、放电间隙的大小以及凹凸模尺寸的公差配合和零件的公差要求，在保证精度的条件下，求得相应的数据和指令。

按加工顺序逐段编程，采用直角坐标系以横拖板为 X 方向，纵拖板为 Y 方向。

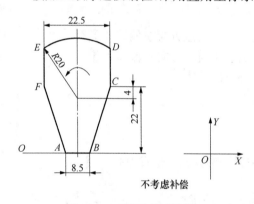

图 18-14　线切割编程原理

不考虑补偿

[例 18-4] 试切割图 18-14 所示轮廓的轨迹（不考虑具体的加工工艺及电极丝直径与放电间隙）。

分析

（1）确定切入点，看是否要切割延长线。

从图中可看出该图形为对称图形，尺寸基准为下边，为基准一致，准备由 A 点切入，若电极丝从左边切入，考虑到图形的完整切割，切入点应选在 A 点左边离 A 点≥7mm 处的 O 点（本例取 8mm）。

（2）确定切割路线。

一般从加工工艺与编程方便的角度考虑走向。对本例采用逆时针走向，即按 $O \rightarrow A \rightarrow B \rightarrow C \rightarrow D \rightarrow E \rightarrow F \rightarrow A \rightarrow O$ 的顺序进行切割。

（3）确定坐标系，进行相关计算。

因本例不考虑具体的加工工艺，可方便建立起图示坐标系。因机械制图要求尺寸不能标注成封闭尺寸，而编程需要各段轮廓长度，因此要计算，如图中的 CD 长度经计算为 12.536。

（4）选择编程方法与方式，进行必要的数据处理。

根据机床的特点选用 3B 编程还是用 ISO 编程。若采用 ISO 编程，还需考虑采用绝对编程方式（G90）还是增量编程方式（G91）。按不同的编程模式计算各点的坐标。

3B 编程的程序代码如表 18-2 所列。

表 18-2　3B 编程程序代码

程序内容	说明
BBB8000GXL1	$O \rightarrow A$ 原点取在切入点 O，终点 A 相对于 O 点坐标为(8,0)
BBB8500GXL1	$A \rightarrow B$ 终点 B 相对于起点 A 坐标为(8.5,0)
B7000B22000B22000GYL1	$B \rightarrow C$ 终点 C 相对于起点 B 坐标为(7,22)

程序内容	说明
BBB12536GYL2	$C \rightarrow D$ 终点 D 相对于起点 C 坐标为 $(0,12.536)$
B11250B16536B22500GXNR1	$D \rightarrow E$ 起点 D 相对于 DE 弧圆心坐标为 $(11.25,16.536)$
BBB12536GYL4	$E \rightarrow F$ 终点 F 相对于起点 E 坐标为 $(0,-12.536)$
B7B22B22000GYL4	$F \rightarrow A$ 终点 A 相对于起点 F 坐标为 $(7,-22)$
BBB8000GXL3E	$A \rightarrow O$ 终点 O 相对于起点 A 坐标为 $(-8,0)$ E 表示程序结束(可换行写)

ISO 编程(G91 模式)的程序代码如表 18-3 所列。

表 18-3　ISO G91 模式编程程序代码

程序内容	说明
G92 X0 Y0	定义当前点(O 点)为工件坐标系原点
G91	采用增量编程方式
G01 X8000 Y0	$O \rightarrow A$ 终点 A 相对于起点 O 坐标为 $(8,0)$
G01 X8500 Y0	$A \rightarrow B$ 终点 B 相对于起点 A 坐标为 $(8.5,0)$
G01 X7000 Y22000	$B \rightarrow C$ 终点 C 相对于起点 B 坐标为 $(7,22)$
G01 X0 Y12536	$C \rightarrow D$ 终点 D 相对于起点 C 坐标为 $(0,12.536)$
G03 X-22500 Y0 I-11250 J-16536	$D \rightarrow E$ 终点 E 相对于起点 D 坐标为 $(-22.5,0)$ DE 弧圆心相对于起点 D 坐标 $(-11.25,-16.536)$
G01 X0 Y-12536	$E \rightarrow F$ 终点 F 相对于起点 E 坐标为 $(0,-12.536)$
G01 X7000 Y-22000	$F \rightarrow A$ 终点 A 相对于起点 F 坐标为 $(7,-22)$
G01 X-8000 Y0	$A \rightarrow O$ 终点 O 相对于起点 A 坐标为 $(-8,0)$
M02	表示程序结束

ISO 编程(G90 模式,考虑补偿,设电极丝直径为 0.18mm,放电间隙为 0.01mm)的程序代码如表 18-4 所列。

表 18-4　ISO G90 模式编程程序代码

程序内容	说明
G92 X0 Y0	定义当前点(O 点)为工件坐标系原点
G90	采用绝对编程方式(本条程序可不写,系统默认 G90)
G46	为提高切割质量,采用自动圆弧过渡补偿方式
G42 D100	电极丝中心沿加工轨迹方向右偏 0.1mm
G01 X8000 Y0	$O \rightarrow A$ 终点 A 相对于起点 O 坐标为 $(8,0)$
G01 X16500 Y0	$A \rightarrow B$ 终点 B 相对于起点 O 坐标为 $(16.5,0)$
G01 X23500 Y22000	$B \rightarrow C$ 终点 C 相对于起点 O 坐标为 $(23.5,22)$
G01 X23500 Y34536	$C \rightarrow D$ 终点 D 相对于起点 O 坐标为 $(23.5,34.536)$
G03 X1000 Y34536 I-11250 J-16536	$D \rightarrow E$ 终点 E 相对于起点 O 坐标为 $(1,34.536)$ DE 弧圆心相对于起点 D 坐标 $(-11.25,-16.536)$
G01 X1000 Y22000	$E \rightarrow F$ 终点 F 相对于起点 O 坐标为 $(1,22)$
G01 X8000 Y0	$F \rightarrow A$ 终点 A 相对于起点 O 坐标为 $(8,0)$
G40	取消偏移
G01 X0 Y0	$A \rightarrow O$ 终点回到了起点
M02	表示程序结束

3B 程序没有间隙补偿功能。ISO 程序有间隙补偿功能(G41、G42),此外还有偏移补偿功能(G45、G46)。因此,用 ISO 编程可以省却繁琐的间隙补偿计算而直接得到比较高精度的切割尺寸。

4. WAP2000 线切割自动编程软件简介

WAP2000 系统是由 CAXA 为苏州三光科技股份有限公司专门开发的线切割自动编程系统,它是面向线切割加工行业的计算机辅助自动编程工具软件。它可以为各种线切割机床提供快速、高效率、高品质的数控编程代码,极大地简化了数控编程人员的工作。并且对于在传统编程方式下很难完成的工作,它都可以快速、准确地完成。

WAP2000 采用图形交互方法进行线切割编程,直观、方便,具有丰富完备的 CAD 功能。可以生成相应的图形,并对该图形进行自动编程,自动生成切割轨迹并输出 G 代码和 3B 代码,通过代码反读还可以将已经存在的 G 代码和 3B 代码用图形方式显示出来,以校验代码的正确性,另外,WAP2000 系统还提供了仿真功能,可以模拟切割过程。

WAP 2000 是一种绘图软件,其基本功能类似于 AutoCAD,用户可以利用此软件进行图形定义。

18.3.5 线切割加工操作流程

线切割加工操作流程图如图 18-15 所示。

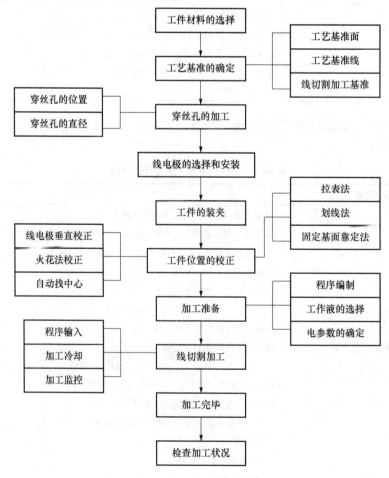

图 18-15　线切割加工操作流程图

18.4 其他特种加工简介

18.4.1 电解加工

电解加工(Electrolytic Machining)又称电化学加工(Electrochemical Machining)是指利用金属在电解液中产生的阳极溶解的原理去除工件材料的特种加工。

电解加工的过程如图 18-16 所示。为了能实现加工,必须具备下列特定工艺条件:

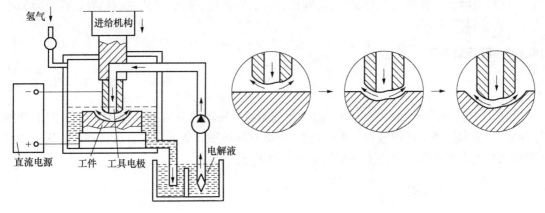

图 18-16　电解加工原理

(1) 工件阳极和工具阴极(大多为成型工具阴极)间保持很小的间隙(称作加工间隙),一般在 0.1～1mm 范围内。

(2) 电解液从加工间隙中不断高速(6～30m/s)流过,以保证带走阳极溶解产物和电解电流通过电解液时所产生的热量,并去极化。

(3) 工件阳极和工具阴极分别和直流电源(一般为 10～24V)连接,在上述两项工艺条件下,则通过两极加工间隙的电流密度很高,高达 10～100A/cm² 数量级。

(4) 工件上与工具阴极凸起部位的对应处比其他部位溶解更快。随着工具阴极不断缓慢地向工件进给,工件不断地按工具端部的型面溶解,电解产物不断被高速流动的电解液带走,最终工具的形成状就"复制"在工件上。

电解加工的工艺特点:

(1) 加工范围广。电解加工几乎可以加工所有的导电材料,并且不受材料的强度、硬度和韧性等机械、物理性能的限制,加工后材料的金相组织基本上不发生变化。它常用于加工硬质合金、高温合金、淬火钢和不锈钢等难加工材料。

(2) 生产率高,且加工生产率不直接受加工精度和表面粗糙度的限制。电解加工能以简单的直线进给运动一次加工出复杂的型腔、型面和型孔,而且加工速度可以和电流密度成比例地增加。据统计,电解加工的生产率约为电火花加工的 5～10 倍,在某些情况下,甚至可以超过机械切削加工。

(3) 加工质量好。可获得一定的加工精度和较低的表面粗糙度。

(4) 可用于加工薄壁和易变形零件。电解加工过程中工具和工件不接触,不存在机械切削力,不产生残余应力和变形,没有飞边毛刺。

(5) 工具阴极无损耗。在电解加工过程中工具阴极上仅仅析出氢气,而不发生溶解反应,所以没有损耗。只有在产生火花、短路等异常现象时才会导致阴极损伤。

电解加工也具有一定的局限性,主要表现为:

(1) 加工精度和加工稳定性不高。电解加工的加工精度和稳定性取决于阴极的精度和加工间隙的控制。而阴极的设计、制造和修正都比较困难,阴极的精度难以保证。此外,影响电解加工间隙的因素很多,且规律难以掌握,加工间隙的控制比较困难。

(2) 由于阴极和夹具的设计、制造及修正困难,周期较长,因而单件小批量生产的成本较高。同时,电解加工所需的附属设备较多,占地面积较大,且机床需要足够的刚性和防腐蚀性能,造价较高。因此,批量越小,单件附加成本越高。

目前,电解加工在加工炮管膛线、花键孔、深孔、内齿轮、链轮、叶片、模具、异型孔及异型零件等方面获得广泛应用。

18.4.2 超声波加工

1. 概述

超声波加工(Ultrasonic Machining)是指利用超声振动的工具,带动工件和工具间的磨料悬浮液,冲击和抛磨工件的被加工部位,使其局部材料被蚀除而成粉末,以进行穿孔、切割和研磨等,以及利用超声波振动使工件相互结合的加工方法。

2. 超声波加工原理

超声波加工原理如图 18-17 所示,超声波发生器将工频交流电能转变为有一定功率输出的超声频电振荡,换能器将超声频电振荡转变为超声机械振动,通过振幅扩大棒(变幅杆)使固定在变幅杆端部的工具产生超声波振动,迫使磨料悬浮液高速地不断撞击、抛磨被加工表面使工件成型。其磨料的选用与加工材质有关,加工塑性材料用刚玉磨料,脆性材料用碳化硅磨料,加工硬质合金用碳化硼磨料,加工金刚石则用金刚石粉磨料。

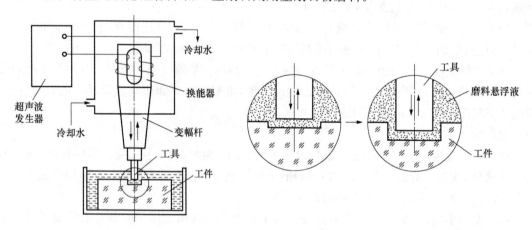

图 18-17　超声波加工原理

3. 超声加工的主要特点

不受材料是否导电的限制;工具对工件的宏观作用力小、热影响小,因而可加工薄壁、窄缝和薄片工件;被加工材料的脆性越大越容易加工,材料越硬或强度、韧性越大则越难加工;由于工件材料的碎除主要靠磨料的作用,磨料的硬度应比被加工材料的硬度高,而工具的硬度可以低于工件材料;可以与其他多种加工方法结合应用,如超声振动切削、超声电火花加工和超声电解加工等。

4. 超声加工的应用

超声加工主要用于各种硬脆材料,如玻璃、石英、陶瓷、硅、锗、铁氧体、宝石和玉器等的打孔(包括圆孔、异形孔和弯曲孔等)、切割、开槽、套料、雕刻、成批小型零件去毛刺、模具表面抛光和砂轮修整等方面。

18.4.3 激光加工

1. 概述

激光加工(Laser Beam Machining;LBM)是指利用能量密度极高的激光束照射工件的被加工部位,使其材料瞬间熔化或蒸发,并在冲击波作用下,将熔融物质喷射出去,从而对工件进行穿孔、蚀刻和切割,或采用较小能量密度,使加工区域材料熔融黏合或改性,对工件进行焊接或热处理。

2. 激光加工原理

图 18-18 所示为固体激光器中激光的产生和工作原理图。当激光的工作物质钇铝石榴石受到光泵的激发后,辐射跃迁,造成光放大,再通过谐振腔内的全反射镜和部分反射镜的反馈作用产生振荡,再通过透镜聚焦形成高能光束,照射在工件表面,即可进行加工。

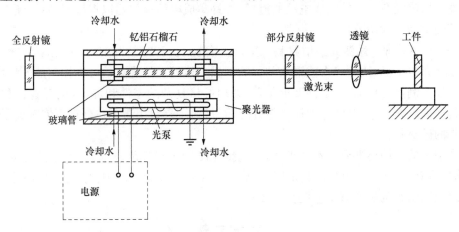

图 18-18　固体激光器中激光的产生与工作原理

3. 激光加工的主要特点

激光可以加工以往认为难加工的任何材料;为非接触式加工,不会污染材料;可对运动的工件或密封在玻璃壳内的材料进行加工;激光束容易控制,易于与精密机械、精密测量技术和电子计算机相结合,实现加工的高度自动化和达到很高的加工精度;在恶劣环境或其他人难以接近的地方,可用机器人进行激光加工。

4. 激光加工的应用

(1)激光切割。激光切割技术广泛应用于金属和非金属材料的加工中,可大大减少加工时间,降低加工成本,提高工件质量。激光切割是应用激光聚焦后产生的高功率密度能量来实现的。与传统的板材加工方法相比,激光切割具有高的切割质量、高的切割速度、高的柔性(可随意切割任意形状)、广泛的材料适应性等优点。激光切割分激光熔化切割、激光火焰切割和激光气化切割。

（2）激光焊接。激光焊接是激光材料加工技术应用的重要方面之一，焊接过程属热传导型，即激光辐射加热工件表面，表面热量通过热传导向内部扩散，通过控制激光脉冲的宽度、能量、峰功率和重复频率等参数，使工件熔化，形成特定的熔池。由于其独特的优点，已成功地应用于微、小型零件焊接中。与其他焊接技术比较，激光焊接的主要优点是：激光焊接速度快、深度大、变形小。能在室温或特殊的条件下进行焊接，焊接设备装置简单。

（3）激光钻孔。传统的机械钻孔最小的尺寸约为 $100\mu m$ ，目前用 CO_2 激光器加工在工业上可获得过孔直径达到 $30\sim40\mu m$ 的小孔或用 UV 激光加工 $10\mu m$ 左右的小孔。目前在世界范围内激光在电路板微孔制作和电路板直接成型方面的研究成为激光加工应用的热点，利用激光制作微孔及电路板直接成型与其他加工方法相比其优越性更为突出，具有极大的商业价值。

（4）激光打孔。采用脉冲激光器可进行打孔，脉冲宽度为 $0.1\sim1ms$ ，特别适于打微孔和异形孔，孔径为 $0.005\sim1mm$ 。激光打孔已广泛用于钟表和仪表的宝石轴承、金刚石拉丝模、化纤喷丝头等工件的加工。用激光可对流水线上的工件刻字或打标记，并不影响流水线的速度，刻划出的字符可永久保持。

（5）激光微调。采用中、小功率激光器除去电子元器件上的部分材料，以达到改变电参数（如电阻值、电容量和谐振频率等）的目的。激光微调精度高、速度快，适于大规模生产。利用类似原理可以修复有缺陷的集成电路的掩模，修补集成电路存储器以提高成品率，还可以对陀螺进行精确的动平衡调节。

（6）激光热处理。用激光照射材料，选择适当的波长和控制照射时间、功率密度，可使材料表面熔化和再结晶，达到淬火或退火的目的。激光热处理的优点是可以控制热处理的深度，可以选择和控制热处理部位，工件变形小，可处理形状复杂的零件和部件，可对盲孔和深孔的内壁进行处理。例如，气缸活塞经激光热处理后可延长寿命；用激光热处理可恢复离子轰击所引起损伤的硅材料。

激光加工的应用范围还在不断扩大，如用激光制造大规模集成电路，不用抗蚀剂，工序简单，并能进行 $0.5\mu m$ 以下图案的高精度蚀刻加工，从而大大增加集成度。此外，激光蒸发、激光区域熔化和激光沉积等新工艺也在发展中。

参 考 文 献

曹凤国等 . 2010. 特种加工手册 . 北京：机械工业山版社
胡建德 . 2007. 机械工程训练 . 杭州：浙江大学出版社
李家杰 . 2010. 数控线切割机床培训教程 . 北京：机械工业出版社
刘新等 . 2011. 工程训练通识教程 . 北京：清华大学出版社
周旭光 . 2010. 模具特种加工技术 . 北京：人民邮电出版社